Neues verkehrswissenschaftliches Journal

Ausgabe 33

Modellierung des Zeitbedarfs für Verkehrshalte im spurgeführten Personenverkehr

Von der Fakultät Bau- und Umweltingenieurwissenschaften

der Universität Stuttgart zur Erlangung der Würde eines

Doktors der Ingenieurwissenschaften (Dr.-Ing.) genehmigte Dissertation

Vorgelegt von

Johannes Uhl

aus Aalen, Deutschland

Hauptberichter: Prof. Dr.-Ing. Ullrich Martin

Mitberichter: Prof. Dr.-Ing. Ulrich Alois Weidmann

Tag der mündlichen Prüfung: 10.09.2021

Institut für Eisenbahn- und Verkehrswesen der Universität Stuttgart

2021

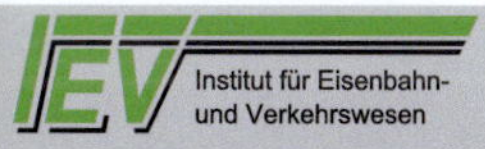

Titelbild: Johannes Uhl

Herstellung und Verlag: BoD – Books on Demand, Norderstedt

Printed in Germany

ISBN 978-3-7543-9896-8

Vorwort

Durch die aktuelle Entwicklung der Eisenbahnsicherungstechnik, wie z.B. in Form von ETCS Level 2 mit Hochleistungsblock, werden, neben den Weichen in der Fahrwegsicherung, die Fahrgastwechselzeiten während der Verkehrshalte zunehmend zum dominierenden Kriterium für die Mindestzugfolgezeiten und damit für die Leistungsfähigkeit hochbelasteter Infrastrukturen. Auch wächst der Einfluss der Fahrgastwechselzeiten auf die Betriebsqualität bzw. Pünktlichkeit mit deutlich zunehmendem Reisendenaufkommen insbesondere im SPNV und S-Bahn-Verkehr.

Dementsprechend ist eine hinreichend belastbare Prognose der vom Reisendenaufkommen abhängigen Verkehrshaltezeiten sowohl bei der Fahrplankonstruktion als auch im laufenden Betrieb bei der Disposition aktuell von hoher Relevanz. Für eine derartige Prognose existieren auch im internationalen Umfeld bereits mehrere Modelle, die jedoch entweder zu ungenau sind, eine große Zahl nur extrem aufwendig zu erfassender Eingangsparameter erfordern oder eine inakzeptable Rechenzeit benötigen. Diese bislang vorhandenen Defizite werden durch den in der vorliegenden Dissertation vorgestellten Modellansatz kompensiert, indem der gewichtete Einfluss der vielfältigen Eingangsparameter berücksichtigt und methodisch auf die Bedienungstheorie zurückgegriffen wird. Dadurch lassen sich auch situativ spezifische Fälle schnell und variabel mit anwendungsgerechter Qualität der Ergebnisse berechnen. Die Werte für eine überschaubare Zahl notwendiger durch den Nutzer einzugebender Eingangsparameter müssen bei unveränderter Infrastruktur und gleichbleibendem Fahrzeugeinsatz nur einmalig erfasst werden. Eine Anwendung des Modells auch im U-Bahn-, Stadtbahn- und Fernverkehr ist grundsätzlich möglich.

Wesentliches Forschungsergebnis der vorliegenden Arbeit ist ein neues Verfahren auf der Grundlage der Bedienungstheorie für die praxisgerechte Prognose der Fahrgastwechselzeiten zur Bestimmung realistischer Verkehrshaltezeiten in der Planung und bei der Disposition des Eisenbahnbetriebs. Daraus ergibt sich ein beachtlicher eisenbahnbetriebswissenschaftlicher und praxisbezogener Nutzwert des in dieser Art erstmals entwickelten bedienungstheoretischen Ansatzes zur Prognose der Haltezeiten in Abhängigkeit vom Verhalten in Verbindung mit dem Aufkommen der Fahrgäste.

Stuttgart, September 2021
Ullrich Martin

Danksagung

Bei der Erstellung dieser Dissertation und insbesondere bei der Entwicklung des damit verbundenen Modells haben sich zahlreiche Menschen verschiedenartig eingebracht. Auch wenn mir bewusst ist, dass eine Aufzählung kaum umfassend gelingen kann, möchte ich nachfolgend doch einige der besonders umfangreich Beteiligten nennen.

Zunächst gebührt mein Dank Professor Ullrich Martin für seine zahlreichen wegweisenden Impulse in der Phase der Themenfindung sowie insbesondere während der gesamten Bearbeitungszeit. Weiterhin möchte ich mich bei Professor Ulrich Weidmann für die Übernahme des Mitberichts sowie seine wertvollen Hinweise bedanken.

Auch den Mitarbeiterinnen und Mitarbeitern am Institut für Eisenbahn- und Verkehrswesen möchte ich für die kollegiale Zusammenarbeit über viele Jahre hinweg meinen Dank aussprechen. In besonderem Maß zum Gelingen beigetragen haben hier Dr. Fabian Hantsch durch seine zahlreichen wertvollen Beiträge sowohl in der Phase meiner Masterarbeit als auch der Dissertation sowie Markus Tideman durch seine unermüdliche Unterstützung vielfältigster Art. Zuletzt möchte ich hier auch alle an der Arbeit beteiligten Studentinnen und Studenten nennen, die als studentische Hilfskräfte sowie durch studentische Arbeiten mitgewirkt haben.

Besonders die Kalibrierung und die Validierung des Haltezeitmodells wurde erst durch die verschiedenartige Zusammenarbeit mit Verkehrsunternehmen ermöglicht. Hierbei möchte ich mich insbesondere bei den beteiligten Mitarbeiterinnen und Mitarbeitern der DB Netz AG, der DB Station&Service AG, der DB Regio AG, der DB Fernverkehr AG sowie der Stuttgarter Straßenbahnen AG für die Genehmigung von Erhebungen, die zur Verfügung gestellten Daten sowie die gute Zusammenarbeit bei der gemeinsamen Projektarbeit bedanken.

Die Erstellung dieser Arbeit wurde dankenswerterweise durch das vom VWI e.V. verliehene Carl-Pirath-Forschungsstipendium unterstützt. Die dadurch ermöglichten zeitlichen Freiräume erlaubten eine beschleunigte Fertigstellung.

Mein herzlichster Dank gilt jedoch meiner Familie und hierbei insbesondere meiner Frau, die mir die Erstellung dieser Arbeit überhaupt erst ermöglicht haben und mich durchweg mit viel Geduld sowie großem Entgegenkommen dabei unterstützt haben.

Eidesstattliche Erklärung

Hiermit erkläre ich, dass ich diese Arbeit selbständig verfasst und keine anderen als die von mir angegebenen Quellen und Hilfsmittel verwendet habe.

Stuttgart, den 09.05.2021   Johannes Uhl

Inhaltsverzeichnis

Inhaltsverzeichnis .... **vi**

Abbildungsverzeichnis .... **ix**

Tabellenverzeichnis .... **xvii**

Kurzfassung .... **xix**

Abstract .... **xxiii**

1 Haltezeitmodellierung im spurgeführten Personenverkehr – Motivation und Abgrenzung **1**

    1.1 Definition der Haltezeit und damit verbundener Begriffe 4

    1.2 Betrachtungsbereich der Arbeit 6

    1.3 Potenziale und Einsatzmöglichkeiten von Haltezeitprognosemodellen 7

    1.4 Gegenstand der Untersuchung und Forschungsfrage 10

    1.5 Bearbeitungsvorgehen und Aufbau der Arbeit 11

2 Prozessuale Zusammensetzung und Einflussgrößen der reinen Haltezeit **13**

    2.1 Prozessuale Zusammensetzung der reinen Haltezeit und Gliederung in Zeitabschnitte 13

        2.1.1 Prozessuale Zusammensetzung 14

        2.1.2 Gliederung in Zeitabschnitte 21

    2.2 Einflussgrößen auf den Erwartungswert und die Variationsbreite der reinen Haltezeit und deren modelltheoretische Beschreibung 23

        2.2.1 Einflussgrößen auf das Fahrgastankunftsverhalten und das situative Einsteigeraufkommen an einem Halt 26

        2.2.2 Einflussgrößen auf die Verteilung einsteigewilliger Fahrgäste über die Bahnsteiglänge und die Ein- sowie Aussteigeranzahl je Fahrzeugtür 32

        2.2.3 Einflussgrößen auf den Erwartungswert sowie die Standardabweichung der Aus- und Einsteigedauer je Fahrgast . 53

        2.2.4 Einflussgrößen auf die weiteren Haltezeitbestandteile 67

3 Stand der Forschung bezüglich der Modellierung von Fahrgastwechsel- und Haltezeiten **71**

3.1 Kategorisierung bestehender Ansätze... 71

3.2 Analytische Ansätze 72

    3.2.1 Ohne Aussagen zur Variabilität 72

    3.2.2 Mit Aussagen zur Variabilität 74

3.3 Personenstromsimulative Ansätze 76

3.4 Ist-Datengetriebene Ansätze 76

3.5 Resultierender Forschungsbedarf angesichts bestehender Modellansätze 77

4 Anforderungen an eine linienbezogene Modellierung der reinen Haltezeit im spurgeführten Verkehr **81**

4.1 Anforderungsspezifikation des Modells 81

4.2 In- und Outputspezifikation des Modells... 83

    4.2.1 Eingangsgrößen 84

    4.2.2 Ausgabegrößen 85

4.3 Einordnung des Modells und Abgrenzung zu bestehenden Ansätzen...... 86

5 Algorithmische Umsetzung der linienbezogenen Modellierung der Haltezeitverteilung im spurgeführten Verkehr **89**

5.1 Grundstruktur des Modells 89

5.2 Bedienungstheoretische Grundlagen und Ansätze im Modell 91

5.3 Bestimmung des zu erwartenden Einsteigeraufkommens.................. 92

    5.3.1 Schätzung der Quelle-Ziel-Matrix 93

    5.3.2 Schätzung des situativen Einsteigeraufkommens an einer Station 93

5.4 Prognose der Verteilung der Fahrgäste auf die Fahrzeugtüren............. 98

    5.4.1 Bestimmung der Türwahlwahrscheinlichkeiten an einer Station 100

    5.4.2 Ermittlung der Ein- und Aussteigerzahlen sowie der Fahrzeugbesetzung 107

    5.4.3 Berücksichtigung auslastungsbedingter Umverteilungen 110

5.5 Modellierung der Verteilungsfunktionen der Haltezeit 115

    5.5.1 Türfreigabe-, Öffnungsimpuls- und Türöffnungsdauer 115

    5.5.2 Dauer des Aussteige- und regulären Einsteigeprozesses 117

    5.5.3 Dauer des Nachzüglereinsteigeprozesses sowie Türschließ- und der Abfertigungsdauer 123

    5.5.4 Zusammenfassung der Bestandteile zur reinen Haltezeit 130

6 Kalibrierung, Validierung sowie prototypische Anwendungen des Modells 131

    6.1 Modellkalibrierung 131

    6.2 Modellvalidierung 132

    6.3 Prototypische Anwendung des Modells in Praxisfällen 137

7 Zusammenfassung und Ausblick 139

    7.1 Beantwortung der Forschungsfrage und Ableitung weiteren Forschungsbedarfs 139

    7.2 Schlussbetrachtung 142

Glossar 145

Literaturverzeichnis 147

Abkürzungsverzeichnis 178

Formelzeichenverzeichnis 179

Anhang I: Einführung 185

Anhang II: Prozessuale Zusammensetzung und Einflussgrößen der Haltezeit 190

Anhang III: Bestehende Haltezeitmodelle sowie Anforderungen an den zu entwickelnden Ansatz 204

Anhang IV: Algorithmische Umsetzung der Haltezeitmodellierung 213

Anhang V: Modellkalibrierung und -validierung 241

Abbildungsverzeichnis

Abbildung 1:   Ablauf der Haltezeitprognose im entwickelten Ansatz xxi

Abbildung 2:   Procedure of the presented dwell time model xxv

Abbildung 3:   Wirkungszusammenhänge der Haltezeitproblematik 2

Abbildung 4:   Bestimmung der bei der Fahrplanerstellung sowie bei Betrachtungen der Leistungsfähigkeit bzw. Betriebsqualität erforderlichen Kenngrößen 8

Abbildung 5:   Prozesse bei einem Verkehrshalt im Schienenpersonenverkehr zwischen Halteruck und Anfahrruck 15

Abbildung 6:   Zugspezifische Prozesse vor dem Fahrgastwechsel 16

Abbildung 7:   Türspezifische Prozesse vor dem Fahrgastwechsel sowie Fahrgastwechselprozesse an einer bespielhaften Fahrzeugtür 17

Abbildung 8:   Türspezifische Prozesse nach dem Fahrgastwechsel an einer bespielhaften Fahrzeugtür 19

Abbildung 9:   Zugspezifische Prozesse nach dem Fahrgastwechsel 20

Abbildung 10:   Darstellung der wesentlichen Einflussfaktoren und Wirkungszusammenhänge im Kontext der reinen Haltezeit 24

Abbildung 11:   Fahrgastankunftsverhalten an zwei der untersuchten Stationen bei jeweils 15 Klassen 29

Abbildung 12:   Anteil fahrplanorientiert eintreffender Fahrgäste in der morgendlichen Hauptverkehrszeit nach Zugfolgezeit sowie entsprechende Näherungen mittels einer Gammaverteilung 30

Abbildung 13:   Zusammenhang zwischen dem Anteil fahrplanorientiert eintreffender Fahrgäste und der Zugfolgezeit nach Verkehrszeit 31

Abbildung 14:   Räumliche Verteilung der bei der Befragung genannten Beweggründe und Fahrgastverteilung nach Bahnsteigbereichen in Bad Cannstatt an Gleis 2 37

Abbildung 15:   Fahrgastverteilung und Bahnsteigausstattung in Österfeld an Gleis 2 40

Abbildung 16:   Fahrgastverteilung und Bahnsteigausstattung in Kornwestheim Pbf an Gleis 3 43

Abbildung 17: Fahrgastverteilung und Fahrgastdichte je Bereich vor und während der Covid-19-Pandemie an der Station Nürnberger Straße Gleis 1 45

Abbildung 18: Beweggründe nach der abgefragten Häufigkeit, mit der der aktuelle Weg zurückgelegt wird 47

Abbildung 19: Mittelwert der fahrgastspez. Fahrgastwechseldauer in Abhängigkeit von der gesamten Ein- bzw. Aussteigeranzahl 56

Abbildung 20: Standardabweichung der mittleren fahrgastspezifischen Fahrgastwechseldauer in Abhängigkeit von der gesamten Ein- bzw. Aussteigeranzahl 58

Abbildung 21: Mittelwert der Einsteigedauer je Einsteiger in Abhängigkeit vom Anteil belegter Stehplätze im Fahrzeug zur Mitte des Einsteigevorgangs 59

Abbildung 22: Zuschlagfaktor zum Mittelwert der fahrgastspezifischen Fahrgastwechseldauer in Abhängigkeit vom Gepäckaufkommen . 62

Abbildung 23: Zuschlagfaktor zum Mittelwert der fahrgastspezifischen Fahrgastwechseldauer in Abhängigkeit von der vertikalen Distanz zwischen Bahnsteig- und Fahrzeugbodenhöhe 64

Abbildung 24: Anzahl genutzter Türspuren an einer 1,9 Meter breiten Tür in Abhängigkeit vom Maximum der jeweils beteiligten Ein- und Aussteigeranzahl 65

Abbildung 25: Zuschlagfaktor zum Mittelwert der fahrgastspezifischen Fahrgastwechseldauer in Abhängigkeit von der im konkreten Fall genutzten Breitendifferenz zur Standardtürbreite von 1,3m 66

Abbildung 26: Bestehende Modellansätze nach Anzahl der einzugebenden sowie der insgesamt (auch modellimmanent) berücksichtigten Einflussfaktoren 78

Abbildung 27: Ein- und Ausgabegrößen des entwickelten Modells 84

Abbildung 28: Bestehende Modellansätze nach Anzahl der einzugebenden, schwer verfügbaren Eingangsgrößen sowie der insgesamt berücksichtigten Eingangsgrößen. Kreisgröße verdeutlicht die Anzahl identischer Modelle 87

Abbildung 29: Gesamtprozess der Haltezeitmodellierung 90

Abbildung 30:   Überblick über die Verwendung bedienungstheoretischer Zusammenhänge im Modell 92

Abbildung 31:   Prozessablauf zur Prognose des situativen Einsteigeraufkommens 95

Abbildung 32:   Anteil des fahrplanorientierten Einsteigeraufkommens für verschiedene planmäßige Zugfolgezeiten, das bei einer bestimmten situativen Zugfolgezeit als eingetroffen erwartet werden kann 96

Abbildung 33:   Ankunftsprozess nicht-fahrplanorientierter Einsteiger als reiner Geburtsprozess 97

Abbildung 34:   Prozessablauf zur Prognose der Fahrgastverteilung an einer Station 100

Abbildung 35:   Prozessablauf zur Bestimmung der Türwahlwahrscheinlichkeiten für Einsteiger an einer Station 101

Abbildung 36:   Vorgehen zur Bestimmung der Türwahlwahrscheinlichkeiten auf Basis der Startstation an einem beispielhaften Bahnsteig 106

Abbildung 37:   Vorgehen zur Bestimmung der Türwahlwahrscheinlichkeiten auf Basis jener der betrachteten Station m nachfolgenden, beispielhaften Zielstationen 107

Abbildung 38:   Bestimmung der initialen Einsteigerverteilung für eine beispielhafte Quelle-Ziel-Relation 108

Abbildung 39:   Prozessablauf zur Ermittlung der Ein- und Aussteigerzahlen sowie der Fahrzeugbesetzung an einer Station 109

Abbildung 40:   Prozessablauf zur Berücksichtigung der Reaktion der Einsteiger auf die eventuell ungleiche Auslastung der Bahnsteigbereiche vor dem Einstieg 112

Abbildung 41:   Beispielhafte Darstellung der drei Umverteilungsschritte 114

Abbildung 42:   Prozessablauf zur Bestimmung der Verteilungsfunktion (CDF) der Haltezeit 116

Abbildung 43:   Prozessablauf zur Bestimmung der Verteilungsfunktion (CDF) der türspezifischen Zeitdauer vor Beginn des Fahrgastwechsels in Abhängigkeit vom Türöffnungsverfahren und dem Vorhandensein von Aussteigern 118

Abbildung 44: Markov-Graph eines reinen, bedienungstheoretischen Todesprozesses am Beispiel des Einsteigevorgangs mit exponentialverteilter Einsteigedauer 1/μ 120

Abbildung 45: Prozessablauf zur Bestimmung der Verteilungsfunktion (CDF) der türspezifischen Zeitdauer bis zum Ende des Aussteigevorgangs 123

Abbildung 46: Prozessablauf zur Bestimmung der Verteilungsfunktion (CDF) der Zeitdauer für den Türschließprozess 125

Abbildung 47: Markov-Graph eines bedienungstheoretischen Geburts- und Todesprozesses mit Annahme exponentialverteilter Geburts- und Sterberaten bei Busy-Period-Betrachtung zur Modellierung des Einsteigevorgangs mit Nachzüglern 126

Abbildung 48: Prozessablauf zur Bestimmung der Verteilungsfunktion (CDF) des für die dezentrale Türschließung erforderlichen Zeitbedarfs an einer Fahrzeugtür 127

Abbildung 49: Gegenüberstellung der automatisch in situ gemessenen und der prognostizierten Einsteigerverteilungen für zwei Station der Stuttgarter Stadtbahnlinie U12 132

Abbildung 50: Verfahren zur Modellvalidierung auf Basis fahrzeugseitig gemessener Haltezeitdaten 133

Abbildung 51: Verteilungsfunktionen der gemessenen und modellierten Haltezeiten für zwei unterschiedlich stark frequentierte Stationen einer deutschen S-Bahnlinie 135

Abbildung 52: Im Rahmen dieser Arbeit berücksichtigte Publikationen mit Bezug zur Haltezeitthematik im spurgeführten Verkehr nach Jahrzehnt der Veröffentlichung 185

Abbildung 53: Übersicht der mit dieser Arbeit in Verbindung stehenden Erhebungen, studentischen Arbeiten sowie Datenkooperationen – Teil 1 187

Abbildung 54: Übersicht der mit dieser Arbeit in Verbindung stehenden Erhebungen, studentischen Arbeiten sowie Datenkooperationen– Teil 2 188

Abbildung 55: Vorgehen zur Erfassung der Fahrgastankünfte sowie Zugfahrten an einem Bahnsteig mittels Smartphone-App 191

Abbildung 56:   Fahrgastankunftsverhalten an den im Rahmen der Arbeit betrachteten Stationen. Klassenanzahl entsprechend der jeweiligen Zugfolgezeit 192

Abbildung 57:   Erwartungswerte der Wartezeit fahrplanorientiert eintreffender Fahrgäste sowie entsprechende Näherung unter der Annahme, dass sich das Ankunftsverhalten mit einer entsprechend parametrisierten Betaverteilung beschreiben lässt 193

Abbildung 58:   Anteil fahrplanorientiert eintreffender Fahrgäste in der abendlichen Hauptverkehrszeit sowie entsprechende Näherungen mittels einer Gammaverteilung 194

Abbildung 59:   Anteil fahrplanorientiert eintreffender Fahrgäste in der Nebenverkehrszeit sowie entsprechende Näherungen mittels einer Gammaverteilung 194

Abbildung 60:   Bevorzugung von Wartepositionen unter dem Wetterschutz bei intensiver Sonneneinstrahlung 197

Abbildung 61:   Im Rahmen der Fahrgastbefragung in Bad Cannstatt genannte Beweggründe bei der Wahl der Warteposition auf dem Bahnsteig nach der Verkehrszeit 197

Abbildung 62:   Vorgehen zur Erfassung der Zeitbestandteile des Fahrgastwechsels sowie des Halts an einer einzelnen Fahrzeugtür mittels Smartphone-App 199

Abbildung 63:   Einsteigedauer je Einsteiger in Abhängigkeit von der gesamten Einsteigeranzahl an der Tür sowie entsprechende Näherung (nur Messungen ohne stehende Fahrgäste im Fahrzeug) 200

Abbildung 64:   Aussteigedauer je Aussteiger in Abhängigkeit von der gesamten Aussteigeranzahl an der Tür sowie entsprechende Näherung 200

Abbildung 65:   Zuschlagfaktor zur mittleren Aussteigedauer je Aussteiger in Abhängigkeit vom Aussteigeranteil sowie entsprechende Näherung 201

Abbildung 66:   Einstiegssituation an einem n-Wagen 202

Abbildung 67:   Vorgehen zur Erfassung der Zeitbestandteile eines Halts auf Ebene des gesamten Zuges mittels Smartphone-App 203

Abbildung 68: Im Rahmen dieser Arbeit berücksichtigte Haltezeitmodelle im spurgeführten Verkehr nach Jahrzehnt der Veröffentlichung und Modellart 204

Abbildung 69: Beispielhafter Screenshot der abschließenden Ergebnisdarstellung im Hilfstool zur Aufnahme der Bahnsteiginfrastruktur 210

Abbildung 70: Ergebnisdarstellung der Haltezeitmodellierung mit Fokus auf die einzelnen Zeitbestandteile im entwickelten Haltezeitmodells für eine beispielhafte Regionalverkehrslinie 211

Abbildung 71: Ergebnisdarstellung der Fahrgastverteilungsgrößen des entwickelten Haltezeitmodells für zwei beispielhafte S-Bahnstationen 212

Abbildung 72: Prozessablauf zur Bestimmung der situativen Zugfolgezeiten auf den Zielrelationen an einer Station m 213

Abbildung 73: Prozessablauf zur Bestimmung der Einzugsbereiche der einzelnen Fahrzeugtüren an Station m 214

Abbildung 74: Prozessablauf zur Bestimmung der Aufenthaltswahrscheinlichkeitsfunktion über die Bahnsteiglänge an einer Station auf Basis des von den Fahrgästen erwarteten Haltebereichs 216

Abbildung 75: Prozessablauf zur Bestimmung der Aufenthaltswahrscheinlichkeitsfunktion über die Bahnsteiglänge an einer Station auf Basis des tatsächlichen Haltebereichs 217

Abbildung 76: Prozessablauf zur Bestimmung der Aufenthaltswahrscheinlichkeitsfunktion über die Bahnsteiglänge an einer Station auf Basis der Bahnsteigzugänge 218

Abbildung 77: Prozessablauf zur Bestimmung der Aufenthaltswahrscheinlichkeitsfunktion über die Bahnsteiglänge an einer Station auf Basis der Sitzgelegenheiten 219

Abbildung 78: Prozessablauf zur Bestimmung der Aufenthaltswahrscheinlichkeitsfunktion über die Bahnsteiglänge an einer Station auf Basis der Wetterschutzeinrichtungen 219

Abbildung 79: Prozessablauf zur Bestimmung der Gewichtungen der einzelnen Einflussfaktoren an einer Station in der konkreten Situation 220

Abbildung 80: Prozessablauf zur Bestimmung der Aufenthaltswahrscheinlichkeitsfunktion über die Bahnsteiglänge an einer Station auf Basis der dortigen Bahnsteigabgänge für Fahrgäste, die sich an der Station als ihre Zielstation orientieren 221

Abbildung 81: Übergangswahrscheinlichkeiten auf dem Bahnsteig in Abhängigkeit von der Fahrgastdichte für verschiedene Türmittenabstände 222

Abbildung 82: Übergangswahrscheinlichkeiten im Zug in Abhängigkeit von der Dichte stehender Fahrgäste für verschiedene Türmittenabstände 222

Abbildung 83: Prozessablauf zur Umverteilung der Fahrgäste vor dem Einstieg bei Erschöpfung der Zugkapazität an einzelnen Türbereichen 223

Abbildung 84: Prozessablauf zur Berücksichtigung der Reaktion der Einsteiger auf die eventuell ungleiche Auslastung der Türbereiche im Zug 224

Abbildung 85: Prozessablauf zur Bestimmung der Verteilungsfunktion (CDF) des fahrzeugspezifischen Zeitbedarfs vor dem Fahrgastwechsel 225

Abbildung 86: Prozessablauf zur Bestimmung des situativ eingesetzten Türöffnungsverfahrens 226

Abbildung 87: Markov-Graph eines reinen, bedienungstheoretischen Todesprozesses am Beispiel des Einsteigevorgangs mit Erlang-3-verteilter Einsteigedauer 1/3µ 227

Abbildung 88: Prozessablauf zur Bestimmung der Verteilungsfunktion (CDF) der türspezifischen Zeitdauer bis zum Ende des regulären Einsteigevorgangs 230

Abbildung 89: Prozessablauf zur Verteilung des Nachzügleraufkommens an einer Station auf die Fahrzeugtüren 231

Abbildung 90: Prozessablauf zur Bestimmung der situativ gewählten Türschließ- und Abfertigungsverfahren an einer Station 232

Abbildung 91: Prozessablauf der numerischen Realisierung der für die Modellierung des dezentralen Türschließens verwendeten Formulierung als Geburts- und Todesprozess 233

Abbildung 92: Prozessablauf zur Prüfung, wann die nächste Nachzüglerankunft erfolgt, bei der numerischen Realisierung des Geburts- und Todesprozesses 234

Abbildung 93: Prozessablauf zum Abarbeiten eines (nicht letzten) Einsteigers bei der numerischen Realisierung des Geburts- und Todesprozesses 235

Abbildung 94: Prozessablauf zum Abarbeiten des letzten noch wartenden Einsteigers bei der numerischen Realisierung des Geburts- und Todesprozesses 236

Abbildung 95: Prozessablauf zur Ermittlung der Verteilungsfunktion (CDF) des Zeitbedarfs bis zum Vorliegen einer hinreichend großen Zeitlücke zur Einleitung der zentralen Türschließung an einer Fahrzeugtür 237

Abbildung 96: Prozessablauf zur Ermittlung der Verteilungsfunktion (CDF) des Zeitbedarfs bis zur vollständigen, zentralen Schließung einer Fahrzeugtür 238

Abbildung 97: Prozessablauf des abgewandelten Geburtsprozesses zur Ermittlung der Verteilungsfunktion (CDF) des Zeitbedarfs bis zur vollständigen, zentralen Schließung einer Fahrzeugtür bei Nachzügleraufkommen 239

Abbildung 98: Prozessablauf zur Ermittlung der Verteilungsfunktion (CDF) der Abfertigungsdauer 240

Abbildung 99: Gegenüberstellung der in situ gemessenen mit den vom Modell geschätzten Verteilungsfunktionen der Gesamtdauern für den Aussteigevorgang nach Anzahl beteiligter Aussteiger 241

Abbildung 100: Gegenüberstellung der in situ gemessenen mit den vom Modell geschätzten Verteilungsfunktionen der Gesamtdauern für den Einsteigevorgang nach Anzahl beteiligter Einsteiger 242

Tabellenverzeichnis

Tabelle 1: Abgrenzung der Haltezeitanteile bei zentraler Türöffnung. Falls die Türen dezentral geöffnet werden und an einer Tür keine Ein- oder Aussteiger auftreten, entfallen sämtliche türspezifischen Zeitanteile an der jeweiligen Tür 22

Tabelle 2: Gegenüberstellung der Ergebnisse verschiedener Fahrgastbefragungen mit den Ergebnissen der Modellkalibrierung 50

Tabelle 3: Erhebungen zum Fahrgastwechsel im Kontext dieser Arbeit durch den Verfasser sowie Cancar (2019) und Glaser (2019) 55

Tabelle 4: Art des Fahrgastwechsels bei Vorliegen von Aus- und Einsteigevorgang nach Türbreite 60

Tabelle 5: Fahrgastanteil mit mindestens einem Gepäckstück nach Verkehrsmittel und Verkehrszeit 62

Tabelle 6: Gemessene Zeitdauern der Haltezeitanteile für zwei exemplarische Fahrzeugtypen 68

Tabelle 7: Verwendung der Türöffnungsverfahren auf der Stammstrecke der S-Bahn Stuttgart nach Verkehrszeit und Verspätung 69

Tabelle 8: Verwendung der Türschließverfahren auf der Stammstrecke der S-Bahn Stuttgart nach Verkehrszeit und Auftreten von Nachzüglern während des Halts 70

Tabelle 9: Klassifizierung möglicher Eingangsgrößen eines Haltezeitmodells 83

Tabelle 10: Ergebnisse der Modellvalidierungen als mittlerer Absolutfehler über alle je Linie betrachteten Stationen 134

Tabelle 11: Übersicht der im Rahmen dieser Arbeit erfolgten Erhebungen des Fahrgastankunftsverhaltens 190

Tabelle 12: Übersicht über den in ausgewählten Untersuchungen ermittelten Anteil fahrplanorientiert eintreffender Fahrgäste in Abhängigkeit von der planmäßigen Zugfolgezeit 193

Tabelle 13: Teil 1 der Übersicht über die manuellen Erhebungen der Einsteigerverteilung auf dem Bahnsteig im Rahmen dieser Arbeit sowie Klose 2019a, Klose 2019b, Endlich et al. 2019 und Mang et al. 2020 195

Tabelle 14: Teil 2 der Übersicht über die manuellen Erhebungen der Einsteigerverteilung auf dem Bahnsteig im Rahmen dieser Arbeit sowie Klose 2019a, Klose 2019b, Endlich et al. 2019 und Mang et al. 2020 196

Tabelle 15: Übersicht über die auf Türebene erfassten Zeitanteile sowie deren Mittelwerte 198

Tabelle 16: Zuschlagfaktoren zum Grundwert der Standardabweichung der mittleren Fahrgastwechseldauer je Fahrgast nach vertikaler Distanz zwischen Bahnsteig- und Fahrzeugbodenhöhe laut Erhebungsdaten 201

Tabelle 17: Aus der Erhebung resultierende Zuschlagfaktoren zum Grundwert der Standardabweichung der mittleren Fahrgastwechseldauer je Fahrgast nach genutzter Differenz zur Standardtürbreite von 1,3 m laut Erhebungsdaten 201

Tabelle 18: Im Rahmen dieser Arbeit berücksichtigte Haltezeitmodelle im spurgeführten Verkehr nach Kontinent und Modellart 204

Tabelle 19: Überblick über die bestehenden Haltezeitmodelle – Teil 1 205

Tabelle 20: Überblick über die bestehenden Haltezeitmodelle – Teil 2 206

Tabelle 21: Überblick über die bestehenden Haltezeitmodelle – Teil 3 207

Tabelle 22: Überblick über die bestehenden Haltezeitmodelle – Teil 4 208

Tabelle 23: Überblick über die bestehenden Haltezeitmodelle – Teil 5 209

Tabelle 24: Werte der einzelnen Parameter zur Modellierung der Fahrgastverteilung auf Basis der Modellkalibrierung 215

Tabelle 25: Erwartungswert, Standardabweichung und Variationskoeffizient in Bezug auf die mittlere fahrgastspezifische Fahrgastwechseldauer nach Vorgang im Stadt- und S-Bahnverkehr 229

Kurzfassung

Weltweit stellen die Entwicklungen rund um die Haltezeiten von Zügen in den Stationen sowohl Infrastruktur- als auch Verkehrsunternehmen vor verschiedenartige Herausforderungen. Während die benötigten Zeitbedarfe sowie deren Variabilität aufgrund wachsenden Fahrgastaufkommens und höherer Sicherheitsanforderungen ansteigen, steht die zunehmende Infrastrukturauslastung einer Ausweitung der im Fahrplan vorgesehenen Haltezeiten entgegen.

Für eine effiziente Nutzung der Infrastruktur und eine zufriedenstellende Betriebsqualität ist eine Kenntnis der zu erwartenden mittleren Haltezeiten sowie deren Variabilität unabdingbar. Derartige Informationen können in der Betriebsplanung (z.B. Fahrplanerstellung), aber auch in der Betriebssteuerung (z.B. Disposition) sowie bei Untersuchungen der Robustheit bzw. Leistungsfähigkeit oder haltezeitspezifischen Optimierungsmaßnahmen Verwendung finden.

Eine Berücksichtigung des Haltezeitbedarfs in frühen Phasen der Betriebsplanung erfordert in der Regel stets den Einsatz eines Prognosemodells. Aber auch bei bereits vergleichbar in Betrieb befindlichen Linien kommt Modellen zur Haltezeitbestimmung aufgrund des mit der Erhebung und Auswertung in situ gemessener Daten verbundenen Aufwands sowie methodischer Limitationen eine große Bedeutung zu.

Zur Prognose von Verkehrshaltezeiten im Bereich des spurgeführten Verkehrs gibt es international bereits verschiedenartige Modellierungsvorschläge. Die Eignung dieser *bestehenden Ansätze* für die beschriebenen Anwendungsfelder ist jedoch unter anderem mangels Aussagen zur Variabilität, kritischer Vereinfachungen sowie geringer Übertragbarkeit und Praktikabilität als erheblich eingeschränkt zu betrachten.

Im Rahmen der vorliegenden Arbeit wird daher ein *generisches Modell zur linienbezogenen Prognose des Haltezeitbedarfs im spurgeführten Personennahverkehr* entwickelt. Der Ansatz ermöglicht eine Prognose der Verteilungsfunktion des Zeitbedarfs, der für den Fahrgastwechsel sowie die diesbezüglich notwendigen vor- und nachbereitenden Prozesse erforderlich ist. Das entwickelte Modell weist eine hohe Übertragbarkeit auf und beschränkt sich hinsichtlich des Datenbedarfs auf typischerweise in Verkehrsunternehmen verfügbare Daten. Der vorgeschlagene Modellansatz wurde als Prototyp softwareseitig in Matlab (2018) implementiert.

Zur Entwicklung eines derartigen Haltezeitmodells werden in der vorliegenden Arbeit zunächst die den Haltezeitbedarf prägenden Wirkungszusammenhänge strukturiert betrachtet und mittels quantitativer Zusammenhänge auf niederschwellig verfügbare Eingangsgrößen zurückgeführt. Die hierzu bereits bestehenden Erkenntnisse wurden dabei durch ausführliche weitere Untersuchungen im Großraum Stuttgart ergänzt.

Darauf basierend wird ein Haltezeitmodell abgeleitet. Abbildung 1 skizziert den *Ablauf der Haltezeitprognose im entwickelten Ansatz*. Dementsprechend sind durch den Nutzer zunächst Infrastrukturdaten (z.B. Eigenschaften und Ausstattung der Bahnsteige und Haltepositionen), Fahrzeugdaten (z.B. Länge, Tür- und Kapazitätsverteilung, Türschließzeiten) und verkehrliche Daten (z.B. Fahrgastaufkommen) einzugeben.

Der nachfolgende Berechnungsprozess besteht im Kern aus drei Teilschritten – namentlich den Modellierungen der zu erwartenden Einsteigerzahl, der Verteilung der Fahrgäste auf die Fahrzeugtüren sowie abschließend des hierfür notwendigen Zeitbedarfs. Diese drei Teilschritte werden nacheinander für jede Station im Linienverlauf durchgeführt. Dabei wird jeweils auf die Ergebnisse der zurückliegenden Stationen aufgebaut, was eine Berücksichtigung der Zusammenhänge zwischen den Stationen ermöglicht. Abgesehen vom Einsatz im entwickelten Haltezeitmodell können diese Teilmodelle auch separat beispielsweise für die Analyse von Optimierungspotenzialen Verwendung finden. Das Vorgehen innerhalb der Teilschritte wird im Folgenden näher erläutert.

Im ersten Berechnungsschritt wird das *Einsteigeraufkommen an einer Station* unter Berücksichtigung der situativen Verspätung separat für jede dort auf der betrachteten Linienrichtung mögliche Zielrelation durchgeführt. Dabei werden nicht-fahrplanorientiert an der Station eintreffende Fahrgäste von fahrplanorientiert Eintreffenden in Abhängigkeit von der planmäßigen Zugfolgezeit unterschieden. Das implementierte Vorgehen ermöglicht eine Berücksichtigung der Zusammenhänge zwischen Verspätung und Haltezeit, aus denen auf hochfrequentierten Linien ein Aufschaukeln von Fahrplanabweichungen resultieren kann.

Im zweiten Schritt wird für jede der Stationen die dort *an den einzelnen Türen zu erwartende Ein- und Aussteigeranzahl* prognostiziert. Hierzu wird zunächst die zu erwartende Verteilung der Fahrgäste über die Bahnsteiglänge auf Basis der Gegebenheiten an der Station (insbesondere der Lage der Bahnsteigzugänge, der Haltepositionen und

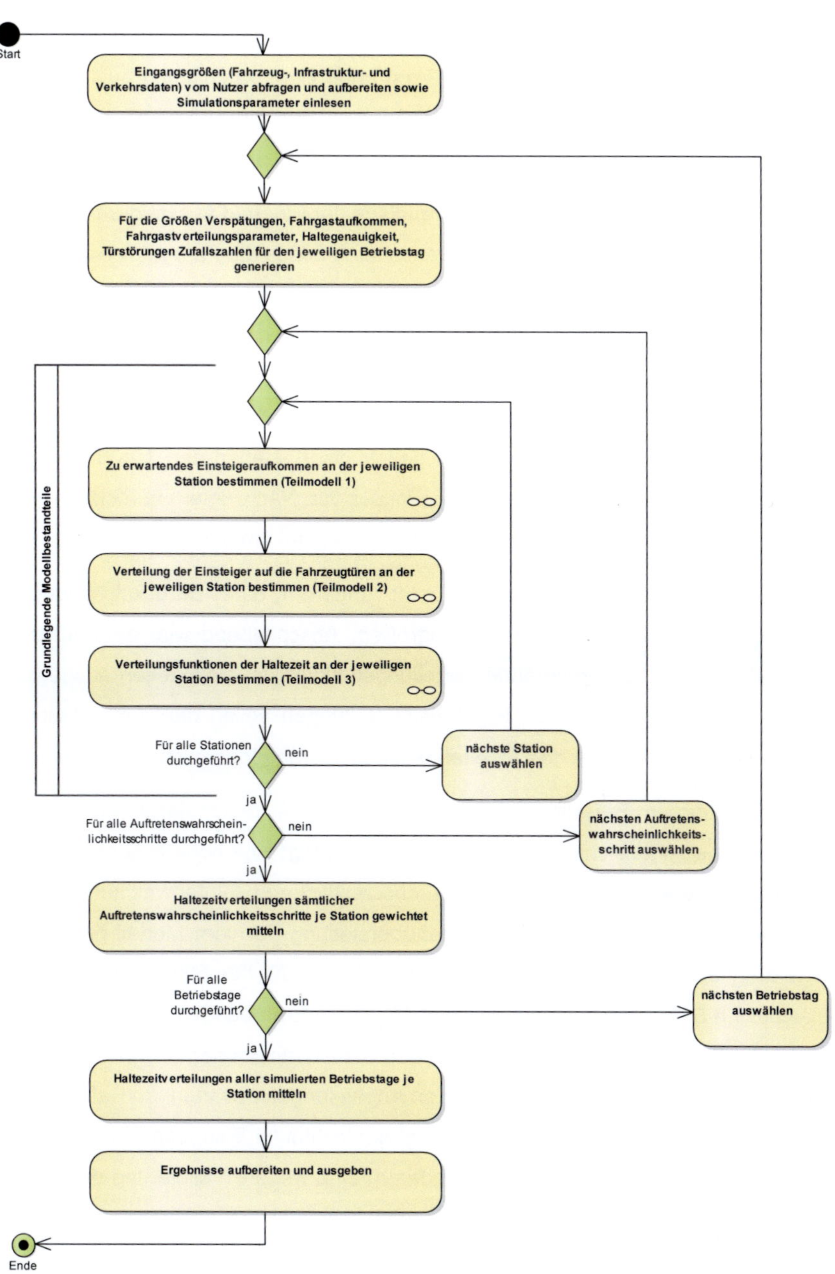

Abbildung 1:   **Ablauf der Haltezeitprognose im entwickelten Ansatz (Quelle: Verfasser)**

des Wetterschutzes) sowie der Abhängigkeiten mit den von dort erreichbaren Zielstationen modelliert. Hieraus wird anschließend unter Berücksichtigung auslastungsbedingter Umverteilungen auf dem Bahnsteig und im Zug die Anzahl der je Station an den einzelnen Türen ein- und aussteigenden Reisenden prognostiziert.

Im dritten Berechnungsschritt wird auf Grundlage der Ein- und Aussteigeranzahl je Tür für jeden Halt mit Hilfe bedienungstheoretischer Ansätze die *Fahrgastwechselzeit an den einzelnen Türen* bestimmt. Dabei werden sowohl geometrische Randbedingungen, wie die Türbreite und die Einstiegshöhe, aber auch Wechselwirkungen zwischen den Fahrgästen, wie zum Beispiel Rückstaueffekte bei hohem Besetzungsgrad, berücksichtigt. Von den so bestimmten Fahrgastwechselzeiten der einzelnen Türen wird abschließend auf die Haltezeit des Zuges geschlossen. Neben den Türöffnungs- und Türschließverfahren wird dabei auch der Einfluss von Nachzüglern berücksichtigt, die erst nach der Ankunft des Zuges auf dem Bahnsteig ankommen.

Wiederholungsschleifen ermöglichen unter anderem eine Berücksichtigung der stochastischen Variationen von Einflussgrößen. Abschließend wird dem Nutzer für jede Station die dort zu erwartende Verteilungsfunktion der Haltezeiten ausgegeben. Weitere darüberhinausgehende Ergebnisdarstellungen sollen die Interpretation der Prognoseergebnisse sowie das Ableiten von Optimierungspotenzialen unterstützen.

Eine *Validierung* am Beispiel verschiedener städtischer, regionaler sowie überregionaler Linien des öffentlichen Personennahverkehrs legt eine hohe Prognosegüte des entwickelten Modells nahe. So lag die durchschnittliche Absolutabweichung über alle Halte der untersuchten Linien bei Gegenüberstellung der vom Modell berechneten Werte der Haltezeiten mit in situ gemessenen Werten für das 50% Quantil beispielsweise bei 1,6 Sekunden beziehungsweise 7%. Erste Erprobungen lassen zudem eine Übertragbarkeit des Ansatzes sowohl auf den Schienenpersonenfernverkehr als auch andere Verkehrsträger bei entsprechenden Anpassungen erwarten. Im Rahmen eines Projektes im Auftrag der DB Netz AG erfolgt am Institut für Eisenbahn- und Verkehrswesen der Universität Stuttgart unter anderem eine weitere Validierung des Modells mit dem Ziel der praxisbezogenen Einsatzreife.

Abstract

Transport operators all over the world are faced with various challenges concerning dwell times at scheduled stops in railbound traffic. While times required for scheduled stops as well as their variability are increasing due to rising number of passengers and safety requirements, the growing occupancy rate of the infrastructure and resulting shorter train headways prevent an expansion of dwell times. This and increasing passenger and operational requirements on operating quality require a reliable forecast of the expected dwell times and their variations.

Knowledge of the expected average dwell times and their variability is essential for efficient use of infrastructure and satisfactory operational quality. Such information can be used for timetable planning as well as for dispatching and performance investigation, due to consideration of the relationship between delay and dwell times. Because of additional outputs, optimization potentials regarding vehicle, infrastructure and operating program can also be derived.

Taking dwell time requirements in early phases of operational planning in account, requires always the usage of forecast models. Also, even in the case of lines that are already comparably in operation, models for determining dwell times are of great importance due to the effort for collecting and evaluating measured data as well as methodological limitations.

Various modelling proposals already supply forecasts of dwell times in railbound traffic. However, the suitability of these *existing approaches* for the described scope is to be regarded as considerably limited, inter alia because of a lack of statements on variability, critical simplifications as well as poor transferability and practicability.

Within this dissertation a generic model for *course-related forecast of dwell times at scheduled stops in railbound transport systems* is developed. The approach enables forecasting the cumulative distribution function (CDF) of the time required for passenger exchange as well as the time required for related pre- and post-processes. The approach is applicable to all railbound transport systems and to ensure the models practicability its data requirements are limited to data being typically available in transport companies. As a prototype, the proposed model was implemented in Matlab (2018).

In order to develop such a dwell time model, this thesis first structures the interdependencies of dwell time requirements and then uses quantitative relationships to trace them to low-threshold input variables. In addition to existing research findings, the results of further investigations carried out in the Stuttgart metropolitan area are also used for this purpose.

Based on this, a dwell time model is derived. As can be seen in Figure 2, the dwell time modelling for a course starts with the input of the required data by the user. Hereby, infrastructure data (e.g. properties and facilities of the platforms, stop positions), vehicle data (e.g. length, door and capacity distribution, door closing times) and traffic data (e.g. passenger volume) are queried for the investigated train run.

The calculation process consists of three sub steps - namely the modelling of the expected number of boarding passengers, the distribution of the boarding and alighting passengers among the vehicle doors and finally the time required for the passenger exchange and the other processes of a stop. These three sub-steps are calculated consecutively for every station in the course of a train run, building up on the results of previous scheduled stops and thus allowing to consider interrelationships between the stations. Besides the application in the developed dwell time model, these submodels can also be used separately, for example to analyse optimization potentials. The procedure within the sub-steps will be explained in more detail below.

In the first calculation step the modelling of the *amount of boarding passengers at a scheduled stop* is carried out separately for each destination reachable from this stop on the considered line. Thereby the passengers arriving at the platform are distinguished between passengers arriving randomly and timetable-oriented. Their ratio is depending on the scheduled headway on the respective origin-destination-relation. This procedure allows modelling interdependencies between delay and dwell times, which can result in the building up of delays on busy line sections with short headways.

In the second step the *distribution of the passengers among the vehicle doors* at the considered station is modelled. In order to determine the distribution of passengers, it is assumed that passengers, orient either towards the circumstances of their departure (platform accesses, weather protection, usual vehicle stop position) or their destination station (platform exits), when positioning on the platform of their departure station.

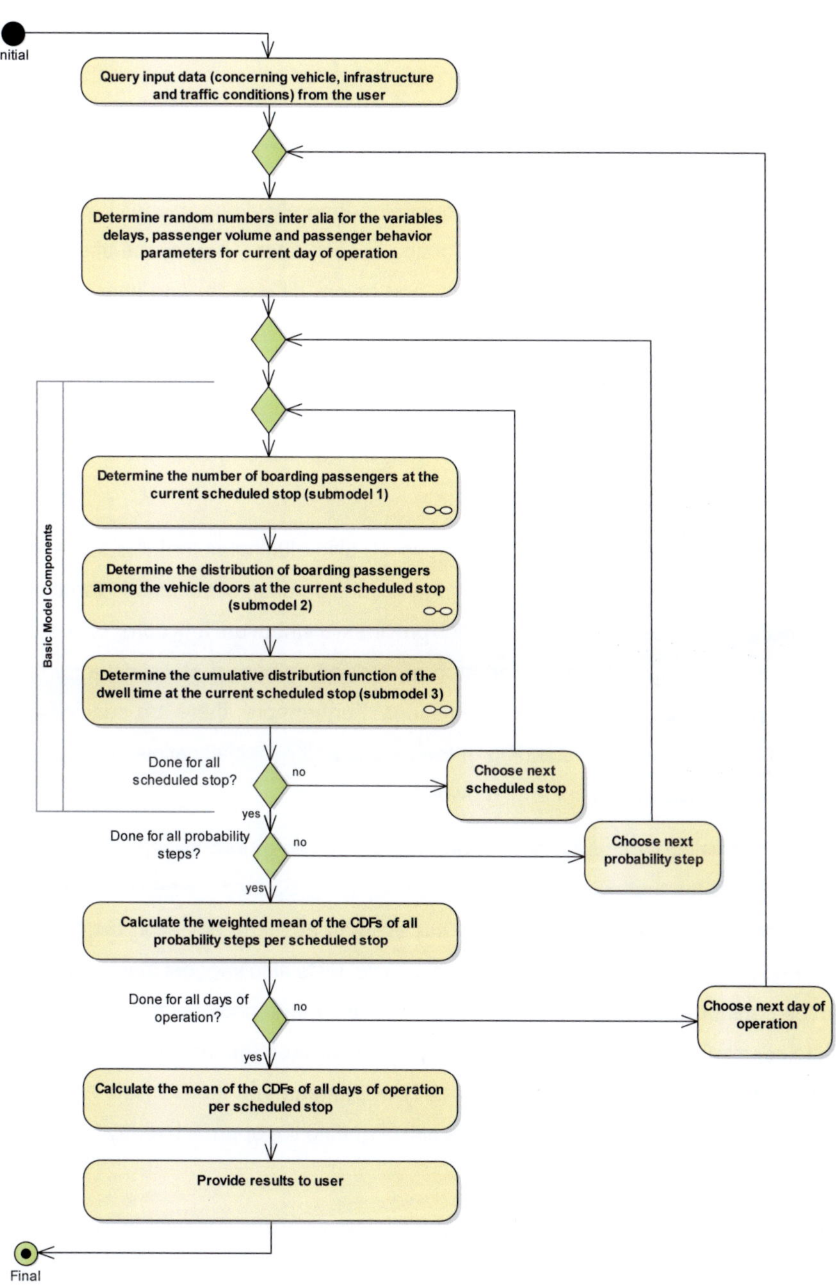

Abbildung 2: **Procedure of the presented dwell time model (Source: Author)**

Based on this, the number of passengers boarding and alighting at the individual doors at each station is determined, taking occupancy-related redistributions on the platform and inside the vehicle into account.

In the third calculation step, the *time required for passenger exchange per door* at the considered station is determined using queueing-theoretical approaches based on the number of passengers boarding and alighting at each door. Thereby the effects of geometric constraints (inter alia door width and height difference) and interactions between passengers (inter alia congestion at high occupancy) on the boarding or alighting rate are considered. Finally, the total dwell time is deduced from the passenger exchange times of the individual doors. In addition to the door opening and closing procedures, the effect of passengers arriving on the platform after the arrival of the train is also taken into account.

The figure on the previous page ("Abbildung 2") also elucidates that this procedure is embedded in two repetitive loops enabling the consideration of stochastic variations of influencing variables. Lastly, the model provides distribution functions of the dwell times expected for each scheduled stop as well as additional statistical information such as mean values and standard deviations. Furthermore, there are additional outputs that support the understanding of the results and especially allow identifying potentials for optimizations concerning dwell times.

A *validation* using various urban, suburban and regional public transport lines as examples illustrates that dwell times calculated by the proposed model correspond well to the measured values. For example, the average absolute deviation over all stops was 1.6 seconds or 7% for the 50% quantile. Initial tests also suggest that the approach can be transferred to long-distance rail services and other modes of transport if appropriate adjustments are made. As part of a project between the Institute of Railway and Transportation Engineering of the University of Stuttgart and the DB Netz AG, further validation is currently carried out with the aim of getting the approach ready for practical use.

For more information in English regarding a further overview of the model see also Uhl & Martin (2019).

1 Haltezeitmodellierung im spurgeführten Personenverkehr – Motivation und Abgrenzung

Das Ein- und Aussteigen der Fahrgäste und damit die Stationshalte stellen eine elementarere Voraussetzung für die Nutzung des öffentlichen Personenverkehrs dar. Zugleich resultieren aus dem dafür erforderlichen Zeitbedarf negative Auswirkungen unter anderem auf Leistungsfähigkeit, Betriebsqualität sowie Wettbewerbsfähigkeit. Die Bemessung der Haltezeiten stellt daher ein Optimierungsproblem dar, dem insbesondere bei angebotsorientierten Systemen eine hohe Bedeutung zuzumessen ist.

Während bei Straßenbahnen und Bussen den für die Stationsaufenthalte fahrgastwechselseitig erforderlichen Zeitbedarfen bereits früh Aufmerksamkeit zuteilwurde (vgl. Müller 1917; Koffman 1984), konzentrierte man sich beim Eisenbahnverkehr unter anderem aufgrund der längeren Halteabstände sowie anderweitiger den Haltezeitbedarf bestimmender Prozesse (z.B. Frachtverladung) zunächst auf die Fahrzeiten (Harris & Ehizele 2019). Spätestens mit dem Aufkommen von Stadtschnellbahnsystemen rückte die Haltezeitthematik jedoch auch hier in den Fokus (vgl. u.a. Krell 1966; Fiedler 1968).

Als Begründung für den besonders in den letzten Jahrzehnten beobachtbaren Bedeutungszuwachs der wissenschaftlichen Betrachtung der Haltezeitbedarfe (vgl. Abbildung 52 auf Seite 185 im Anhang) lassen sich, wie in Abbildung 3 dargestellt, zwei gegenläufige Tendenzen anführen. So kann auf der einen Seite eine Zunahme der Haltezeiten sowie deren Variabilität unter anderem aufgrund des wachsenden Fahrgastaufkommens, zunehmender Sicherheitsanforderungen sowie mehr mobilitätseingeschränkter Personen konstatiert werden (vgl. u.a. Buchmüller et al. 2008; Bär et al. 2018). Zugleich stehen die zunehmende Infrastrukturauslastung und die damit verkürzten Zugfolgezeiten einer Ausweitung der im Fahrplan vorgesehenen Haltezeiten entgegen (vgl. u.a. Leenen & Herbermann 2014). Bei zunehmendem Automatisierungsgrad des Fahrbetriebs und damit einhergehender Steigerung der Effizienz sowie Bestimmbarkeit der Fahrzeiten ist künftig von einem weiteren Bedeutungszuwachs der Haltezeitprognose auszugehen (TRB 1999, S. 23; Martínez et al. 2007, S. 223).

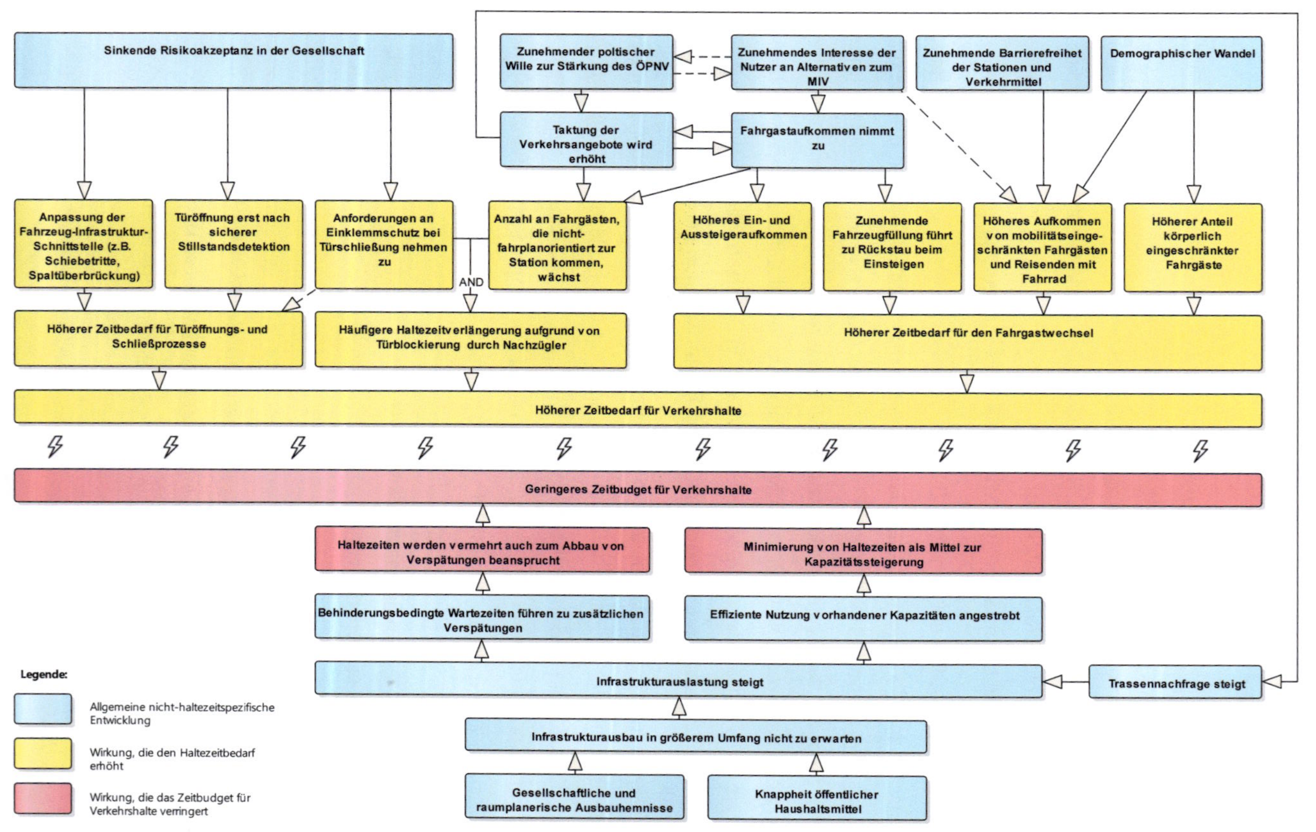

Abbildung 3:   Wirkungszusammenhänge der Haltezeitproblematik (Quelle: Verfasser)

Die weitreichende praktische Relevanz der Haltezeitbedarfe lässt sich indes verschiedenartig begründen. Zunächst wirken sich die Haltezeiten unmittelbar auf die Sperrzeit des Blockabschnittes aus, in dem sich eine Station befindet, und beeinflussen damit gerade bei Verkehrssystemen mit kurzen Halteabständen maßgeblich die Leistungsfähigkeit (vgl. u.a. Fiedler 1971; Leurent 2011). Darüber hinaus führen die hohe Variabilität der Haltezeiten und die damit verbundenen Überschreitungen der planmäßig veranschlagten Werte zu einer beträchtlichen Beeinflussung der Betriebsqualität (vgl. u.a. Hibino et al. 2010). Weiterhin sind Zusammenhänge zu den Fahrzeugumlaufzeiten sowie zu Potenzialen für eine energieeffiziente Fahrweise und damit der Wirtschaftlichkeit sowie Nachhaltigkeit zu sehen (vgl. u.a. Hennige & Weiger 1994; Jennewein 2006; Donovan 2017). Die unmittelbare Beteiligung der Fahrgäste im Halteprozess sowie die Auswirkungen auf Betriebsqualität und Reisezeit resultieren auch in einer Betroffenheit der Endkunden (vgl. u.a. Alwadood et al. 2012; Kim, K. et al. 2015).

Für eine effiziente Infrastrukturnutzung sowie Verkehrsabwicklung und eine zufriedenstellende Betriebsqualität ist daher eine Kenntnis der zu erwartenden mittleren Haltezeiten wie auch ihrer Variationsbreite bereits in der Phase der Betriebsplanung unabdingbar. Während jedoch für die Fahrzeit zwischen den Stationen objektive und zugleich praxistaugliche Berechnungsverfahren etabliert sind, ist dies für die Haltezeiten bislang nicht hinreichend gegeben. Stattdessen wird oftmals auf Erfahrungswissen sowie empirische Erhebungen zurückgegriffen, wobei nicht selten Zielkonflikte zwischen beteiligten Akteuren auftreten. Einem objektiven sowie praktikablen Vorgehen zur Prognose von Haltezeiten im spurgeführten Verkehr kann damit eine nennenswerte Bedeutung für die Erhöhung der Robustheit und Leistungsfähigkeit spurgeführter Verkehrssysteme zugemessen werden.

Nachfolgend sollen zunächst diesbezüglich relevante Begriffe definiert und der Betrachtungsbereich der Arbeit festgelegt werden. Anschließend wird vertieft auf Anwendungsmöglichkeiten von Haltezeitmodellen eingegangen. Auf diesen Festlegungen basierend soll dann die im Kern der Dissertation stehende Forschungsfrage formuliert und das Untersuchungsvorgehen sowie der Aufbau der Arbeit erläutert werden.

1.1 Definition der Haltezeit und damit verbundener Begriffe

Im Folgenden sollen zentrale Begrifflichkeiten für die Verwendung in dieser Arbeit definiert werden. Für Erläuterungen zu weiteren verwendeten Begriffen sei auf das Glossar im Anhang verwiesen.

Der *Fahrgastwechsel* beschreibt das Ein- und Aussteigen der Fahrgäste an einer Station und kann als prägendster Prozess eines Verkehrshalts angesehen werden. Die Fahrgastwechselzeit an einer Fahrzeugtüre lässt sich damit grundsätzlich nach Weidmann als die Zeitdauer definieren, „während welcher sich Fahrgäste durch den Querschnitt einer Türe bewegen" (Weidmann 1994, S. 219). Vergleichbare Definitionen finden sich unter anderem bei Jong & Chang (2011) sowie Bär et al. (2019). Aufgrund der unterschiedlichen Charakteristika sollen Aus- und Einsteigeprozess jedoch im Rahmen dieser Arbeit stets separat betrachtet werden.

Einige Autoren ziehen zur *Abgrenzung des Aussteige- bzw. Einsteigebeginns* die initiale Türöffnung heran (u.a. Westphal 1976; Douglas 2012; Lee et al. 2018), was sich mit der ebenfalls vom Fahrgastverhalten abhängigen Zeitdauer zwischen Türöffnungsbeginn und erstem Durchtritt begründen lässt. Aufgrund der für die spätere Modellierung erforderlichen Differenzierung soll der Beginn der Prozesse jedoch durch den ersten Türdurchtritt abgegrenzt werden (vgl. Abschnitt 2.1.1).

Bei Auftreten kurzfristig an der Tür eintreffender Fahrgäste ist auch der Abschluss der Prozesse nicht trivial (vgl. u.a. Leiner 1983, S. 32). Da sich die Aussteiger meist bereits vor der Türöffnung an der Fahrzeugtür versammeln, ist diese Unterscheidung in der Regel nur für den Einsteigevorgang praxisrelevant. Daher soll der *reguläre Einsteigevorgang* vom *Einsteigevorgang kurzfristig eintreffender Einsteiger* unterschieden werden (Bär et al. 2018, S. 39), wobei ein Einsteiger dann nicht mehr zur Gruppe der regulären Einsteiger gezählt wird, wenn die Zeitdifferenz zwischen seinem Türdurchtritt und dem Türdurchtritt des letzten regulären Einsteigers mehr als drei Sekunden beträgt (Wiggenraad 2001, S. 1). Nach Abschluss des Aussteigevorgangs eintreffende Einsteiger sollen im Folgenden auch als *Nachzügler* bezeichnet werden (vgl. Bär et al. 2019, S. 41).

Die *fahrgastspezifische Fahrgastwechseldauer* ist dabei als Quotient aus der gesamten, türbezogenen Fahrgastwechselzeit und der Summe der Ein- und Aussteiger zu verstehen (vgl. Weidmann 1994). Analoges gilt für die *fahrgastspezifischen Aus- und Einsteigedauern*.

Für den Begriff *Haltezeit* bestehen in der wissenschaftlichen Literatur zwei einschlägige Definitionen. Die erste kennzeichnet die Haltezeit dem Wortsinn entsprechend als die Zeit, in der der Zug unbewegt in einer Station steht, wobei die Abgrenzung durch den Anhalte- und Anfahrruck erfolgt. So definiert Weidmann die Haltezeit als „[die] Zeit, während der ein Zug an einer Haltestelle steht [...]. Sie beginnt zum Zeitpunkt des Anhalterucks, endet mit dem Anfahrruck [...]" (Weidmann 1994, S. 9). Eine vergleichbare Definition findet sich auch bei Dirmeier (1978, S. 273), Kim, J. et al. (2015, 675f), Li et al. (2016, S. 880), Christoforou et al. (2017, S. 2) und Panzera & Rüger (2018, 72). Einige weitere Autoren folgen ebenfalls dieser Definition, verweisen aber besonders darauf, dass das Anhalten zum Zweck des Fahrgastwechsels erfolgt und folglich kein Betriebs- sondern ein *Verkehrshalt* vorliegt. Hier sind beispielsweise Jong & Chang (2011, S. 1), Douglas (2012, S. 33), Hor & Mohd Masirin (2017, S. 1), Gysin (2018, S. 1) und Jiang et al. (2018, S. 1) zu nennen. In dieser Arbeit soll stets von Verkehrshalten ausgegangen werden, weshalb die Begriffe Verkehrshalt und Halt nachfolgend synonym verwendet werden.

Die zweite Definitionsrichtung grenzt die Haltezeit durch den ersten Öffnungszeitpunkt der zuerst geöffneten Fahrzeugtür sowie den letzten Schließungszeitpunkt der zuletzt geschlossenen Fahrzeugtür ab. Diese Definition legen unter anderem Leiner (1983, S. 8), Lam et al. (1999, S. 403), Puong (2000, S. 2) und Chu et al. (2015, S. 3) zugrunde.

Die zweite genannte Definition berücksichtigt, dass der Fahrgastwechsel bei Vorliegen entsprechender technischer und regulatorischer Voraussetzungen bereits vor dem Anhalteruck beginnen sowie auch erst nach dem Anfahrruck enden kann (vgl. Leiner 1983, S. 8). Dies ist insbesondere bei älteren Fahrzeugen von Bedeutung und stellt den tatsächlichen Zeitbedarf für den Fahrgastwechsel in den Vordergrund. Die erste Definition legt den Fokus hingegen auf die Bewegung des Zuges und damit die Frage, welcher Zeitbedarf nicht zum Zurücklegen der Wegstrecke zur Verfügung steht. Damit bildet diese Definition die fahrplanerische Sichtweise auf die Haltezeit ab, für die der Beginn- bzw. Endzeitpunkt des Fahrgastwechsels unerheblich ist, sofern die dadurch entstehenden Auswirkungen auf die Anhaltedauer entsprechend berücksichtigt werden. Im Rahmen dieser Arbeit soll die fahrplanerische Sichtweise (vgl. Abschnitt 1.3) auf die Haltezeit im Vordergrund stehen und daher die Bewegung des Zuges zur Definition herangezogen werden.

Diskussionswürdig ist weiterhin, wie der *Beginn der Haltezeit* zu definieren ist. Nach der einschlägigen Literatur wird hierzu stets der Zeitpunkt herangezogen, zu dem die Bewegung des Zuges endet. Dies steht jedoch im Widerspruch zur Stillstandsdefinition nach der TSI LOC&PAS, wonach der Stillstand des Zuges ab Unterschreiten einer Geschwindigkeit von $V = 3$ km/h als erreicht gilt (Europäische Kommission 2014c, 4.2.5.5.2.(5)). Um der derzeitigen fahrplanerischen Sichtweise zu entsprechen und die Bewegung des Zugs in den Vordergrund zu stellen, soll die Definition über das Ende der Bewegung zugrunde gelegt werden.

Folglich soll unter der *Haltezeit im Folgenden das Zeitintervall verstanden werden, in dem der Zug unbewegt in der Station steht, wobei das Anhalten zum Zweck des Fahrgastwechsels erfolgt ist.* Die Haltezeit beginnt dementsprechend mit dem Zeitpunkt des vollständigen Anhaltens ($V = 0$ km/h) und endet mit dem Zeitpunkt des Anfahrens ($V > 0$ km/h).

Hierbei bleibt jedoch unberücksichtigt, ob das Zeitintervall in voller Länge tatsächlich zur Realisierung des Fahrgastwechsels erforderlich ist (vgl. z.B. Christoforou et al. 2017, S. 2). Es können somit weitere Zeitanteile beispielsweise aufgrund des Abwartens der Planabfahrtszeit, Beeinflussungen durch andere Zugfahrten (z.B. Fahrstraßenbelegung, Anschlussaufnahme) oder nicht fahrgastwechselrelevante Prozesse (z.B. Triebfahrzeugpersonalwechsel, Fahrtrichtungswechsel, Stärken/Schwächen, Kuppeln/Flügeln) enthalten sein. Da eine entsprechende einheitliche Begrifflichkeit noch nicht existiert, wird in Anlehnung an den Begriff der „reinen Fahrzeit" daher im Rahmen der Arbeit der Begriff „reine Haltezeit" definiert. Die *reine Haltezeit* bezeichnet damit den Teil der Haltezeit, der für die Abwicklung des Fahrgastwechsels sowie die dafür erforderlichen vor- und nachgelagerten technischen und betrieblichen Prozesse erforderlich ist. In dieser Arbeit soll stets nur die reine Haltezeit betrachtet werden, sodass zur Vereinfachung nur in Ausnahmefällen explizit darauf hingewiesen wird.

1.2 Betrachtungsbereich der Arbeit

Im Rahmen der Arbeit sollen ausschließlich Halteprozesse im Bereich des spurgeführten Personennahverkehrs betrachtet werden, worunter insbesondere Straßenbahnen,

Stadt-, U- und S-Bahnen sowie der Schienenpersonennahverkehr subsummiert werden sollen. Diese Abgrenzung begründet sich im Wesentlichen durch die Einflussfaktoren der dem Verkehrshalt vor- und nachgelagerten Prozesse (z.B. Reinigung, Betankung etc. im Flugverkehr), den Eigenschaften des Fahrgastwechsels (z.B. Ticketverkauf bzw. die –kontrolle im Busverkehr, spezielle Boardingprozesse im Flug- und Schiffsverkehr, Sitzplatzreservierungen u.a. im Schienenpersonenfernverkehr) sowie den entsprechend relevanten fahrzeugseitigen Eigenschaften (z.B. Fahrzeuge bzw. Fahrzeugverbände mit nur einer Einstiegstür, Gestaltung der Einstiegsbereiche). Im Rahmen der Bachelorarbeit von Mohr (2020) erfolgte ein strukturierter weiterführender Vergleich der Verkehrshalteprozesse verschiedener Verkehrsmittel.

An verschiedenen Stellen können auch kulturelle Einflüsse nicht ausgeschlossen werden, so unter anderem beim Zugangsverhalten zur Haltestelle (Brändli & Müller 1981, S. 36) sowie beim Warteverhalten (Heinz 2003, S. 163). Aus diesem Grund soll hier die Betrachtung regional auf Deutschland begrenzt bleiben.

Davon unbenommen ist jedoch eine partielle oder gänzliche Übertragung der Erkenntnisse sowie des entwickelten Modells unter Berücksichtigung eventueller Spezifika grundsätzlich möglich. In den Abschnitten 6.2 und 6.3 wird auf einzelne bereits außerhalb dieses eigentlichen Betrachtungsbereichs erfolgte Modelleinsätze eingegangen.

1.3 Potenziale und Einsatzmöglichkeiten von Haltezeitprognosemodellen

Modelle zur Prognose von Haltezeiten lassen sich im Bereich öffentlicher Verkehrssysteme vielfältig nutzen. Die wesentlichen Einsatzmöglichkeiten sollen im Folgenden kategorisiert nach den Bereichen Betriebsplanung, Leistungs- bzw. Betriebsqualitätsuntersuchungen, Betriebssteuerung sowie Betrachtung von Optimierungspotenzialen dargestellt werden. Die Praxisnähe der Anwendungsfelder unterstreicht dabei die Anforderungen an die Praktikabilität des Modellansatzes insbesondere hinsichtlich des Modellierungsaufwandes, der Verfügbarkeit von Eingangsgrößen und der für die Berechnung erforderlichen Zeitdauer. Für vertiefte Ausführungen zu den Anwendungsmöglichkeiten sei auf Uhl et al. (2018b) verwiesen.

Im Rahmen der *Betriebsplanung* kommt der auskömmlichen Dimensionierung der fahrplanseitig angenommenen Haltezeiten eine erhebliche Bedeutung zu. Die Annahme pauschaler, netzweit kaum differenzierter Haltezeitwerte im Fahrplan kann aufgrund der vielfältigen Einflussfaktoren und hohen Varianz der realisierten Haltezeiten die Betriebsqualität und auch die Leistungsfähigkeit deutlich negativ beeinflussen (u.a. Lin 1990, S. 8; Künzel & Flunkert 2003, S. 48). Ist auch die Variabilität der Haltezeiten an den einzelnen Stationen bekannt, so kann dies bei der Quantifizierung und Lokalisierung der im Fahrplan vorzusehenden Haltezeit- respektive Fahrzeitzuschläge berücksichtigt werden (Weidmann 1994, S. 233). Kennt man die Haltezeitbedarfe der einzelnen Zugfahrten über den Tag hinweg, kann auch für fixe Taktfahrpläne eine Haltezeitbemessung erfolgen, die einen Kompromiss zwischen aufkommensstarken und -schwachen Verkehrszeiten ermöglicht. Auch für weitere Schritte der Betriebsplanung lassen sich Nutzungspotenziale erkennen, wie beispielsweise die Fahrzeugumlaufplanung (Aashtiani & Iravani 2002, S. 88). Abbildung 4 verdeutlicht, dass in der Betriebsplanung insbesondere die Kenntnis eines auskömmlichen Quantils der Haltezeit je Station von Interesse ist.

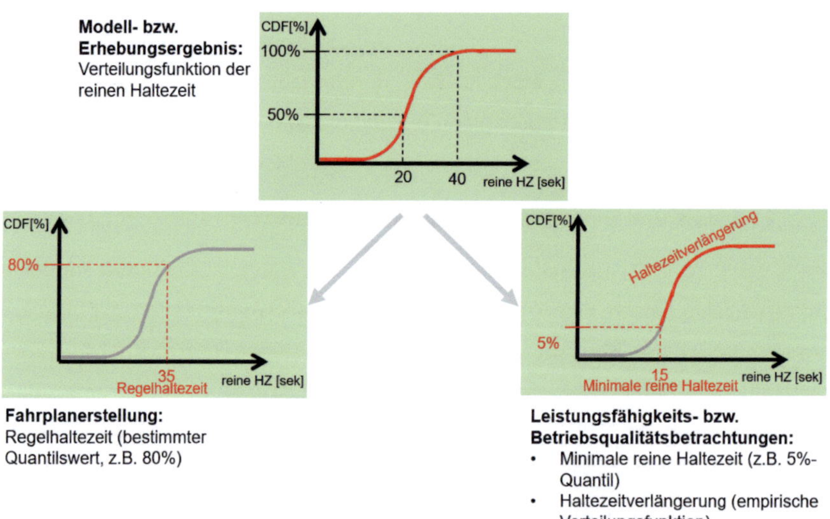

Abbildung 4: **Bestimmung der bei der Fahrplanerstellung sowie bei Betrachtungen der Leistungsfähigkeit bzw. Betriebsqualität erforderlichen Kenngrößen (CDF: Cumulative Distribution Function, Quelle: Verfasser)**

Auch bei *Untersuchungen der Leistungsfähigkeit beziehungsweise Betriebsqualität* empfiehlt sich aufgrund der bereits beschriebenen kapazitativen sowie qualitativen Einflüsse eine Berücksichtigung der Haltezeiten (vgl. u.a Weidmann 1992a, S. 533;

Heinz 2003, S. 11). Ein Einbezug ist dabei sowohl bei analytischen Betrachtungen (vgl. Beck 1965, S. 77) wie auch bei Betriebssimulationen (vgl. Wang & Koutsopoulos 2011, S. 3699; Larsen et al. 2014, S. 475; Becker & Schreckenberg 2018, S. 1227) denkbar. Während heute insbesondere bei Betriebssimulationen zur Kalibrierung Annahmen zur Mindesthaltezeit sowie Haltezeitverlängerung je Station durch den Nutzer zu treffen sind (Longo & Medeossi 2013, S. 4; Cui et al. 2016), verdeutlicht Abbildung 4, wie diese bei Kenntnis der Verteilungsfunktion der reinen Haltezeit aus dieser abgegriffen werden könnten. Eine umfassende Einbindung eines Haltezeitprognosemodells in eine Betriebssimulation würde darüber hinaus eine vollständige Berücksichtigung des Aufschaukelns von Verspätungen durch Abbildung der Folgewirkungen ermöglichen (Douglas 2012, S. 55).

Für bereits in Betrieb befindliche Linien wäre eine *Bestimmung der reinen Haltezeitverteilung auch durch empirische Messungen* an den einzelnen Stationen denkbar. Wie in Abschnitt 6.2 näher ausgeführt, ist aber sowohl die Erhebung (z.B. wegen des Einflusses systemimmanenter Zeitannahmen bei Rückrechnungen aus Signalhaltfällen) als auch die Auswertung (z.B. wegen der Abgrenzung der reinen Haltezeit von sonstigen Haltezeitanteilen, siehe Abschnitt 1.1) nicht trivial. Weiterhin wirken sich zahlreiche Einflussfaktoren auf die Höhe der Haltezeiten aus, die in der Betriebspraxis Veränderungen unterworfen sind, wie z.B. Fahrzeugeinsatz, Fahrplan oder Fahrgastaufkommen. Eine verlässliche Prognose der Auswirkungen derartiger Änderungen lediglich auf Basis von Erfahrungswerten ist schon bei geringen Veränderungen äußerst schwierig und bei größeren Änderungen oder gar der Inbetriebnahme gänzlich neuer Linien kaum sinnvoll möglich. Dies unterstreicht die Bedeutung von Prognosemodellen.

Gerade in städtischen Liniennetzen lässt sich ein bedeutender Anteil der auftretenden Urverspätungen auf fahrgastwechselinduzierte Haltezeitverlängerungen zurückführen (vgl. Alwadood et al. 2012, S. 450). Berücksichtigt ein Haltezeitmodell den Zusammenhang zwischen situativer Verspätung und erforderlicher Haltezeit, so ist auch ein Einsatz zur Unterstützung der *Disposition* denkbar (Placido et al. 2015, S. 2). Durch eine entsprechende Echtzeit-Prognose der Haltezeiten könnte beispielsweise das Aufschaukeln der Verspätungen für Disponenten transparent gemacht und so bei der Ableitung dispositiver Maßnahmen (z.B. vorzeitiges Wenden von Fahrten, Abwarten von

Anschlüssen) geeignet berücksichtigt werden (Kanai et al. 2011). Alternativ zum Echtzeiteinsatz können bereits vorab situationsspezifisch geeignete Dispositionsmaßnahmen bewertet und festgelegt werden. Liegen entsprechende Haltezeitprognosen für vorausfahrende Züge vor, könnte zudem eine hinsichtlich des Kapazitäts- sowie Energieverbrauchs *effizientere Fahrweise* in hochfrequentierten Netzabschnitten ermöglicht werden (Wong & Ho 2007, S. 956; Liu et al. 2018). Ebenso ist eine Berücksichtigung bei der *Lichtsignalanalagensteuerung* (Voigt 1975, S. 48) sowie der proaktiven Vorbereitung betrieblicher Sondersituationen (z.B. Großveranstaltungen) denkbar.

Eine weitere Anwendung ist in der *Bewertung von Maßnahmen zur Optimierung von Halteprozessen* zu sehen. Derartige Maßnahmen reichen von einfachen Hinweisschildern am Bahnsteig über Fahrgastlenker an den Türen bis hin zu aufwendigen technischen Lösungen wie Bahnsteigtüren oder dynamischen Leitsystemen (siehe hierzu auch Seite 185f im Anhang). Eine Prognose der Haltezeit im Mit- und Ohnefall ermöglicht eine Einschätzung der Maßnahmenwirksamkeit und somit eine Bewertung der absoluten Realisierungswürdigkeit sowie einen Variantenvergleich (Bauer 1968, S. 329). Eine linienbezogene Betrachtung der Fahrgastwechselzeiten mit Berücksichtigung der Abhängigkeiten zwischen den Stationen kann zudem ermutigen, nicht nur auf die Station zu blicken, an der die tatsächliche Überschreitung der im Fahrplan vorgesehenen Haltezeiten auftritt.

1.4 Gegenstand der Untersuchung und Forschungsfrage

Auf Basis dieser Erkenntnisse und Festlegungen kann der zu untersuchende Forschungsgegenstand definiert und eine Forschungsfrage abgeleitet werden:

Im Rahmen dieser Arbeit soll ein Algorithmus zur linienbezogenen Modellierung des fahrgastwechselseitig erforderlichen Haltezeitbedarfs mit breitem Einsatzbereich und hoher Übertragbarkeit innerhalb des spurgeführten Personennahverkehrs auf Basis praktisch verfügbarer Eingangsgrößen entwickelt werden. Im Fokus der Arbeit steht damit die Frage, welche generischen Zusammenhänge anzunehmen sind und wie diese zu verknüpfen sind, um mittels niederschwelliger Eingangsgrößen ohne vertiefte wissenschaftliche Fachkenntnis auf objektiver Grundlage auch bei der praxisbezogenen Betrachtung valide Aussagen über die Verteilungsfunktion der reinen Haltezeiten an den einzelnen Stationen einer Linie treffen zu können.

Daraus lassen sich weitere untergeordnete Fragestellungen ableiten. So ist zunächst zu klären, in welche zeitlich relevanten Teilprozesse ein definitionsgemäßer Verkehrshalt unterteilt werden kann. Anschließend ist zu beantworten, welche Einflussgrößen den Zeitbedarf dieser Teilprozesse bestimmen und welche Zusammenhänge hierzu jeweils abgeleitet werden können. Darauf aufbauend ist eine Modellierung dieser Teilprozesse und eine Aggregation zu einem Gesamtmodell vorzunehmen.

1.5 Bearbeitungsvorgehen und Aufbau der Arbeit

Das Interesse des Autors mit Fragestellungen der Haltezeitbemessung gründete unter anderem auf dessen Tätigkeiten für die DB Netz AG in den Bereichen Disposition und Fahrplanerstellung. Es folgte die wissenschaftliche Betrachtung und bedienungstheoretische Beschreibung regulärer Fahrgastwechselprozesse im Rahmen seiner Masterarbeit (Uhl 2018, siehe auch Uhl et al. 2018a). Darauf basierend beschäftigte sich der Verfasser ab Februar 2018 im Rahmen seines Promotionsvorhabens dezidiert mit der Haltezeitmodellierung, wobei Schwerpunkte insbesondere auf die Gesetzmäßigkeiten des Fahrgastankunftsverhaltens, der Fahrgastverteilung auf die Türen sowie des Nachzüglerverhaltens gelegt wurden. Der vorliegenden Arbeit liegen neben der Literaturrecherche auch vielfältige eigene Erhebungen, zahlreiche studentische Arbeiten sowie die Auswertung der dankenswerterweise von Verkehrsunternehmen bereitgestellten Datensätze zugrunde. Teilaspekte wurden in separaten Publikationen vertieft betrachtet. Zusammenstellungen der methodischen Grundlagen der Arbeit finden sich ab Seite 187 im Anhang. Im Rahmen eines Projektes zwischen dem Institut für Eisenbahn- und Verkehrswesen und der DB Netz AG erfolgt seit April 2020 zudem eine vertiefte Validierung des in dieser Arbeit entwickelten Modellansatzes mit dem Ziel der praxisorientierten Einsatzreife.

Die vorliegende Arbeit gliedert sich wie folgt: In Kapitel 2 werden die prozessuale Zusammensetzung der Haltezeit sowie die Einflussfaktoren auf den Zeitbedarf der einzelnen Prozessschritte dargestellt. Dieses Kapitel bildet die Grundlage der späteren Modellierung, bietet jedoch auch eine darüber hinaus verwendbare Beschreibung der Wirkungszusammenhänge im Haltezeitkontext. Kapitel 1 geht auf bestehende Modellansätze ein und leitet den weiteren Forschungsbedarf her, auf dessen Grundlage in

Kapitel 1 die Anforderungen des in dieser Arbeit entwickelten Modells spezifiziert werden. Es folgt die eigentliche Modellierung in Kapitel 5 sowie die Ergebnisse erster Validierungen in Kapitel 6. Die Arbeit schließt mit einem Ausblick und Fazit in Kapitel 7.

2 Prozessuale Zusammensetzung und Einflussgrößen der reinen Haltezeit

Als Grundlage eines Modells zur Prognose der reinen Haltezeit sollen in Kapitel 2 zunächst die zu modellierenden Prozesse, Zeitanteile und Einflussfaktoren auf Basis bestehender Forschungsarbeiten sowie eigener Untersuchungen abgeleitet und strukturiert dargestellt werden. Darauf aufbauend wird dann in Kapitel 5 die eigentliche Modellierung erläutert.

In Abschnitt 2.1 werden zunächst die zeitrelevanten Prozesse eines Verkehrshalts im betrachteten Bereich des Schienenpersonenverkehrs dargestellt und darauf basierend die bei einer generischen Haltezeitmodellierung konkret abzubildenden Zeitabschnitte abgeleitet. In Abschnitt 2.2 werden die einzelnen zeitrelevanten Einflussfaktoren dieser Zeitabschnitte näher erläutert. Hierzu wird zunächst der Gesamtwirkungszusammenhang strukturiert dargestellt und gegliedert. Entsprechend dieser Gliederung wird anschließend näher auf die Einflussgrößen des Fahrgastankunftsverhaltens, der Fahrgastverteilung auf die Fahrzeugtüren und des Zeitbedarfs für den Ein- und Ausstieg je Fahrgast sowie weiterer Prozessschritte eingegangen.

2.1 Prozessuale Zusammensetzung der reinen Haltezeit und Gliederung in Zeitabschnitte

Um eine Modellierung der reinen Haltezeit zu ermöglichen, sollen zunächst die prägenden Prozesse eines Verkehrshalts sowie die daraus abzuleitenden Zeitabschnitte näher betrachtet werden. Dies war bereits Gegenstand verschiedener wissenschaftlicher Betrachtungen. So stellt Dirmeier (1978) eine prozessuale Untergliederung der Haltezeit im S-Bahnverkehr dar und geht auch auf eine Quantifizierung sowie anzunehmende Verteilungsfunktionen näher ein. Weidmann (1994) geht ausführlich auf die Prozessabfolge ein und stellt diese unter anderem in Form eines V-Diagramms dar. Eine weitere Prozessanalyse inklusive Quantifizierung mittels Daten aus automatischen Fahrgastzählsystemen findet sich bei Buchmüller et al. (2008). Weitere prozessuale Betrachtungen sowie Angaben zu entsprechenden Prozesszeiten enthalten auch Heinz (2003), Longo & Medeossi (2012) und Douglas (2012). Panzera & Rüger (2018) betrachten die Prozesse eines Verkehrshalts mit Blick auf eventuelle Optimierungspotenziale und gehen dabei besonders auf Türöffnungs- und Türschließverfahren ein, während Jelitto (2019) den Fokus auf die formalen und bahnbetrieblichen Prozesse sowie die Voraussetzungen für die Abfahrt eines Zuges legt. Regelwerkseitige prozessuale Angaben finden sich zudem in den TSI LOC&PAS (Europäische Kommission 2014c) sowie in den Normen EN 14752 sowie VDV 111.

Um die Erkenntnisse aus den bestehenden Forschungsarbeiten mit Blick auf die Modellierung zu strukturieren, soll der haltezeitrelevante Prozessablauf im Folgenden mittels UML-Diagrammen dargestellt werden. Hierzu wurden im Rahmen dieser Arbeit auch eigene Erhebungen durchgeführt, die durch studentische Arbeiten von Wernhardt (2018), Steiner (2019) und Mohr (2020) in Bezug auf die Türöffnungs-, Türschließ- und Abfertigungsverfahren weiter ergänzt wurden.

2.1.1 Prozessuale Zusammensetzung

Im Folgenden sollen die für den reinen Haltezeitbedarf eines Verkehrshalts im Schienenpersonennahverkehr relevanten Prozesse dargestellt werden. Der Definition der reinen Haltezeit folgend wird vorausgesetzt, dass nach Abschluss des Fahrgastwechsels an allen Türen keine weiteren Wartezeiten auftreten (vgl. Abschnitt 1.1).

Dabei sind Prozesse, die einmalig und synchron am gesamten Zug erfolgen, von Prozessen zu unterscheiden, die parallel an jeder Fahrzeugtür ablaufen (vgl. u.a. Buchmüller et al. 2008, S. 107). Abbildung 5 verdeutlicht den Gesamtprozess und zeigt, dass nach Ablauf einer vorbereitenden Prozessfolge auf Zugebene mehrere parallellaufende Prozessschritte an den einzelnen Fahrzeugtüren erfolgen. Neben vor- und nachbereitenden Prozessen ist hierzu auch der Fahrgastwechsel als eigentlicher Zweck eines Verkehrshalts zu zählen. Erst wenn die türspezifischen Prozesse an allen Türen abgeschlossen sind, können auch die nachbereitenden Prozesse auf Zugebene und schließlich die Abfahrt des Zuges erfolgen.

Wie in Abschnitt 1.1 ausgeführt, kommen in der Praxis für den Beginn des Gesamtprozesses zwei Zeitpunkte in Betracht. Nach TSI LOC&PAS ist der Stillstand ab Unterschreiten einer Restgeschwindigkeit von 3 km/h erreicht (Europäische Kommission 2014c, 4.2.5.5.2.(5)) und die Prozessfolge kann beginnen. Bei aktuellen Fahrzeugen insbesondere im Bereich der Eisenbahn bleibt diese Möglichkeit oft ungenutzt und der

Prozessablauf beginnt erst nach dem eigentlichen Halteruck. Während dieser Umstand für die Prozessabfolge vernachlässigbar ist, muss er bei der Abgrenzung der Zeitanteile (siehe Abschnitte 2.1.2 und 2.2.4) Berücksichtigung finden.

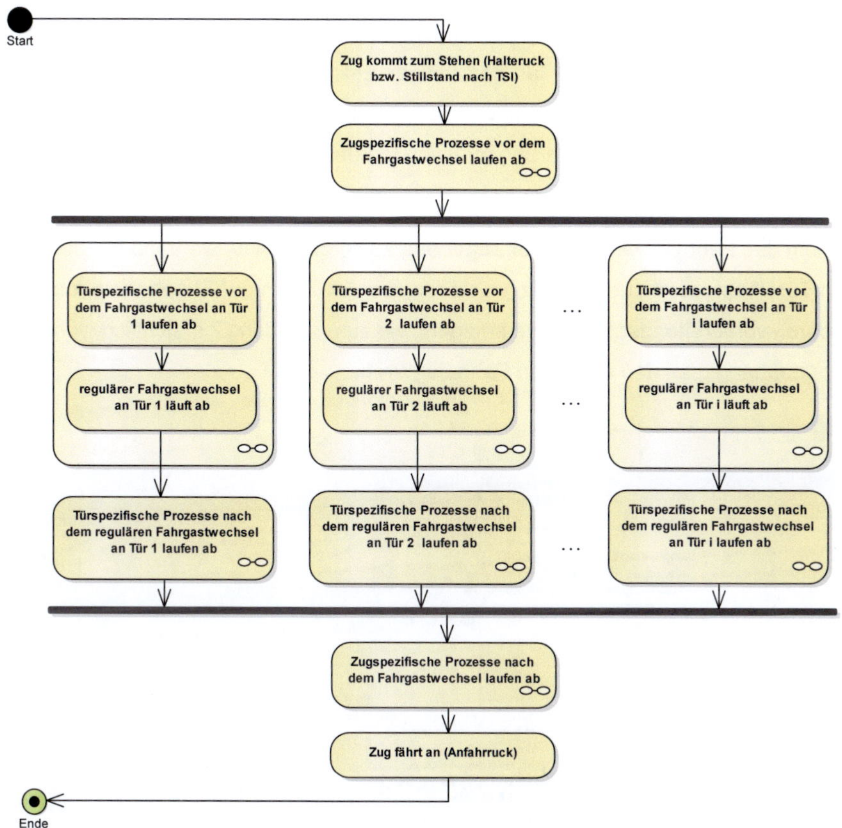

Abbildung 5: **Prozesse bei einem Verkehrshalt im Schienenpersonenverkehr zwischen Halteruck (bzw. Stillstand nach TSI) und Anfahrruck (Quelle: Verfasser)**

Wie aus Abbildung 6 ersichtlich, ist zunächst sicherzustellen, dass alle Kriterien für die Türöffnung erfüllt sind. Hierzu zählt insbesondere die Detektion des Stillstands sowie gegebenenfalls eine Prüfung der korrekten Halteposition (Panzera & Rüger 2018, 72). Erst danach erfolgt die Freigabe der Fahrzeugtüren.

Die weitere Prozessfolge vor dem Fahrgastwechsel wird wesentlich von dem angewendeten Türöffnungsverfahren geprägt. Hierbei kann eine zentrale Türöffnung, bei der das Triebfahrzeugpersonal den Öffnungsimpuls für alle Fahrzeugtüren gibt, von einer dezentralen Türöffnung unterschieden werden, bei der die Türen lediglich durch das Triebfahrzeugpersonal freigegeben werden und dann voneinander unabhängig von den Fahrgästen zu öffnen sind. Während bei zentraler Türöffnung die Bedienhandlung der Fahrgäste und die damit verbundene Reaktionszeit entfällt, können durch dezentrale Türöffnung (ggf. mit fahrgastseitiger Einspeicherung des Türöffnungswunsches) unnötige Öffnungsvorgänge vermieden und damit Verschleiß sowie Auswirkungen auf die Fahrzeugklimatisierung reduziert werden (Panzera & Rüger 2018, 72).

Abbildung 6 verdeutlicht, dass bei zentraler Türöffnung sämtliche Prozesse bis zum Beginn des Fahrgastwechsels auf Zugebene zu verorten sind, während bei dezentralem Türöffnungsverfahren lediglich die Freigabe der Türen auf Zugebene erfolgt. Alle anderen vorbereitenden Prozesse erfolgen, wie aus Abbildung 7 ersichtlich, voneinander unabhängig an den einzelnen Fahrzeugtüren.

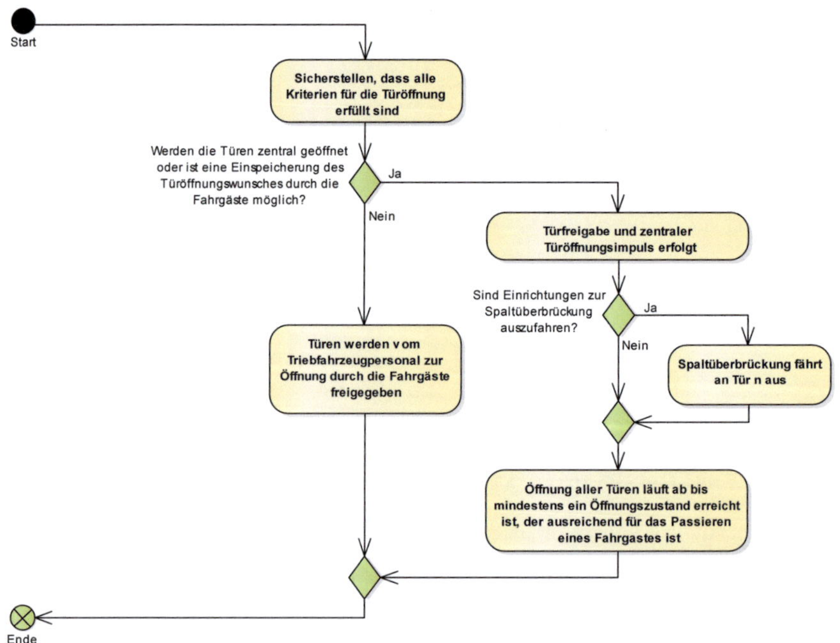

Abbildung 6: **Zugspezifische Prozesse vor dem Fahrgastwechsel (Quelle: Verfasser)**

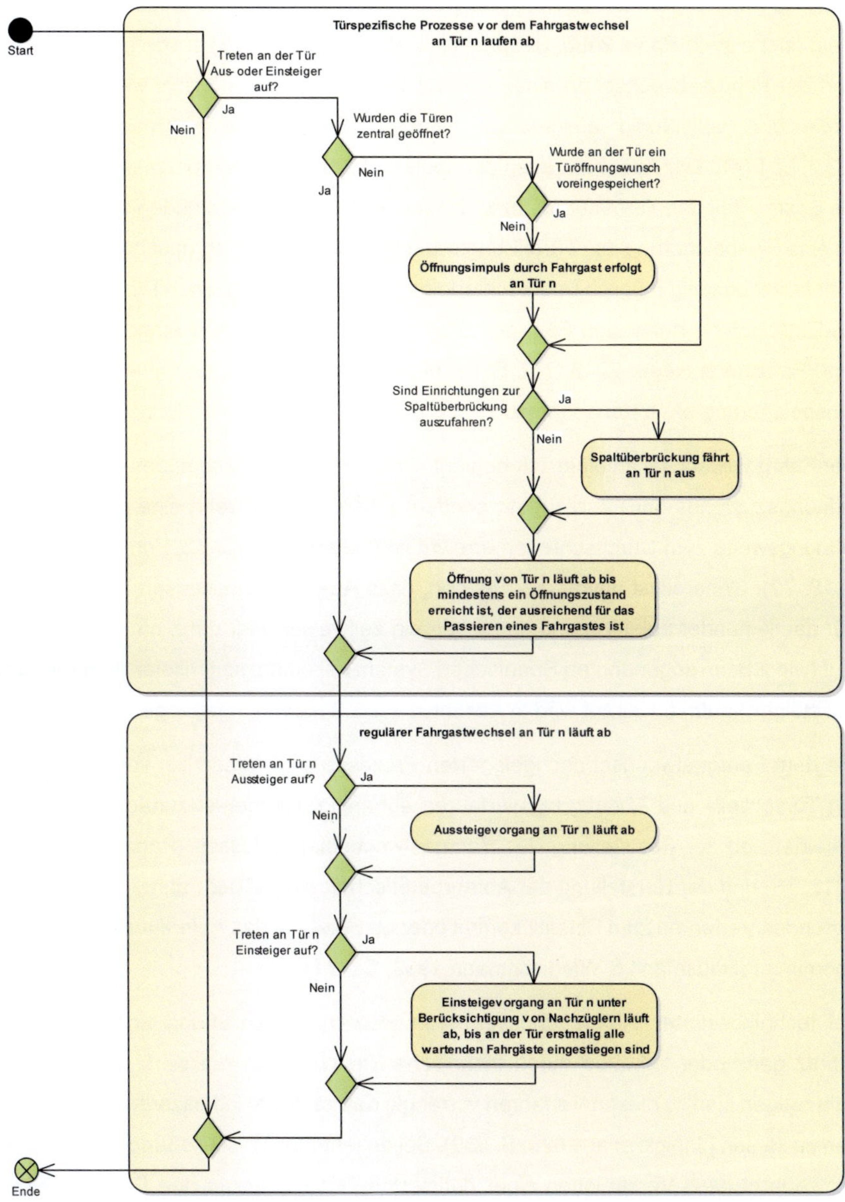

Abbildung 7: **Türspezifische Prozesse vor dem Fahrgastwechsel sowie Fahrgastwechselprozesse an einer bespielhaften Fahrzeugtür (Quelle: Verfasser)**

Sollen Einrichtungen zur Überbrückung des Spaltes zwischen Fahrzeug und Bahnsteig (siehe auch Engel 2005, S. 30; Janicki et al. 2020, S. 529) ausgefahren werden, darf der Fahrgastwechsel an einer Tür laut TSI PRM erst ermöglicht werden, sobald diese dort vollständig ausgefahren wurden (Europäische Kommission 2014b, 4.2.2.12.1 (4)). Der Aus- bzw. auch der später erfolgende Einfahrprozess sollen daher als Bestandteil des Türöffnungs- bzw. Türschließprozesses verstanden werden.

Ist eine Einspeicherung des Türöffnungswunsches durch den Fahrgast bereits vor dem Halt fahrzeugseitig möglich und auch erfolgt, kann die Öffnung einer Tür ohne weitere Bedienhandlung durch den Fahrgast direkt nach der Türfreigabe eingeleitet werden (vgl. Panzera & Rüger 2018, 73). Bei zentraler Türöffnung ist eine eventuell erfolgte Einspeicherung ohne Konsequenz.

Der Fahrgastwechsel an einer Tür beginnt nicht erst nach Erreichen des vollständigen Öffnungszustands der Fahrzeugtür, sondern oftmals schon wenn eine ausreichende Öffnungsweite zum Durchschreiten erreicht ist (Leiner 1983, S. 32; Panzera & Rüger 2018, 72). Generell ist davon auszugehen, dass Aus- und Einstiegsprozess an einer Tür nacheinander ablaufen und nur selten ein zeitweiser oder gänzlich paralleler Ablauf (wie z.B. im sogenannten Spanischen System mit einem seitenselektiven Ein- und Aussteigen) auftritt. Hierauf wird in Abschnitt 2.2.3.3 näher eingegangen.

Die dem Fahrgastwechsel nachgelagerten Prozesse sind wesentlich vom eingesetzten Türschließ- und Abfertigungsverfahren abhängig. Hierbei ist zunächst zu unterscheiden, ob zur Feststellung des Fahrgastwechselabschlusses (Panzera & Rüger 2018, 76) und der Herstellung der Abfahrbereitschaft ein auf der Fahrzeugtechnik basierendes Verfahren zum Einsatz kommt oder ob Personal das Abfertigungsprozedere übernimmt (Hausmann & Windischmann 1993, S. 171).

Bei technikbasierten Abfertigungsverfahren werden Türschließung und Einklemmschutz ganz oder teilweise durch technische Einrichtungen realisiert. Bei aktuellen Fahrzeugen sind zu diesen Verfahren vorrangig das zentrale und dezentrale Türschließen zu zählen (Janicki et al. 2020, S. 539). Bei dezentraler Türschließung schließt jede Tür separat nach Verstreichen einer definierten Zeit seit der letzten Passage eines Fahrgasts (Mindestoffenzeit, siehe Weidmann 1994, S. 144). Unterbricht jedoch während der Türschließung ein Fahrgast das zur Überwachung eingesetzte Lichtgitter, öffnet die Tür wieder vollständig und die Mindestoffenzeit läuft erneut ab (Janicki et al.

2020, S. 533). Letzteres macht den Prozess insbesondere bei hohem Nachzügleraufkommen anfällig für Verzögerungen. Abbildung 8 verdeutlicht, dass das Verfahren dabei gänzlich auf Ebene der Fahrzeugtüren abläuft.

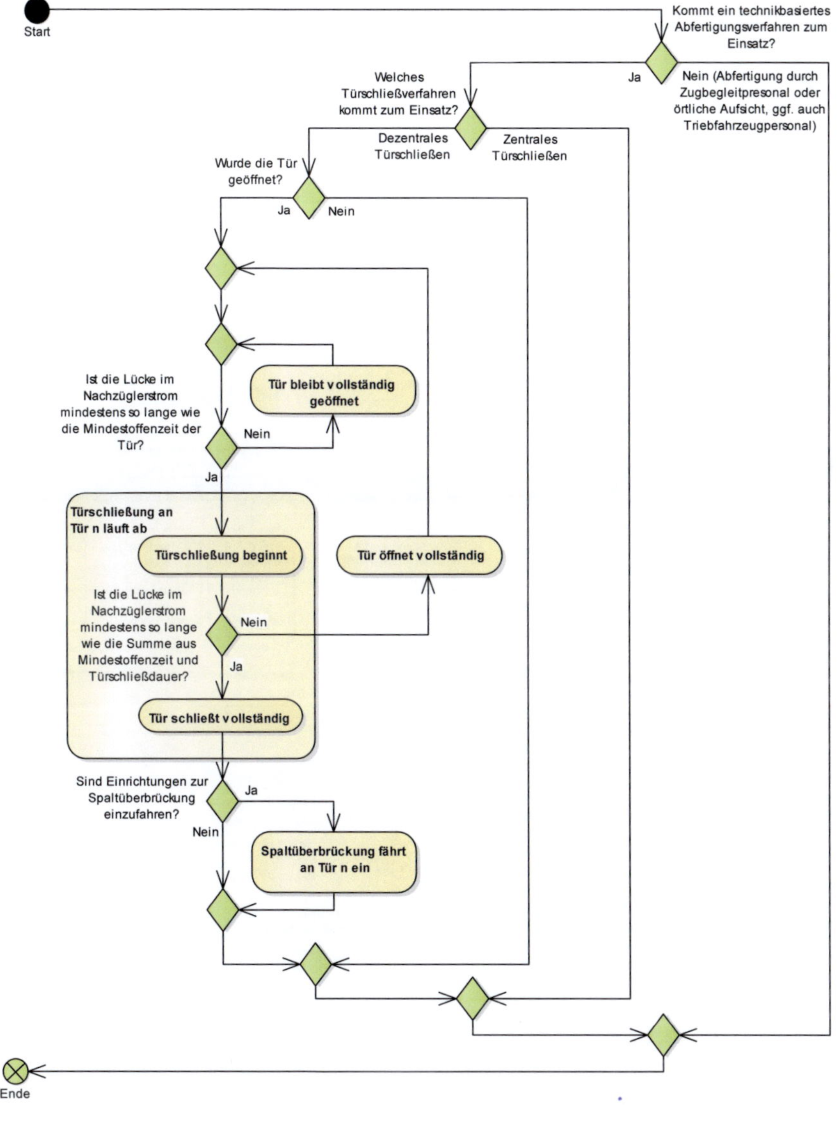

Abbildung 8: **Türspezifische Prozesse nach dem Fahrgastwechsel an einer bespielhaften Fahrzeugtür (Quelle: Verfasser)**

Beim zentralen Türschließen hingegen verbleiben die Türen geöffnet, bis das Triebfahrzeugpersonal durch Sichtprüfung den Abschluss des Fahrgastwechsels an allen Türen festgestellt und den Türschließimpuls gegeben hat. Der dann einsetzende Türschließprozess beginnt, wie in Abbildung 9 dargestellt, an allen Türen simultan (Janicki et al. 2020, S. 539).

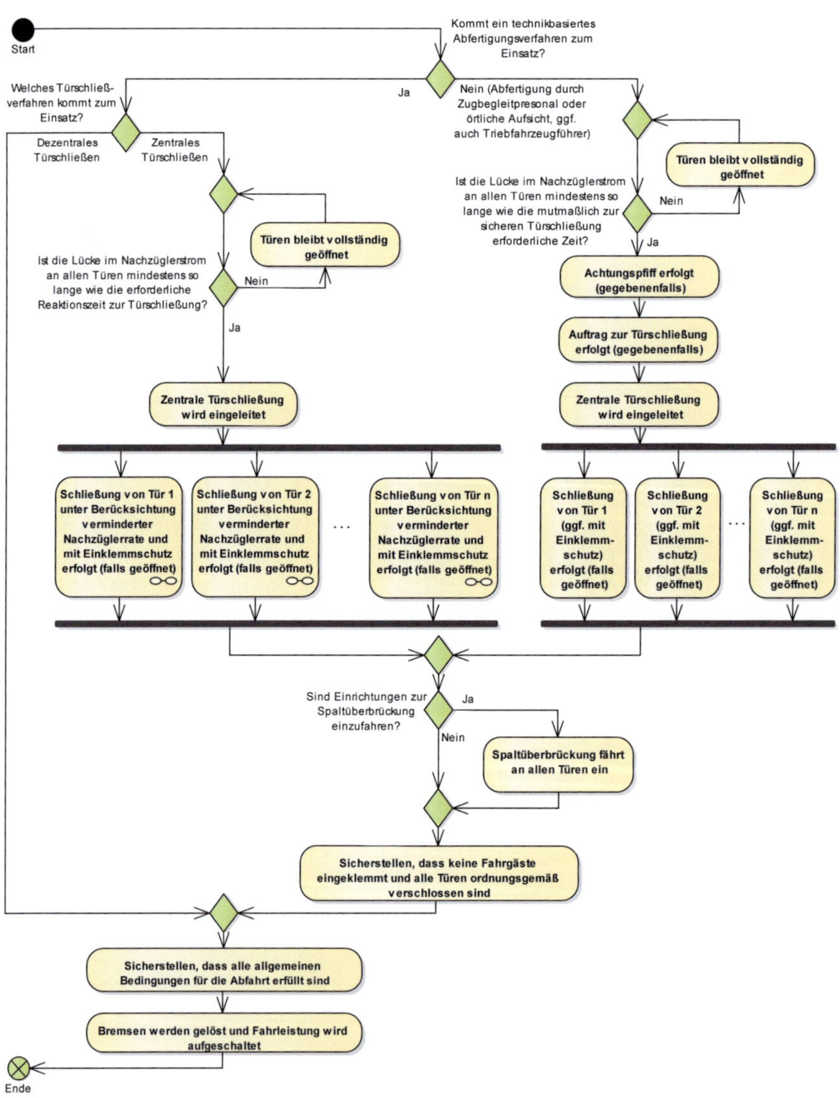

Abbildung 9:   **Zugspezifische Prozesse nach dem Fahrgastwechsel (Quelle: Verfasser)**

Während das Lichtgitter an den Türen beim zentralen Türschließen in der Regel deaktiviert ist, bleibt der Einklemmschutz aktiv (Europäische Kommission 2014c, 4.2.5.5.3 (5)). Wird die Türschließung dadurch blockiert, reversiert die Tür geringfügig und schließt dann erneut (Janicki et al. 2020, S. 532). Folglich kann auch der zentrale Türschließprozess durch Nachzügler verlängert werden. Gegenüber der Blockierung des Lichtgitters bei der dezentralen Türschließung ist jedoch aufgrund der dafür aufzuwendenden Kraft von einer geringeren Bereitschaft zur Unterbrechung des Türschließprozesses durch die Fahrgäste auszugehen (Wernhardt 2018, S. 7). Auch eine Abfolge von dezentralem und zentralem Türschließverfahren kann Anwendung finden.

Bei nicht-technikbasierten Abfertigungsverfahren warnen das Zugbegleitpersonal oder örtliche Aufsichten nach augenscheinlichem Abschluss des Fahrgastwechsels vor der bevorstehenden Abfahrt (z.B. Bandansage, Achtungspfiff) und leiten selbst oder durch entsprechenden Auftrag die Türschließung ein (Hausmann & Windischmann 1993, S. 177). Bei einigen Fahrzeugen kann dies auch vom Triebfahrzeugpersonal übernommen werden (Janicki et al. 2020, S. 536). Abschließend ist, wie auch beim zentralen Türschließen, durch Sichtprüfung sicherzustellen, dass alle Türen ordnungsgemäß verschlossen sowie keine Fahrgäste eingeklemmt sind (Jelitto 2019, S. 29), und anschließend der Abfahrauftrag an das Triebfahrzeugpersonal zu erteilen (z.B. durch Lichtsignal Zp9, Befehlsstab oder mündlich, Hausmann & Windischmann 1993, S. 177). Einzelne Türen, an denen sich Zugbegleitpersonal aufhält, werden erst nach der Abfahrt manuell geschlossen, was jedoch für die Haltezeit ohne Relevanz ist (Dirmeier 1978, S. 273).

Sobald sichergestellt ist, dass auch die nicht fahrgastwechselbezogenen Abfahrtsbedingungen (insbesondere Zustimmung des Fahrdienstleiters zur Abfahrt) vorliegen, kann die Abfahrt des Zuges erfolgen (Jelitto 2019, S. 29).

2.1.2   Gliederung in Zeitabschnitte

Auf Basis der Prozessanalyse soll die reine Haltezeit nun als Grundlage für die spätere Modellierung in eindeutige abgrenzbare Zeitanteile unterteilt werden. Um eine spätere Messung der Zeitanteile im Betrieb zu ermöglichen, sind dabei gut wahrnehmbare Merkmale zu wählen. Auch hier erfolgt eine Unterteilung in Zug- und Türebene.

Tabelle 1 zeigt die angenommene Gliederung der Zeitanteile. Zunächst erfolgt demnach auf Ebene des Zugverbands die Türfreigabedauer, die gemäß der verwendeten Haltezeitdefinition mit dem Halteruck beginnt und mit dem Erreichen der Türfreigabe endet. Anschließend folgt je zu öffnender Tür die Reaktionszeit zur Erteilung des Türöffnungsimpulses. Da bei zentraler Türöffnung die Türfreigabe und der Öffnungsimpuls in der Regel zusammenfallen, ist diese dort vernachlässigbar. Die anschließende Türöffnungsdauer endet gegebenenfalls mit dem Durchschreiten der Tür durch den ersten Fahrgast – also mitunter bereits vor der vollständigen Türöffnung (Buchmüller et al. 2008, S. 110). Beginnen die Prozesse bereits bei Restgeschwindigkeit, können Türfreigabe- und Türöffnungsdauer zu Null werden (Dirmeier 1978, S. 274).

Zeitanteil	Beginn des Zeitanteils	Ende des Zeitanteils	Betrachtungsebene
Türfreigabedauer	Anhalteruck des Zuges *(allgemein: Halt des Zuges)*	Vorliegen der Türfreigabe	Zug
Öffnungs-impulsdauer	Vorliegen der Türfreigabe	Beginn der Türöffnung	Fahrzeugtür
Türöffnungsdauer	Beginn der Türöffnung	Beginn des ersten Fahrgastwechselprozesses *(falls keine Ein- und Aussteiger: Ende des Türöffnungsprozesses)*	Fahrzeugtür
Aussteigedauer	Beginn des Aussteigevorgangs *(falls keine Aussteiger: Ende des Türöffnungsprozesses)*	Ende des Aussteigevorgangs *(falls keine Aussteiger: Ende des Türöffnungsprozesses)*	Fahrzeugtür
Zwischendauer	Ende des Aussteigevorgangs *(falls keine Aussteiger: Ende des Türöffnungsprozesses)*	Beginn des Einsteigevorgangs *(falls keine Aussteiger: Ende des Türöffnungsprozesses)*	Fahrzeugtür
Einsteigedauer	Beginn des Einsteigevorgangs *(falls keine Aussteiger: Ende des Türöffnungsprozesses)* *(falls keine Einsteiger: Ende des Türöffnungsprozesses)*	Ende des Einsteigevorgangs (Hauptpulk) *(falls keine Ein- und Aussteiger: Ende des Türöffnungsprozesses)*	Fahrzeugtür
Türleerlaufdauer	Ende des letzten Fahrgastwechselprozesses (Hauptpulk) *(falls keine Ein- und Aussteiger: Ende des Türöffnungsprozesses)*	Beginn des Türschließprozesses	Fahrzeugtür
Türschließdauer	Beginn des Türschließprozesses	Ende des Türschließprozesses	Fahrzeugtür
Abfertigungsdauer	Ende des Türschließprozesses an der zeitlich letzten Fahrzeugtür	Anfahrruck des Zuges	Zug

Tabelle 1:   **Abgrenzung der Haltezeitanteile bei zentraler Türöffnung. Falls die Türen dezentral geöffnet werden und an einer Tür keine Ein- oder Aussteiger auftreten, entfallen sämtliche türspezifischen Zeitanteile an der jeweiligen Tür (Quelle: Verfasser)**

Nach den Zeitdauern der regulären Fahrgastwechselprozesse (vgl. Abschnitt 1.1) folgt je nach Abfertigungsverfahren eine als Türleerlaufdauer bezeichnete Synchronisationszeit, die die Zeit zwischen Abschluss des Fahrgastwechsels an der betrachteten Fahrzeugtür und dessen Abschluss an allen Fahrzeugtüren umfasst. Beim dezentralen Türschließen tritt diese erst nach der Türschließung auf. Die Mindestoffenzeit oder eventuelle Zeitdauern bis zum Erreichen einer ausreichenden Zeitlücke für die Türschließung werden als Teil des Türschließprozesses verstanden und daher in der Türschließdauer inkludiert. Nach Abschluss des Türschließprozesses an der letzten Fahrzeugtür erfolgt die Abfertigungsdauer, die mit dem Anfahrruck endet (Buchmüller et al. 2008, S. 112).

2.2 Einflussgrößen auf den Erwartungswert und die Variationsbreite der reinen Haltezeit und deren modelltheoretische Beschreibung

Der erforderliche Zeitbedarf für einen Verkehrshalt wird von zahlreichen Einflussfaktoren geprägt (vgl. Kraft 1975). Abbildung 10 stellt diese Einflussgrößen in einem gemeinsamen Wirkungszusammenhang dar und gliedert diese in drei grundsätzliche Einflusscluster.

Der erste Cluster (in Abbildung 10 in Rot dargestellt) stellt die Abhängigkeiten des an einer Station zu erwartenden Einsteigeraufkommens dar. Die Unterscheidung in fahrplanorientiert und kontinuierlich (also nicht-fahrplanorientiert) eintreffende Fahrgäste macht dabei deutlich, dass das situative Einsteigeraufkommen einer konkreten Fahrt insbesondere bei dichter Zugfolge von der aktuellen Verspätung abhängt und damit nicht in allen Fällen trivial aus dem allgemeinen Fahrgastaufkommen der Linie abgeleitet werden kann (vgl. Lüthi et al. 2007; Ingvardson et al. 2018). Auf die Einflussfaktoren des Einsteigeraufkommens soll in Abschnitt 2.2.1 näher eingegangen werden. Abbildung 10 verdeutlicht auch, dass neben dem offensichtlichen Einfluss auf das Ein- und Aussteigeraufkommen auch ein Zusammenhang zur Fahrgastverteilung auf dem Bahnsteig besteht, da bei großem Fahrgastaufkommen unter anderem eine gleichmäßigere Verteilung zu erwarten ist (u.a. Berg 1981, S. 114). Ein hohes Aufkommen nicht-fahrplanorientiert eintreffender Fahrgäste kann bei entsprechendem Türschließverfahren und technischer Ausrüstung der Fahrzeugtüren zu erheblichen Verzögerungen durch Nachzügler führen (Coxon et al. 2010). In diesem Zusammenhang ist auch der besonders bei Linien mit geringer Zugfolgezeit zu beobachtende, positiv korrelierte Zusammenhang zwischen Ankunftsverspätung und Haltezeit an einer Station zu sehen.

Dieser begründet sich wesentlich darin, dass bei hohem Anteil nicht-fahrplanorientiert eintreffender Einsteiger ein direkter Zusammenhang zwischen der tatsächlich realisierten Zugfolgezeit und dem aufzunehmenden Einsteigeraufkommen besteht. Damit sind zudem eine höhere Auslastung des Zuges sowie ein höheres Aussteigeraufkommen an nachfolgenden Stationen verbunden. Sind keine entsprechenden Zuschläge im Fahrplan vorgesehen, resultiert aus diesen Zusammenhängen ein sich selbst verstärkender Effekt, der sich zudem auch auf nachfolgende Fahrten übertragen kann („Verspätungsaufschaukelung", vgl. ausführlich bei Berg 1981).

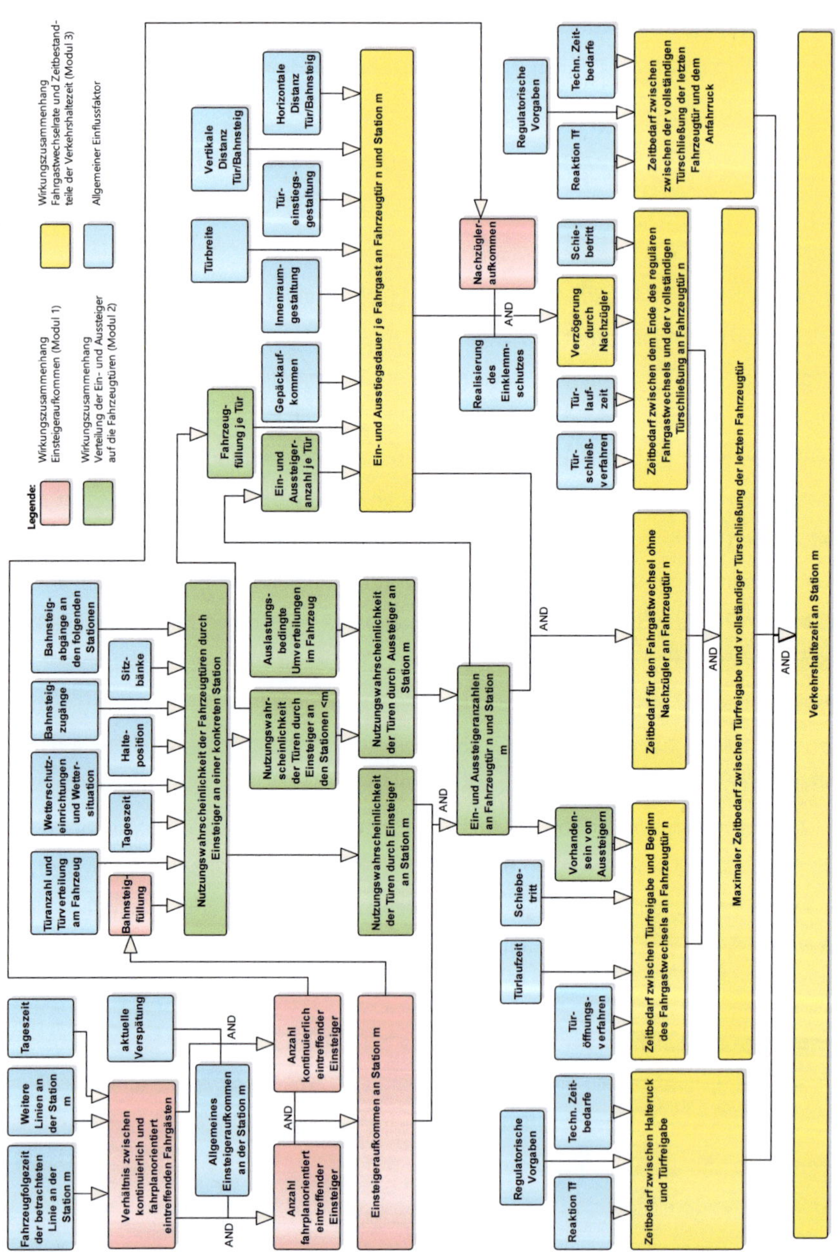

Abbildung 10:   Darstellung der wesentlichen Einflussfaktoren und Wirkungszusammenhänge im Kontext der reinen Haltezeit (Quelle: Verfasser)

Die Verteilung der Fahrgäste auf dem Bahnsteig (in Abbildung 10 in Grün dargestellt) wird von infrastrukturellen und situationsspezifischen Einflussfaktoren geprägt. Sie beeinflusst den Haltezeitbedarf in erheblichem Maße (vgl. u.a. Chu et al. 2015, S. 3), wobei drei Wirkungspfade zu nennen sind: Im ersten Wirkungspfad folgt aus der Fahrgastverteilung auf dem Bahnsteig die Einsteigeranzahl je Fahrzeugtür und damit die Nutzungseffizienz der zur Verfügung stehenden Gesamttürkapazität des Zuges. Selbiges gilt für die mit der Einsteigerverteilung in Verbindung stehende Verteilung der Aussteiger auf die Fahrzeugtüren an den nachfolgenden Stationen. Als zweiter Wirkungspfad ergibt sich die aus den Einsteigeranzahlen je Tür sowie eventuellen Umverteilungen im Zug resultierende Fahrzeugbesetzung je Türeinzugsbereich, welche ihrerseits z.B. aufgrund von Rückstaueffekten in direkter Wechselwirkung mit der fahrgastspezifischen Fahrgastwechselzeit an der jeweiligen Tür steht (vgl. Weidmann 1994, S. 40). Im dritten Wirkungspfad entscheidet auch das Vorhandensein von Aussteigern an einer Fahrzeugtür bei fahrgastinduzierter Türöffnung über den hierfür erforderlichen Zeitbedarf, da Einsteiger in der Regel zunächst zur Tür laufen müssen. Aufgrund der erheblichen Bedeutung der Fahrgastverteilung und dem zugleich mit Blick auf eine entsprechende Modellierung relativ geringem Forschungsstand soll auf die hiermit in Verbindung stehenden Einflussfaktoren in Abschnitt 2.2.2 detailliert eingegangen werden.

Der dritte Cluster stellt die unmittelbar haltezeitrelevanten Wirkungszusammenhänge dar (in Abbildung 10 in Gelb gehalten). Die sich an einer Tür aufgrund technischer und situationsspezifischer Einflüsse einstellende Ein- und Ausstiegsdauer je Fahrgast sowie deren Variabilität beeinflussen zusammen mit dem Ein- und Aussteigeraufkommen wesentlich die Verteilungsfunktion der dortigen Fahrgastwechseldauer. Dies gilt sowohl für den regulären Fahrgastwechsel als auch für den Einstiegsprozess kurzfristig eingetroffener Fahrgäste. Die Einflussfaktoren der fahrgastspezifischen Fahrgastwechseldauer werden in Abschnitt 2.2.3 diskutiert. Auf die Dauer und Variabilität der dem Fahrgastwechsel vor- sowie nachgelagerten, überwiegend regulatorischen bzw. technischen Zeitbestandteile soll in Abschnitt 2.2.4 eingegangen werden.

2.2.1 Einflussgrößen auf das Fahrgastankunftsverhalten und das situative Einsteigeraufkommen an einem Halt

Die Anzahl aus- und einsteigender Fahrgäste an einem Halt ist als zentrale Einflussgröße der Haltezeit zu betrachten. Während das durchschnittliche Fahrgastaufkommen in der Regel aus Fahrgastzählungen oder Verkehrsmodellen ermittelbar ist, erfordert die Bestimmung des situativ in Abhängigkeit von der aktuellen Verspätung zu erwartenden Fahrgastaufkommens einen weiteren Berechnungsschritt. Dieser ermöglicht aber erst eine Modellierung der Verspätungsaufschaukelung sowie der Behinderungen durch Nachzügler.

Im folgenden Abschnitt soll auf das Ankunftsverhalten einsteigewilliger Fahrgäste auf dem Bahnsteig näher eingegangen werden. Dazu wird zunächst ein Überblick über diesbezügliche Forschungsarbeiten und die eigene Untersuchungsmethodik gegeben. Anschließend werden die daraus ableitbaren Erkenntnisse zusammengefasst.

2.2.1.1 Bestehende Forschungsarbeiten zum Fahrgastankunftsverhalten

Die Mehrzahl der bestehenden Forschungsarbeiten zur Struktur der Fahrgastankunft auf dem Bahnsteig zielen auf aggregierte Aussagen zur mittleren Wartezeit an einer Station. Hier können beispielsweise die Erhebungen von O'Flaherty & Mancan (1970) sowie Seddon & Day (1974) an Bushaltestellen in Großbritannien, aber auch die Untersuchungen von Schütze genannt werden (Ario & Schütze 1984; Schütze 1984). Fan & Machemehl betrachten mittels einer Regressionsanalyse die Einflüsse zahlreicher Faktoren auf das Ankunftsverhalten, fokussieren sich jedoch ebenfalls auf die mittlere Wartezeit (Fan & Machemehl 2002, 2009).

Jolliffe & Hutchinson (1975) unterscheiden darüber hinaus Fahrgastankünfte hinsichtlich ihrer Orientierung am Fahrplan auf Basis von Erhebungen an Vorort-Buslinien in London. Sie postulieren, dass der realisierbare Zeitvorteil den Anteil der Fahrplanorientierung bestimmt, was Bowman & Turnquist (1981) später mittels Erhebungsdaten aus Chicago quantitativ näher beschreiben. Auch Brändli & Müller (1981) untersuchen durch Erhebungen und Befragungen im Züricher ÖPNV unter anderem die Abhängigkeit der Fahrplanorientierung von der Zugfolgezeit, aber auch von der Merkbarkeit des Fahrplans. Lüthi et al. (2007) vertiefen diese Erkenntnisse später durch eine weitere Untersuchung in Zürich. Dabei postulieren sie eine mathematische Beschreibung der

Dichtefunktion der Fahrgastankunft und schätzen damit auch den Anteil fahrplanorientiert eintreffender Fahrgäste (vgl. auch Weidmann & Lüthi 2006). Diese mathematische Formulierung führen Ingvardson et al. (2018) fort. Sie greifen dabei jedoch nicht auf manuelle Erhebungen an den Stationen zurück, sondern nutzen in großem Umfang automatisch erfasste Daten aus dem Check-In-Check-Out-System des städtischen Nahverkehrs in Kopenhagen (vgl. Frumin & Zhao 2012).

2.2.1.2 Untersuchungen zum Fahrgastankunftsverhalten im Rahmen dieser Arbeit

Die bestehenden Forschungsarbeiten bieten eine fundierte Grundlage zur Beschreibung des Ankunftsverhaltens von Fahrgästen auf dem Bahnsteig. Um die Übertragbarkeit der bestehenden Erkenntnisse auf Deutschland (vgl. Betonung der „schweizerische[n] Mentalität" in Brändli & Müller 1981, S. 36) zu prüfen und den Zusammenhang zwischen der planmäßigen Zugfolgezeit und dem Anteil fahrplanorientiert eintreffender Fahrgäste zu quantifizieren, wurden im Rahmen dieser Arbeit eigene Untersuchungen durchgeführt.

Hierzu wurde das Ankunftsverhalten der Fahrgäste in der morgendlichen Hauptverkehrszeit an Bus- und Schienenverkehrsstationen im Großraum Stuttgart in mehreren Messreihen erfasst (u.a. Endlich et al. 2019; Kuhn 2019; Mang et al. 2020). Tabelle 11 im Anhang (siehe Seite 190) enthält nähere Informationen zu den dabei betrachteten Stationen. Mangels eines Check-In-Systems im Betrachtungsraum wurde der Zeitpunkt der Fahrgastankünfte manuell mittels einer dafür programmierten Smartphone-App (Vorgehen siehe Abbildung 55 auf Seite 191 im Anhang) erfasst und gemäß dem veröffentlichten Fahrplan einer Planabfahrtszeit zugeordnet. Anschließend wird für jede Fahrgastankunft der beim Eintreffen des Fahrgasts auf dem Bahnsteig bereits abgelaufene Anteil der planmäßigen Zugfolgezeit bestimmt. Hieraus werden die ersten drei empirischen Momente der Verteilung der Fahrgastankünfte an einer Station berechnet.

Den Erkenntnissen von Ingvardson et al. (2018, S. 299) folgend wird für die Dichtefunktion der Fahrgastankünfte im Zeitintervall zwischen zwei Planabfahrten eine Mischverteilung aus Gleich- und Betaverteilung (Parametrisierung entsprechend Formel (7), siehe Seite 193) angenommen. Dabei soll die Gleichverteilung das Verhalten nicht-fahrplanorientiert und die Betaverteilung fahrplanorientiert eintreffender Fahrgäste repräsentieren. Die hierfür zu bestimmenden drei Parameter werden auf Basis der empirischen Momente geschätzt. Einer der Parameter ist die Gewichtung der Gleich- gegenüber der Betaverteilung, welche zugleich den Anteil nicht-fahrplanorientiert eintreffender Fahrgäste repräsentiert. Für detailliertere Informationen zur Stationsauswahl, Erhebung und Datenauswertung sei auf Kuhn et al. (2021) verwiesen.

2.2.1.3   Struktur des Fahrgastankunftsverhaltens auf dem Bahnsteig und ihre Einflussfaktoren

Das Fahrgastankunftsverhalten lässt sich im Wesentlichen durch die Dichtefunktion der Differenz zwischen den Zeitpunkten der Fahrgastankünfte und der zurückliegenden Planabfahrt charakterisieren. Zum tieferen Verständnis dieser Funktion und auch als Grundlage der späteren Modellierung sind verschiedene Strategien zu unterscheiden, mit denen die Fahrgäste ihren Zugang zur Station zeitlich bestimmen. Hier kann wesentlich danach differenziert werden, ob ein Fahrgast sein Eintreffen auf dem Bahnsteig nach der veröffentlichten Planabfahrtszeit ausrichtet oder nicht.

Fahrplanorientiert eintreffende Fahrgäste versuchen, die Station zur Minimierung ihrer Wartezeit passgenau zur angestrebten Abfahrtszeit zu erreichen. Da unter anderem die Zugangszeit oft nicht genau determiniert werden kann und ein Verpassen der angestrebten Abfahrt mitunter zu einer erheblichen Wartezeit führen würde, wird von den Fahrgästen in der Regel ein Sicherheitszuschlag vorgesehen (Bowman & Turnquist 1981, 466f; Lüthi et al. 2007, S. 3). Abbildung 11 verdeutlicht am Beispiel der Regionalverkehrsstation Urbach, dass die Dichtefunktion folglich bei überwiegend fahrplanorientierten Fahrgästen ein stark ausgeprägtes Maximum eine gewisse Zeit vor der Planabfahrt aufweist. Eine Näherung der Dichtefunktion kann wie von Ingvardson et al. gezeigt und begründet bevorzugt über eine Betaverteilung erfolgen (Ingvardson et al. 2018, S. 295). Hierzu wurde eine Betaverteilung erfolgreich mittels der im Rahmen dieser Arbeit erhobenen Werte kalibriert (siehe Abbildung 57 auf Seite 193 im Anhang).

Nicht-fahrplanorientiert eintreffende Fahrgäste können oder wollen ihre Ankunft an der Haltestelle nicht von der Abfahrtszeit der Fahrten abhängig machen. Liegen zudem keine fahrplanunabhängigen Beeinflussungen (z.B. Zubringerverkehrsmittel, Lichtsignalanlagen) vor, können die Ankünfte mittels der Poisson-Verteilung beschrieben werden (u.a. Beck 1965, S. 70; Zhang et al. 2009, S. 6). Die resultierende Dichtefunktion entspricht einer Gleichverteilung (u.a. Lüthi et al. 2007, S. 7; Molyneaux et al. 2014, S. 12), wie Abbildung 11 am Beispiel der Stuttgarter Stadtbahnstation Olgaeck verdeutlicht (derartige Grafiken für alle betrachteten Stationen siehe Abbildung 56 auf Seite 192 im Anhang).

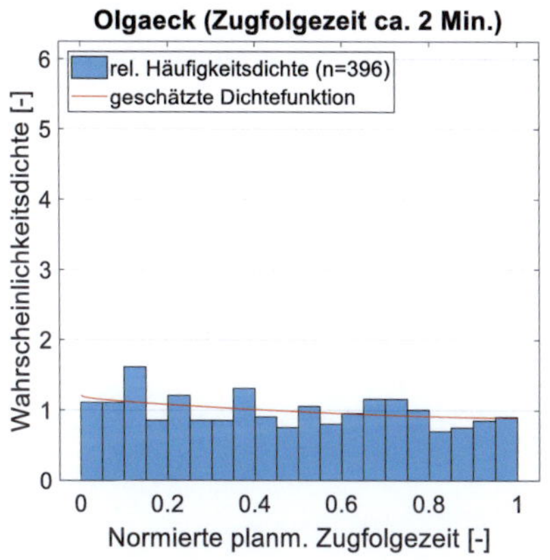

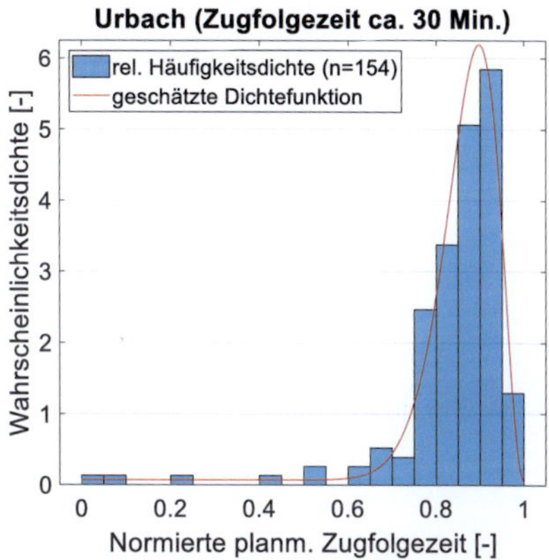

Abbildung 11: Fahrgastankunftsverhalten an zwei der untersuchten Stationen bei jeweils 15 Klassen (Datenquellen: Verfasser (Olgaeck), Kuhn 2019 (Urbach); Darstellung: Verfasser)

Weiterhin lassen sich Fahrgäste beobachten, die eine Fahrt nur dadurch noch erreichen, dass sie ihren Zugang zur Haltestelle beschleunigen (u.a. Jolliffe & Hutchinson 1975, S. 267). In Anbetracht moderner Echtzeitinformationen kommt auch eine Orientierung an der tatsächlichen Abfahrtszeit in Frage (Nygaard 2016). Die Ausführungen im Folgenden sollen sich jedoch auf die Einflussfaktoren des Grades der Fahrplanorientierung beschränken.

Die *planmäßige Zugfolgezeit* bestimmt den erzielbaren Zeitnutzen und lässt sich daher als bedeutendster Einflussfaktor für den Grad der Fahrplanorientierung erkennen (Bowman & Turnquist 1981, 466f). Folglich ist bei sehr kurzen Zugfolgezeiten davon auszugehen, dass sich kaum Fahrgäste am Fahrplan orientieren, während bei langen Zugfolgezeiten eine asymptotische Annäherung an die vollständige Fahrplanorientierung anzunehmen ist. Verkehren an einer Station mehrere Linien, ist unter Berücksichtigung der tatsächlich parallelen Linienabschnitte die aus der Überlagerungen resultierende Zugfolgezeit maßgeblich (Berg 1981, 133ff).

Abbildung 12 zeigt, dass der Zusammenhang zwischen Zugfolgezeit und Grad der Fahrplanorientierung sowohl für die im Rahmen dieser Arbeit erhobenen als auch die aus der Literatur stammenden Werte durch eine Gammaverteilung beschrieben werden kann (siehe Zahlenwerte in Tabelle 12 auf Seite 193 und Formel (8) auf Seite 194 im Anhang). Ab einer Zugfolgezeit von 7,3 Minuten orientiert sich demnach in der morgendlichen Hauptverkehrszeit mehr als die Hälfte der Fahrgäste am Fahrplan. Stehen auf einer Relation mehrere Linien zur Auswahl, ist deren überlagerte, mittlere Zugfolgezeit relevant (siehe Station Nürnberger Straße und vgl. Brändli & Müller 1981, S. 6).

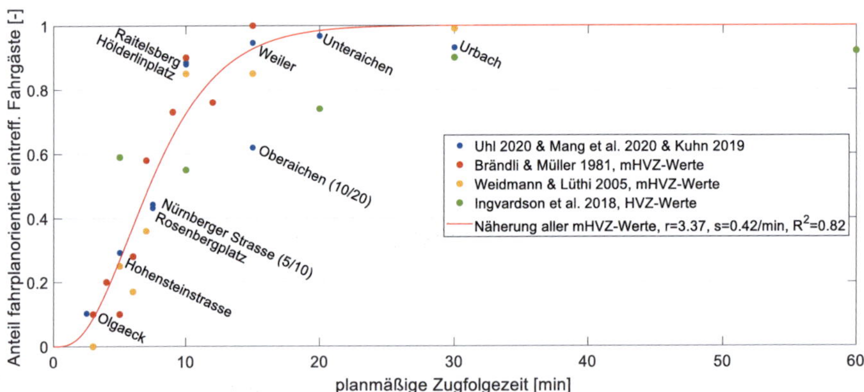

Abbildung 12: Anteil fahrplanorientiert eintreffender Fahrgäste in der morgendlichen Hauptverkehrszeit nach Zugfolgezeit sowie entsprechende Näherungen mittels einer Gammaverteilung (Datenquelle: in der Legende genannte Autoren; Darstellung: Verfasser)

Die *Tageszeit* beeinflusst aufgrund der wechselnden Fahrtzwecke und Fahrgastzusammensetzung ebenfalls den Grad der Fahrplanorientierung. So überwiegen in der morgendlichen Hauptverkehrszeit erfahrene und unter gewissem Zeitdruck stehende Fahrgäste, die mitunter täglich dieselbe Fahrt nutzen (Knopp 1993, S. 56). In der abendlichen Hauptverkehrszeit ist unter anderem wegen unregelmäßigem Beschäftigungsende, höherem Anteil an Gelegenheitsnutzern sowie höherem Freizeitverkehrsanteil eine geringere Fahrplanorientierung zu erwarten, was in der Neben- und Schwachverkehrszeit als noch weiter ausgeprägt anzunehmen ist (u.a. Brändli & Müller 1981, 15ff; Weidmann & Lüthi 2006, S. 18). In Abbildung 13 wird der Zusammenhang zwischen Fahrplanorientierung und Zugfolgezeit in Form einer Gammaverteilung auch für die abendliche Hauptverkehrszeit sowie die Nebenverkehrszeit unterstellt. Trotz unzureichender Datenmengen (vgl. Abbildung 58 und Abbildung 59 auf Seite 194 im Anhang) lassen sich die erwarteten Tendenzen grundsätzlich bestätigen. Während sich in der morgendlichen Hauptverkehrszeit bereits bei einer Zugfolgezeit von

7,3 Minuten mehr als die Hälfte der Fahrgäste am Fahrplan orientiert, ist dies in der abendlichen Hauptverkehrszeit erst bei 10,6 Minuten und in der Nebenverkehrszeit sogar erst bei 12,7 Minuten der Fall. Aufgrund der Einschränkungen im Zusammenhang mit der Covid-19-Pandemie waren außerhalb der morgendlichen Hauptverkehrszeit keine weiteren eigenen Erhebungen möglich, weshalb zusätzliche diesbezügliche Untersuchungen anzuraten sind. Neben der Tageszeit prägt zudem auch die *Lage der Station sowie die Siedlungsstruktur des Umfelds* die Fahrtzwecke der Fahrgäste (Brändli & Müller 1981, S. 20).

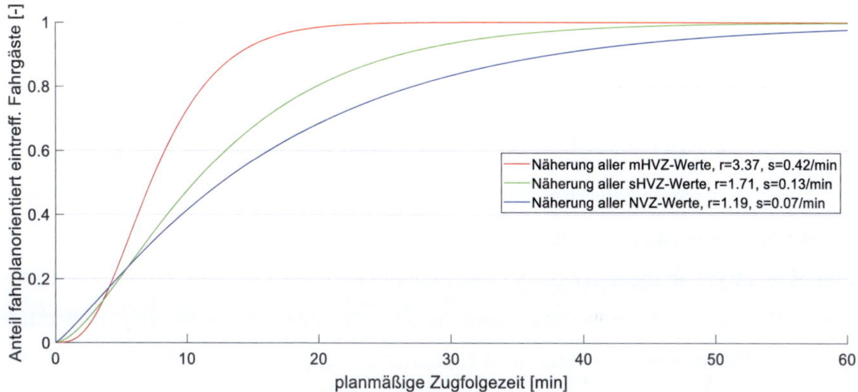

Abbildung 13: **Zusammenhang zwischen dem Anteil fahrplanorientiert eintreffender Fahrgäste und der Zugfolgezeit nach Verkehrszeit (Datenquelle: Brändli & Müller 1981; Lüthi et al. 2007; Ingvardson et al. 2018; Kuhn 2019; Mang et al. 2020; Darstellung: Verfasser)**

Weiterhin bestimmt die *Merkbarkeit des Fahrplans* den Grad der Fahrplanorientierung (z.B. Weidmann & Lüthi 2006). Brändli & Müller (1981, S. 16) unterscheiden hierzu vier Merkbarkeitsstufen und betrachten Fahrpläne mit durch 5 Minuten teilbaren Zugfolgezeiten als besonders einprägsam. Dies legt nahe, dass die Gültigkeit der stetigen Interpolation zwischen den merkbaren Taktzeiten bezweifelt werden darf (vgl. Brändli & Müller 1981, S. 11). In der eigenen Auswertung im Großraum Stuttgart spricht dafür der vergleichsweise geringe Anteil fahrplanabhängig eintreffender Fahrgäste an der Station Oberaichen, wo ein eher schlecht einprägsamer alternierender 10 bzw. 20-Minutentakt vorherrscht (vgl. Abbildung 12). Vergleichbare Abweichungen zeigen sich auch an den Stationen Nürnberger Straße (5/10-Minutentakt) sowie Rosenbergplatz (7,5 Minutentakt).

Auch kann ein Zusammenhang zwischen Fahrplanorientierung und *Pünktlichkeit der Abfahrten* vermutet werden (Fan & Machemehl 2002, S. 5). Ebenfalls ist relevant, ob der Fahrplan überhaupt *veröffentlicht* ist (vgl. Ingvardson et al. 2018, S. 300).

Abschließend sind die *Zugangsarten* der Fahrgäste zur Station von Bedeutung, da diese die Determinierbarkeit der Ankunftszeit an der Station bestimmen (Fan & Machemehl 2002, S. 6). Dies ist insbesondere an Stationen mit ausgeprägtem Anteil umsteigender Fahrgäste zu berücksichtigen (u.a. Berg 1981, S. 131). Bei Fahrgästen mit *Sitzplatzreservierung* ist zudem unabhängig von der Zugfolgezeit von Fahrplanorientierung auszugehen (Heinz 2003, S. 30). Auch Zusammenhänge zur *Übersichtlichkeit der Station* werden angeführt (Ingvardson et al. 2018, S. 303).

2.2.2 Einflussgrößen auf die Verteilung einsteigewilliger Fahrgäste über die Bahnsteiglänge und die Ein- sowie Aussteigeranzahl je Fahrzeugtür

Die Verteilung einsteigewilliger Fahrgäste über die Längsausdehnung eines Bahnsteigs hat wesentlichen Einfluss auf die Fahrgastwechseldauer (Fiedler 1968; vgl. z.B. Chu et al. 2015). In diesem Abschnitt soll auf die einzelnen Einflussfaktoren der Fahrgastverteilung auf dem Bahnsteig sowie die Ein- und Aussteigeranzahlen je Fahrzeugtür eingegangen werden. Hierzu wird zunächst ein Überblick über die diesbezügliche Forschungsgeschichte und die im Rahmen dieser Arbeit durchgeführten Untersuchungen gegeben.

2.2.2.1 Bestehende Forschungsarbeiten zur Verteilung der Fahrgäste

Aufgrund ihrer herausgehobenen Bedeutung war die Fahrgastverteilung auf dem Bahnsteig bereits Gegenstand vielfältiger wissenschaftlicher Untersuchungen. Der folgende Forschungsüberblick muss aufgrund der Vielzahl diesbezüglicher Aussagen in Forschungsarbeiten daher auf Arbeiten beschränkt bleiben, die sich explizit mit den Einflussfaktoren der Verteilung beschäftigen. Bestehende Modellierungen der Fahrgastverteilung werden in Abschnitt 5.4 betrachtet.

Reimer (1953) untersuchte quantitativ die Fahrgastverteilung an Bahnsteigen von S-Bahnen, ging dabei aber vorrangig auf das Aussteigerverhalten ein. Durch eine Fahrgastbefragung im großstädtischen ÖPNV konnte rund zwei Jahrzehnte später unter anderem die Orientierung der Fahrgäste an der Ausrüstung des Zielbahnsteigs belegt werden (Girnau & Blennemann 1970). Leiner (1983) erhob an Stationen der Stuttgarter

S-Bahn die Verteilung einsteigender Fahrgäste auf die Fahrzeugtüren und leitete daraus Zusammenhänge zur Bahnsteigausrüstung und Gegebenheiten im weiteren Linienverlauf ab. Auch die Erhebungen von Szplett & Wirasinghe an kanadischen Stadtbahnstationen kommen zum Ergebnis, dass eine Gleichverteilung der Fahrgäste abzulehnen ist und stattdessen neben den Bahnsteigzu- bzw. abgängen auch die Bedeutung des Haltebereichs auf die Fahrgastanzahl je Tür einwirkt (Szplett & Wirasinghe 1984; Wirasinghe & Szplett 1984). Knopp (1993) konnte in einer Langzeitstudie die Persistenz der Platzwahl im Zug bei regelmäßigen Fahrgästen belegen. Eine spätere Untersuchung an Stadtbahnstationen in Hongkong betrachtete die Auswirkungen hohen Fahrgastandrangs in bestimmten Bahnsteigbereichen auf die Haltezeiten und bezog auch das daraus resultierende Komfortempfinden der Fahrgäste durch eine Befragung mit ein (Lam et al. 1999). Auch Weidmann (1994) und Heinz (2003) betrachteten in Ihren Arbeiten zum Fahrgastwechsel die Verteilung der Fahrgäste über die Bahnsteiglänge und postulieren Ansätze für konkrete Verteilungsmodelle unter anderem auf Basis der Bahnsteigzugänge (Näheres siehe Abschnitt 5.4).

Auch im zurückliegenden Jahrzehnt beschäftigten sich mehrere wissenschaftliche Arbeiten mit der Fahrgastverteilung auf dem Bahnsteig. So untersuchte Pettersson (2011) an schwedischen und japanischen Hochgeschwindigkeitsstationen die Verteilung einsteigewilliger Fahrgäste mit Hilfe von Fotoaufnahmen sowie Befragungen und bestätigte dabei die Bedeutung der Zugänge sowie der Sitzgelegenheiten. Die Untersuchung legt auch einen erheblichen kulturellen Einfluss auf das Fahrgastverhalten nahe. Wu et al. erhoben in Peking manuell die Fahrgastverteilung auf Metrobahnsteigen und leiteten ein darauf basierendes Prognosemodell ab (Wu, Rong & Liu et al. 2012; Wu, Rong & Wei et al. 2012). Auch der Einfluss von Bahnsteigtüren auf die Fahrgastverteilung konnte mittels Videoanalysen auf chinesischen Metrobahnsteigen belegt werden (Wu & Ma 2013a, 2013b). Kim et al. (2014) zeigten durch eine Befragung auf einem Bahnsteig der Metro Seoul, dass die Mehrheit der befragten Fahrgäste bewusst eine bestimme Fahrzeugtür zum Einstieg wählt. Als wesentliche Intention dafür wird seitens der Fahrgäste die Wegeminimierung an der Start- sowie Zielstation genannt. Ausführliche Untersuchungen werden 2015 und 2017 auch vom Autorenkollektiv um Bosina an Züricher Bahnsteigen durchgeführt (Bosina et al. 2015; Bosina et al. 2017). Dabei wird auch auf die zeitliche Varianz der Einflussfaktoren eingegangen. So wird beispielsweise postuliert, dass die Bedeutung der Sitzgelegenheiten mit zunehmender zeitlicher Nähe zur Zugankunft abnimmt, die Bedeutung der Bahnsteigzugänge hingegen zunimmt. Auch wurden Fahrgasttrajektorien auf dem Bahnsteig betrachtet.

Mehrere Untersuchungen zur Wirkung von wagenscharfen Auslastungsinformationen vor der Zugeinfahrt wurden in australischen, schwedischen und deutschen U-Bahn-netzen durchgeführt, wobei die Ergebnisse jedoch deutlich variieren (Ahn et al. 2016; Zhang et al. 2017; Seidel 2018). Fox et al. (2017) untersuchen zum Ableiten von Optimierungspotenzialen mittels manueller Messungen die Fahrgastverteilung auf Bahnsteigen in Großbritannien. Leurent & Xie (2017, 2018) betrachten die Wartezeitnutzung an der Startstation zur Verkürzung des an der Zielstation zurückzulegenden Weges. Ebenfalls postulieren sie einen Ansatz zur Ermittlung der je Fahrgast genutzten Ausstiegstür durch Rückrechnung aus den jeweiligen Passierzeiten an den Ausgangssperren einer Metrostation. Bär et al. (2018) leiten Optimierungspotenziale für die S-Bahn München aus manuell auf den Bahnsteigen erhobenen sowie automatisch aus tür-scharfen Ein- und Aussteigerzählungen der Fahrzeuge gewonnenen Datensätzen ab. Auch Peftitsi et al. (2018) greifen bei Ihren Untersuchungen auf automatisch aufgezeichnete Datensätze der Metro Stockholm zurück und gehen dabei auch auf die Zug- und Bahnsteigauslastung ein. Durch eine Fahrgastbefragung auf einem Bahnsteig der Pariser Vorortbahn konnten Elleuch et al. (2018) bestätigen, dass der Großteil der Fahrgäste seine Position auf dem Bahnsteig bewusst wählt. Mehr als die Hälfte der Fahrgäste nannte dabei den Aspekt der Wegeminimierung an der Zielstation als Positionierungsgrund. Weiterhin wurden auch die Bahnsteigausrüstung an der Startstation sowie die Auslastung des Zuges häufig angeführt. Rüger fasste 2019 die Ergebnisse mehrerer Untersuchungen im Netz der U-Bahn Wien zusammen (Delac 2014; Eigner 2014; Rüger 2019). Dabei geht er hinsichtlich der Bahnsteigzugänge auch auf deren Nutzungsintensität und die Richtung ein, in der die Fahrgäste den Zugang verlassen. Darüber hinaus wird ausführlich auf das Verhalten von Aussteigern eingegangen.

2.2.2.2   Untersuchungen zur Verteilung der Fahrgäste im Rahmen dieser Arbeit

Im Rahmen dieser Arbeit wurden im Großraum Stuttgart eine Fahrgastbefragung, zahlreiche manuelle Erhebungen sowie Auswertungen fahrzeugseitig automatisch erhobener Datensätze durchgeführt. Durch diese Untersuchungen sollte die Übertragbarkeit der bestehenden Forschungserkenntnisse auf die gegenwärtige Situation in Deutschland bewertet werden. Zudem sollte ein einheitlicher Datensatz mit großer

Vielfalt hinsichtlich Bahnsteiglayouts, Verkehrsmitteln sowie Fahrzeugtypen zur Bildung und Kalibrierung eines Prognosemodells für die Fahrgastverteilung aufgebaut werden. Mit weiteren Untersuchungen im Jahr 2020 sollten auch die eventuellen Auswirkungen der Covid-19-Pandemie auf die Fahrgastverteilung untersucht werden.

Um einen Überblick über die möglichen Beweggründe der Fahrgäste bei der Positionierung auf dem Bahnsteig zu erhalten sowie eine quantitative Einschätzung ihrer jeweiligen Bedeutung zu ermöglichen, wurde im Rahmen einer studentischen Arbeit eine Fahrgastbefragung durchgeführt (Fritz 2020). Hierzu wurden auf einem S-Bahn-Bahnsteig am Umsteigeknoten Bad Cannstatt an vier Terminen im Dezember 2019 insgesamt 120 einsteigewillige Fahrgäste nach den Beweggründen für die Wahl ihrer Warteposition gefragt. Weiterhin wurde das Alter der Fahrgäste sowie die Fahrthäufigkeit erfragt und zudem die Warteposition des Fahrgasts sowie die aktuelle Bahnsteigsituation (Auslastung, Wetter) erfasst. Auf die Ergebnisse der Untersuchung wird in den folgenden Abschnitten sowie im Abschnitt 2.2.2.7 näher eingegangen. Für weitere methodische und inhaltliche Ausführungen zu dieser Fahrgastbefragung sei auf Fritz et al. 2020 verwiesen.

Im Zeitraum zwischen September 2018 und Juni 2020 wurde die sich einstellende Einsteigerverteilung über die Bahnsteiglänge im Rahmen von vier studentischen Arbeiten an insgesamt 42 Bahnsteigen des Stadtbahn-, S-Bahn- sowie Regionalverkehrs im Großraum Stuttgart erhoben (Endlich et al. 2019; Klose 2019a, 2019b; Mang et al. 2020). Zur Erhebung wurde jeder Bahnsteig zunächst entlang seiner Längsausdehnung in 10–20 möglichst gleich lange Bereiche eingeteilt. Anschließend wurden an jedem untersuchten Bahnsteig für 20-50 Zugabfahrten die Verteilung der einsteigewilligen Fahrgäste auf die Bereiche erfasst und mit Matlab (Mathworks 2018) quantitativ ausgewertet. Tabelle 13 und Tabelle 14 (im Anhang auf Seite 195f) geben einen Überblick über die untersuchten Bahnsteige. Für weitere Ausführungen zur Erhebungsmethodik sowie detaillierte Ergebnisse für ausgewählte Stationen sei auf Klose et al. 2020 verwiesen.

Um die Positionswahl der Fahrgäste im Zug nach dem Einstieg näher beschreiben zu können, wurde zudem bei Mitfahrten in Stadtbahnen und S-Bahnen in Stuttgart erfasst, wo sich Fahrgäste nach dem Einstieg unter Berücksichtigung der Fahrzeugauslastung sowie eventueller Umverteilungen im Zug positionieren. Aufgrund der Auswirkungen der Covid-19-Pandemie konnte hier jedoch nur eine Probeerhebung (148 Messungen in Stadtbahnen und 188 in S-Bahnen) im Rahmen einer studentischen Arbeit (Li 2019) erfolgen. Aufgrund der zahlreichen Wechselwirkungen erfordert diese Thematik einen deutlich größeren Stichprobenumfang, weshalb auf quantitative Aussagen verzichtet werden muss.

Abschließend wurden zur Modellbildung und –kalibrierung auch noch mittels automatischen Fahrgastzählsystemen bestimmte, türscharfe Ein- und Aussteigerzahlen herangezogen. Hierzu standen umfangreiche Datensätze der Stuttgarter Stadtbahnlinie U12 (180 Fahrten der morgendlichen HVZ im Frühjahr 2019) sowie der Münchner S-Bahnlinie 1 (143 Fahrten ganztags im Sommer 2017) zur Verfügung. Letzterer Datensatz lag auch der Untersuchung von Bär et al. 2018 zu Grunde.

Im Folgenden sollen die einzelnen denkbaren Einflussgrößen diskutiert werden. Hierbei soll zunächst qualitativ auf die baulichen Gegebenheiten des Startbahnsteigs, dann auf den Haltebereich, die Fahrzeug- und Bahnsteigfüllung sowie die Gestaltung der nachfolgenden Stationen eingegangen werden. Abschließend wird die Bedeutung der einzelnen Faktoren erläutert.

2.2.2.3 Bauliche Gestaltung des Bahnsteiges der betrachteten Station

In diesem Abschnitt sollen die aus den baulichen Gegebenheiten eines Bahnsteigs resultierenden Einflüsse auf die Fahrgastverteilung diskutiert werden. Hierzu werden Bahnsteigzugänge, Wetterschutzeinrichtungen, Sitzgelegenheiten und weitere Faktoren betrachtet.

Der Lage der *Bahnsteigzugänge* wird mehrheitlich eine herausgehobene Bedeutung für die Fahrgastverteilung auf dem Bahnsteig zugesprochen (Lehnhoff & Janssen 2003, S. 17; vgl. z.B. Rüger 2019, S. 150). Diese Einschätzung stützt sich auf das in Zugangsnähe häufig zu beobachtende, hohe Fahrgastaufkommen (vgl. z.B. Weidmann 1994, S. 37; Wiggenraad 2001, 3ff; Hibino et al. 2010, S. 5). Dieser Argumentation folgend, lässt sich auch durch die Erhebungen im Großraum Stuttgart die Bedeutung der Zugänge bestätigen. Abbildung 14 verdeutlicht dies am Beispiel des Umsteigeknotens Bad Cannstatt durch die erhöhte Belastung der Bahnsteigbereiche 2-4 und 9-11 sowie die entsprechenden Nennungen bei der Fahrgastbefragung. Brändli & Berg (1979) konnten ergänzend aufzeigen, dass durch einen zusätzlichen Bahnsteigzugang eine gleichmäßigere Fahrgastverteilung erreicht werden kann (vgl. auch Hennige & Weiger 1994, S. 39; Bär et al. 2018, S. 40).

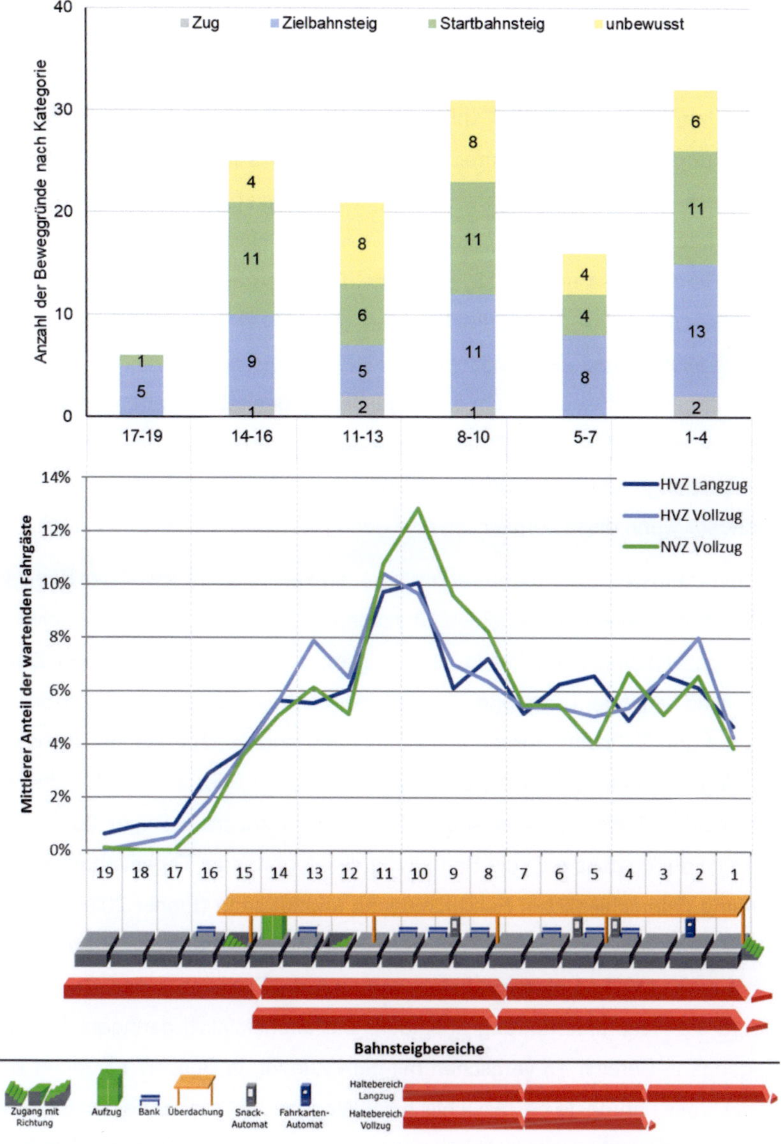

Abbildung 14: Räumliche Verteilung der bei der Befragung genannten Beweggründe (oben) und Fahrgastverteilung (unten) nach Bahnsteigbereichen in Bad Cannstatt an Gleis 2 (Quelle: Klose et al. 2020 und Fritz et al. 2020)

Begründen lässt sich die herausgehobene Bedeutung der Zugänge auf die Fahrgastverteilung zunächst mit dem Bestreben nach Bequemlichkeit (Fox et al. 2017, S. 4). Kennen die Fahrgäste die Lage der Abgänge an Ihrer Zielstation nicht oder ist die damit verbundene Zeitersparnis für sie irrelevant (vgl. Abschnitt 2.2.2.6), ermöglicht eine Positionierung in Zugangsnähe die maximal mögliche Minimierung der Laufdistanz. Dies betrifft insbesondere Fahrgäste mit Gepäck oder anderweitigen Mobilitätseinschränkungen sowie ohne hinreichende Ortskenntnis (Rüger 2019, S. 157). Auch für Fahrgäste, die sich nach eigener Aussage unbewusst auf dem Bahnsteig positioniert haben, lässt sich nach Abbildung 14 (oben) eine Häufung im Umfeld der Hauptzugänge (Bereiche 1-4 und 11-13) erkennen. Die Fahrgastkonzentration um die Zugänge kann zuletzt auch damit erklärt werden, dass einem Teil der dortigen Fahrgäste nicht mehr ausreichend Zeit zwischen ihrer Ankunft auf dem Bahnsteig und der Ankunft des Zuges verblieben ist, um ihre eigentlich angestrebte Warteposition zu erreichen (Krstanoski 2014a, S. 457). Dies lässt auch erwarten, dass die Bedeutung der Bahnsteigzugänge für die Fahrgastverteilung mit abnehmender Zugfolgezeit zunimmt, insbesondere wenn diese vergleichsweise gering ist (Bosina et al. 2015, 14ff).

Verfügt ein Bahnsteig über mehrere Zugänge, so kann sich ihr jeweiliger Einfluss auf die Fahrgastverteilung unterscheiden (Weidmann 1994, S. 38). Zunächst spielt dabei die jeweilige Nutzungsintensität in Abhängigkeit von dem erschlossenen Ziel eine Rolle. So sind besonders Zugänge, die aus einer zentralen Bahnhofsunter- bzw. -überführung auf den Bahnsteig führen von Bedeutung, aber auch Zugänge, die den kürzesten Weg zu bedeutenden Anschlussverkehrsmitteln oder Wohn-, Arbeits- sowie Handelsbezirken bieten (Bosina et al. 2015, S. 18; Panzera & Rüger 2018, 75). Zu beachten ist dabei, dass sich die Bedeutung der Zugänge im Tagesverlauf sowie bei Betrachtung unterschiedlicher Fahrtrichtungen ändern kann (Eigner 2014, S. 21; Rüger 2019, 150f). Am Beispiel Bad Cannstatt in Abbildung 14 erschließt der Zugang in Bereich 1 einen ÖPNV-Umsteigeknoten, während die Zugänge in den Bereichen 12, 14 und 15 die Hauptunterführung anbinden. Die offensichtlich geringere Bedeutung des Zugangs in Bereich 15 verglichen mit dem Zugang in Bereich 12 deutet zudem darauf hin, dass Fahrgäste bei hinsichtlich der Wegebedeutung vergleichbaren Zugängen ihre Zugangswahl bereits in Abhängigkeit von ihrer Wartepräferenz auf dem Bahnsteig treffen (vgl. Bosina et al. 2017, S. 10). Relevant ist auch die Ausführungsform des Zugangs. Während Aufzüge aufgrund ihrer eingeschränkten Kapazität nur eine geringe Bedeutung aufweisen, hängt das Nutzungsverhältnis von festen Treppen und Rolltreppen davon ab, ob es auf- oder abwärts geht (Cheung & Lam 1998, S. 284; Rüger 2019, 140f).

Die höchste Fahrgastkonzentration ist meist nicht direkt am Bahnsteigzugang, sondern etwas entfernt davon zu beobachten. Die Richtung dieser Verschiebung hängt von der Einmündungsrichtung des Zugangs ab, was sich dadurch erklären lässt, dass die meisten Fahrgäste der Lauf- bzw. Blickrichtung folgen, in der sie den Bahnsteig betreten (Liu et al. 2016, S. 36; Bosina et al. 2017, 10ff). In Abbildung 14 lässt sich diese Verschiebung in Einmündungsrichtung an den Zugängen in den Bereichen 1 und 12 erkennen. Beim Zugang im Bereich 15 überlagern sich mehrere Effekte. Zum einen weist die Einmündungsrichtung des Zugangs nach hinten, zugleich liegen die dortigen Abschnitte 16–19 nicht mehr im Haltebereich aller Zuglängen. An anderen Stationen konnte auch eine mit der Exzentrizität der Lage des Zugangs in Richtung der Bahnsteiglängsausdehnung zunehmende Verschiebung in Richtung des Bahnsteigschwerpunkts (vgl. Abschnitt 2.2.2.4) festgestellt werden. Dies kann mit dem Bestreben begründet werden, sich nicht zu weit vom mutmaßlich sicheren Haltebereich zu entfernen. Die beiden Verschiebungseffekte aus der Einmündungsrichtung und der Richtung der Lage des Schwerpunkts überlagern sich. An anderen Stationen lässt sich zudem ein Einfluss auf die Streuungsbreite der mit einem Zugang begründbaren Fahrgastkonzentration erkennen (Klose 2019a, S. 45).

Steigen am betrachteten Bahnsteig Fahrgäste bahnsteiggleich um, so sind sämtliche Fahrzeugtüren des Zubringers als Zugänge mit Nutzungsintensität entsprechend der Aussteigerverteilung zu betrachten (vgl. Bosina et al. 2017, S. 3). Daraus resultiert die häufig zu beobachtende gleichmäßigere Fahrgastverteilung an entsprechenden Bahnsteigen (vgl. Rüger 2019, S. 152).

Wetterschutzeinrichtungen beeinflussen die Fahrgastverteilung vor allem bei Niederschlag oder auch starker Sonneneinstrahlung. Neben der Wettersituation hängt ihr Einfluss jedoch auch vom Anteil der überdachten Bahnsteiglänge ab. Ist, wie am Beispiel des in Abbildung 15 dargestellten Bahnsteigs in Stuttgart-Österfeld, nur ein geringer Anteil des Bahnsteigs überdacht, lässt sich bei entsprechendem Wetter eine erhebliche Beeinflussung der Fahrgastverteilung erwarten (Fang & Fujiyama et al. 2019, S. 455). Mit zunehmendem Anteil des überdachten Bahnsteigbereichs ist von einer abnehmenden Bedeutung für die Positionierungsentscheidung auszugehen (vgl. Abbildung 16 auf Seite 43).

Auch bei gemäßigtem Wetter lässt sich ein gewisser Einfluss der Wetterschutzeinrichtungen feststellen (vgl. Bereiche 5 und 12 in Abbildung 15; Weidmann 1994, S. 184). Neben der Blendschutzwirkung bei Mobilfunkgeräten sowie einem „Gefühl von Geborgenheit" (Leiner 1983, S. 59) lässt sich dies auch damit erklären, dass das Bahnsteigdach für die Fahrgäste bei der Abschätzung des erwarteten Haltebereichs eine wesentliche Rolle spielt (vgl. Abschnitt 2.2.2.4.).

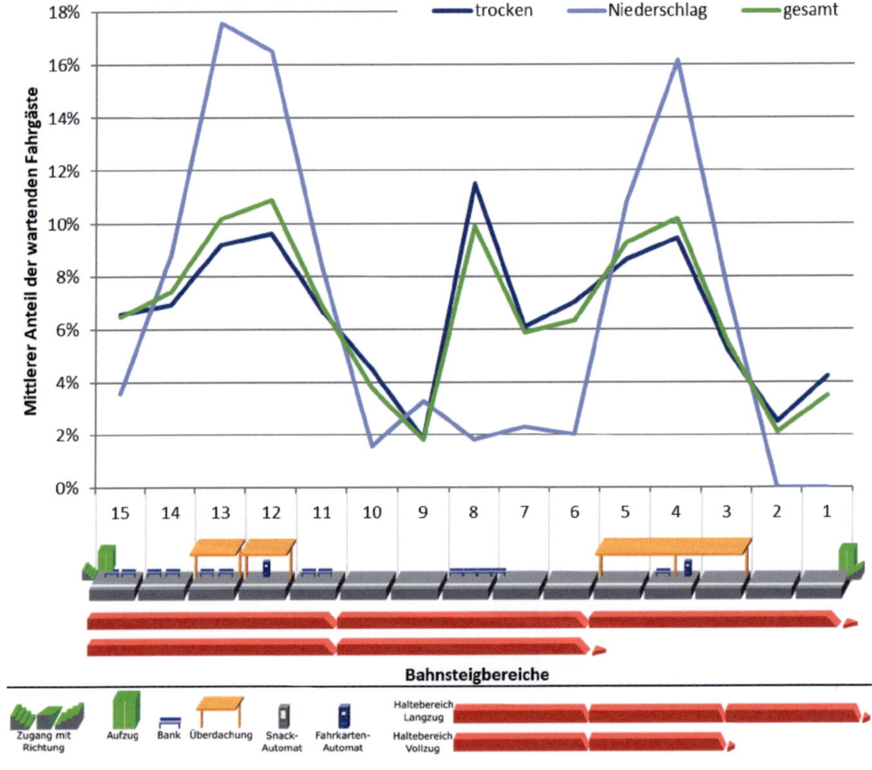

Abbildung 15: **Fahrgastverteilung und Bahnsteigausstattung in Österfeld an Gleis 2 (Quelle: Klose et al. 2020)**

Auch die Lage der *Sitzgelegenheiten* beeinflusst die Fahrgastverteilung auf dem Bahnsteig. Begründen lässt sich diese Präferenz und die Inkaufnahme eventuell weiterer

Fußwege mit der aus dem Komfortgewinn resultierenden Verkürzung der wahrgenommenen Wartezeit (vgl. Fan et al. 2016; Rüger 2019, S. 157).

Das Ausmaß des Einflusses der Sitzgelegenheiten auf die Verteilung der Fahrgäste ist davon abhängig, ob angesichts des Fahrgastaufkommens ein ausreichendes Sitzplatzangebot zur Verfügung steht (vgl. Delac 2014, S. 17). Dies verdeutlicht sich auch am Beispiel der nachfrageschwachen Station Österfeld in Abbildung 15 (z.B. Bereich 8). Dieselbe Abbildung belegt auch einen Bedeutungsverlust nicht überdachter Sitzgelegenheiten bei Niederschlag (Klose 2019a, S. 47).

Eine Abhängigkeit des Einflusses der Sitzgelegenheiten von der Zugfolgezeit konnte an den betrachteten Stationen nicht erkannt werden, was sich beispielsweise mit der Nutzung von Bänken zum komfortablen Abstellen von Reisegepäck erklären lässt. Dennoch ist davon auszugehen, dass die Bereitschaft, für freie Sitzgelegenheiten längere Wegstrecken zurückzulegen, mit abnehmender Zugfolgezeit zurückgeht (Rüger 2019, S. 157). Darauf deuten auch die vergleichsweise seltene Benennung der Sitzgelegenheiten als Positionierungsgrund bei der Fahrgastbefragung in Bad Cannstatt, wo in der Hauptverkehrszeit die Zugfolgezeit bei lediglich fünf Minuten liegt (Fritz et al. 2020, 10). Da dabei auch sitzende Fahrgäste die Lage der Sitzgelegenheiten überwiegend nicht als maßgeblich für ihre Positionswahl nannten, ist davon auszugehen, dass freie Sitzgelegenheiten bei kurzen Zugfolgezeiten nicht entscheidend für die primäre Wahl der Warteposition sind, jedoch genutzt werden, falls sie im Umfeld der anderweitig bestimmten Warteposition vorhanden sind.

Auch *weitere bauliche Gegebenheiten* beeinflussen die Fahrgastverteilung. So gewinnt die bewusste Positionierung auf dem Bahnsteig mit zunehmender Bahnsteiglänge an Relevanz für die Fahrgäste (Leiner 1983, S. 4; Weidmann 1994, S. 270). Neben der Zunahme des durch eine durchdachte Positionswahl erzielbaren Nutzens lässt sich dies auch mit den gravierenderen Auswirkungen einer Fehlpositionierung (z.B. Rennen zur ersten bzw. letzten Tür) erklären. Weiterhin sind bauliche Elemente wie Säulen oder Geländer zu nennen, die in ihrer Nähe verhältnismäßig behinderungsarme Stehplätze bieten und zudem ein Anlehnen ermöglichen (Bosina et al. 2015, S. 6). Manche Fahrgäste präferieren auch eine Warteposition in der Nähe von statischen sowie insbesondere dynamischen Informationsmedien. Darüber hinaus können Werbe- bzw. Unterhaltungsbildschirme relevant sein (Rüger 2019, S. 156). Diese

Punkte ließen sich durch die im Rahmen dieser Arbeit durchgeführten Erhebungen quantitativ nicht eindeutig bestätigen. Das Befragungsergebnis legt jedoch einen geringen Einfluss nahe. Fahrscheinautomaten und –entwerter sowie anderweitige Verkaufsautomaten lassen hingegen keinen Effekt auf die Verteilung erkennen, da die Fahrgäste in der Regel nach Erledigen der Aktivität weitergehen (Klose 2019a, S. 48). Die Bahnsteigbeleuchtung als Einflussfaktor (vgl. Bosina et al. 2017, S. 4) konnte mangels nächtlicher Erhebungen nicht validiert werden.

2.2.2.4 Haltebereich der Züge

Auch die Lage des Bereiches, in dem die Züge zum Halten kommen und ein Einstieg möglich ist, beeinflusst die Fahrgastverteilung entlang der Längsausdehnung eines Bahnsteigs (vgl. Sohn 2013, 994ff). Die Erhebungsergebnisse legen jedoch eine Unterscheidung zwischen dem von den Fahrgästen erwarteten und dem tatsächlichen Haltebereich nahe.

Der *erwartete Haltebereich* bestimmt die Positionierungsentscheidung von Fahrgästen, die zwar den tatsächlichen Haltebereich des Zuges mangels Erfahrung oder verfügbarer Informationen nicht kennen, aber sich dennoch mit hoher Wahrscheinlichkeit im korrekten Abschnitt des Bahnsteigs aufhalten möchten. Eine Warteposition in der Bahnsteigmitte ermöglicht dabei eine Maximierung der Wahrscheinlichkeit für eine passende Positionierung sowie zugleich eine Minimierung der im Irrtumsfall zurückzulegenden Wegdistanz (vgl. Szplett & Wirasinghe 1984, 7f). Die quantitativen Auswertungen der Erhebungsergebnisse deuten darauf hin, dass die Fahrgäste zur Verortung dieses wahrscheinlichen Haltebereichs neben der Bahnsteigmitte auch den Schwerpunkt der Bahnsteiginfrastruktur (Wetterschutz, Bahnsteigzugänge) heranziehen. Neben weitgehend symmetrischen Bahnsteigen, wie in Abbildung 16 am Beispiel Kornwestheim zu erkennen, zeigt sich dies besonders an Bahnsteigen mit stark asymmetrischer, außermittiger Bahnsteigausrüstung und korrespondiert in der Regel auch gut mit der definierten bzw. vom Triebfahrzeugpersonal selbst gewählten Halteposition.

Trifft hingegen, wie an der Station Österfeld in Abbildung 15, eine weitgehend symmetrische Bahnsteigausrüstung auf eine asymmetrische Halteposition, konnten bei nicht bahnsteiglangen Zügen trotz korrekter Fahrgastinformation vermehrt falsch positionierte Fahrgäste beobachtet werden (vgl. Klose 2019a, 21f). Die in Bad Cannstatt durchgeführte Fahrgastbefragung legt zudem nahe, dass viele der Fahrgäste, die sich nach eigener Aussage unbewusst auf dem Bahnsteig positioniert haben, in der Nähe der Zugänge sowie des erwarteten Haltebereichs bzw. allgemein der Bahnsteigmitte angetroffen werden (vgl. Abbildung 14 (oben)).

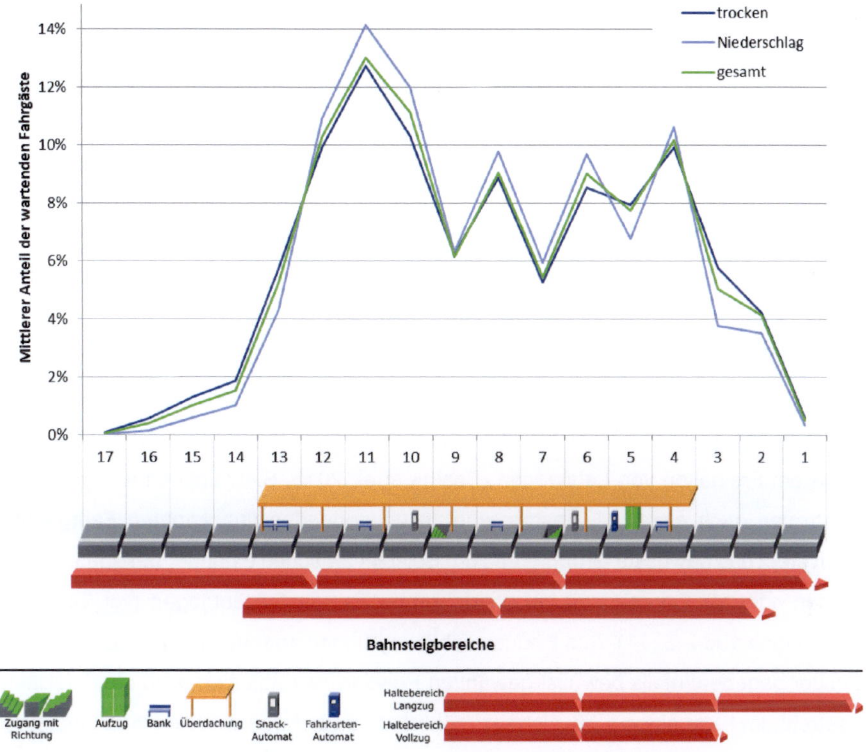

Abbildung 16: Fahrgastverteilung und Bahnsteigausstattung in Kornwestheim Pbf an Gleis 3 (Quelle: Klose et al. 2020)

Fahrgäste hingegen, die den *tatsächlichen Haltebereich* aus Erfahrung kennen oder aus entsprechenden Fahrgastinformationen ermittelt haben, können sich zielgenauer auf dem Bahnsteig positionieren. Die eigentliche Motivation ist hierbei jedoch eher in den damit verbundenen Vorteilen zum Beispiel hinsichtlich Wegeoptimierung oder geringerem Fahrgastaufkommen zu sehen. Diese Orientierung am tatsächlichen Haltebereich erklärt auch die unterschiedliche Fahrgastverteilung bei verschiedenen Zuglängen (vgl. z.B. Bereiche 17-19 in Abbildung 14 (unten)).

Die jeweilige Relevanz der Wirkungspfade des Haltebereichs entscheidet sich in der konkreten Situation daran, inwiefern die Fahrgäste den tatsächlichen Haltebereich vorab absehen können. Ist dieser zum Beispiel durch Wagenstandsanzeiger, Bodenmarkierungen oder auch Bahnsteigtüren klar kommuniziert (Wu & Ma 2013b, S. 341; vgl. Krstanoski 2014a, S. 457), nutzen deutlich mehr Fahrgäste die gesamte Zuglänge zum Einstieg als bei variierenden sowie nicht oder unzuverlässig angekündigten Zuglängen und undefinierten Haltepositionen (vgl. Fox et al. 2017, S. 3). Auch die Erfahrung der Fahrgäste bezüglich der Nutzung des Verkehrsmittels allgemein sowie des örtlich spezifischen Verkehrsmittels spielt eine gewisse Rolle.

2.2.2.5 Bahnsteig- bzw. Fahrzeugfüllung

Die bereits auf dem Bahnsteig bestehende Fahrgastverteilung beeinflusst aufgrund des Bestrebens nach physischer Distanz die Positionierungsentscheidung neu eintreffender Fahrgäste sowie gegebenenfalls auch bereits dort befindlicher Fahrgäste. Diese Relevanz der Fahrgastdichte wird beispielsweise durch das geringere Fahrgastaufkommen je Meter Bahnsteiglänge in baulich verengten Bahnsteigbereichen verdeutlicht (vgl. Leiner 1983, S. 60; Rüger 2019, S. 156). Begründen lässt sich dies neben dem Freihalten von Laufwegen (Bosina et al. 2015, S. 17) mit dem allgemeinen Bestreben nach einem Mindestabstand zu umstehenden unbekannten Fahrgästen. Dem steht das bewusste Gruppieren zum Beispiel zwischen einander bekannten Fahrgästen oder als Orientierung bei unerfahrenen Fahrgästen entgegen (vgl. Szplett & Wirasinghe 1984, S. 11). Aus Bequemlichkeitsgründen aber auch, um möglichst nahe bei der gegebenenfalls bewusst gewählten Position zu verbleiben, sind die Fahrgäste bestrebt, im Falle eines Ausweichens möglichst kurze Wege zurückzulegen (vgl. Wu, Rong & Wei et al. 2012, S. 10).

Hinsichtlich der Frage, ob eine wachsende Fahrgastdichte eine gleichmäßigere Fahrgastverteilung eher behindert oder fördert, bildet die bisherige Forschung ein kontroverses Bild. Ersteres wird mit dem bei zunehmender Bahnsteigfüllung erschwerten Durchkommen begründet (Leiner 1983, S. 36; Fang & Fujiyama et al. 2019, 450ff). Für letzteres (Wu, Rong & Wei et al. 2012, S. 10; Bosina et al. 2017, S. 18; vgl. z.B. Peftitsi et al. 2018, S. 14) lässt sich neben dem allgemeinen Bestreben nach Abstand insbesondere bei höheren Fahrgastdichten der Distanzzonenansatz der Proxemik (u.a. Hall et al. 1968) anführen. Die im Rahmen dieser Arbeit durchgeführten Untersuchungen legen nahe, dass eine zunehmende Fahrgastdichte zu einer besseren Verteilung über die verfügbare Fläche führt. Neben dem Ergebnis der quantitativen Betrachtung bestätigt sich dies auch durch die Beobachtung, dass Fahrgäste Bereiche mit hohen Fahrgastdichten gegebenenfalls über den Sicherheitsraum an der Bahnsteigkante oder bei Mittelbahnsteigen über die gegenüberliegende Bahnsteighälfte durchqueren. Erhebungen im April und Mai 2020 (Mang et al. 2020) während der Covid-19-Beschränkungen belegen im Vergleich mit den Erhebungen aus dem Jahr 2018, dass sich Fahrgäste bei größerer Bahnsteigauslastung gleichmäßiger über die Bahnsteiglänge verteilen. Abbildung 17 verdeutlicht diesbezüglich, dass sich die Fahrgäste angesichts der während der Pandemie geringeren Bahnsteigauslastung weniger gleichmäßig verteilten als beim deutlich höheren Fahrgastaufkommen vor der Pandemie. Dieser Effekt übertrifft damit sogar das während der Pandemie anzunehmende erhöhte Bestreben nach Abstand zwischen den Reisenden.

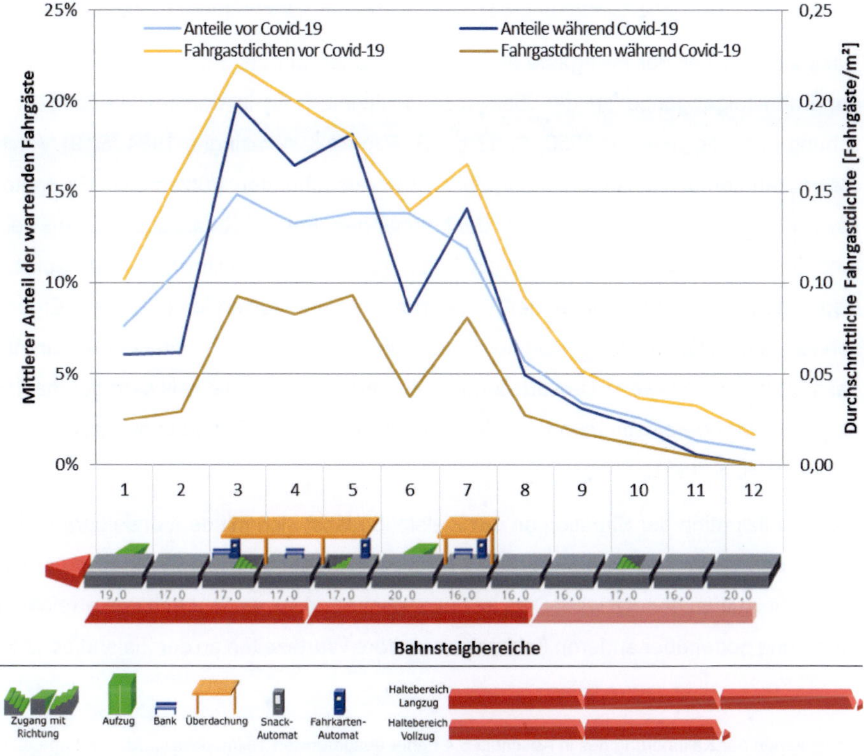

Abbildung 17: Fahrgastverteilung und Fahrgastdichte je Bereich vor und während der Covid-19-Pandemie an der Station Nürnberger Straße Gleis 1 (Datenquelle: Klose 2019a und Mang et al. 2020, Bahnsteigskizze: Mang et al. 2020, Darstellung: Verfasser)

Auch die erwartete *Fahrgastverteilung im eintreffenden Zug* kann die Positionierungsentscheidung auf dem Bahnsteig bestimmen. Können Fahrgäste aus Erfahrung oder aufgrund von entsprechender Fahrgastinformation eine Einschätzung zur Füllungsverteilung über die Zuglänge treffen, ist ein diesbezüglich bewusstes Positionieren möglich. Während Fahrgastbefragungen in ausländischen Metronetzen auf eine hohe Bereitschaft hierzu deuten (Ahn et al. 2016, 8f; Zhang et al. 2017, S. 483), ergab sowohl eine Befragung in Hamburg (Seidel 2018) als auch die im Rahmen dieser Arbeit durchgeführte Befragung in Bad Cannstatt (Fritz 2020) nur eine geringe Bedeutung des Faktors. Allgemein ist davon auszugehen, dass die Relevanz der Auslastungsverteilung des einfahrenden Zuges von der mittleren Fahrtdauer der einsteigenden Fahrgäste (Kim et al. 2014, S. 257) sowie der Erfahrung der Fahrgäste bzw. der Verfügbarkeit entsprechender Informationen abhängig ist (Wiggenraad 2001, 3ff).

2.2.2.6 Bauliche Gestaltung der Bahnsteige der nachfolgenden Stationen

Dass sich ein Teil der Fahrgäste an ihrer Startstation bereits entsprechend der Lage der Bahnsteigabgänge an der Zielstation positioniert, ist in der bestehenden Forschung unstrittig (Reimer 1953, S. 338; z.B. Szplett & Wirasinghe 1984, S. 9). Auch die im Rahmen dieser Arbeit durchgeführten Untersuchungen stützen dies. So deutet sowohl die Fahrgastbefragung (39% der Nennungen, Fritz 2020) als auch die Auswertung der quantitativen Erhebung (8 bis 66%)[1] auf eine je nach Umständen erhebliche Bedeutung der Orientierung an der Abgangslage an nachfolgenden Stationen. Ergänzend zu diesen Betrachtungen an der Startstation, bestätigt dies – unter der Annahme, dass keine nennenswerte Umverteilung im Zug erfolgt - auch die teils sehr gut mit der Abgangslage übereinstimmende Verteilung der Aussteiger (Bosina et al. 2017, S. 14; Rüger 2019, S. 151).

Diese Antizipation der Situation an der Zielstation lässt sich mit dem erzielbaren Zeitnutzen begründen, wenn die Wartezeit an der Startstation für eine Wegeverkürzung an der Zielstation genutzt wird. Dies ist besonders attraktiv, wenn durch den erreichten Vorsprung gegenüber anderen Fahrgästen weitere Wartezeiten an der Zielstation (z.B.

---

[1] Im Rahmen der Kalibrierung des in Abschnitt 5.4 näher ausgeführten Teilmodells wurde die Lage aller Bahnsteigabgänge an den im Linienverlauf auf die betrachtete Station nachfolgenden Halte unter Berücksichtigung des dortigen Aussteigeranteils berücksichtigt und so der Anteil geschätzt.

an Ausgangssperren oder Rolltreppen) vermieden werden können (Fox et al. 2017, S. 4) oder dadurch gegebenenfalls sogar ein Anschluss erreicht wird. Neben dem reinen Zeitnutzen kann durch die produktive Verwendung der Wartezeit aber auch deren wahrgenommene Dauer verkürzt werden (Girnau & Blennemann 1970, S. 16; Leurent & Xie 2017, 688ff).

Die Bedeutung der Orientierung an den Gegebenheiten der Zielstation hängt maßgeblich von der System- und Ortskenntnis der Fahrgäste ab (vgl. z.B. Weidmann 1995b, S. 70; Kim et al. 2014, S. 257). Auch das in Abbildung 18 dargestellte Befragungsergebnis in Bad Cannstatt legt nahe, dass gerade häufige Nutzer dies als Grund für ihre Positionierung nennen. Weiterhin scheint auch der Fahrtzweck von Bedeutung zu sein (Kim et al. 2014, S. 256). Bei sehr kurzen Zügen ist aufgrund des geringen erzielbaren Nutzens von einem Bedeutungsverlust auszugehen (Girnau & Blennemann 1970, S. 16).

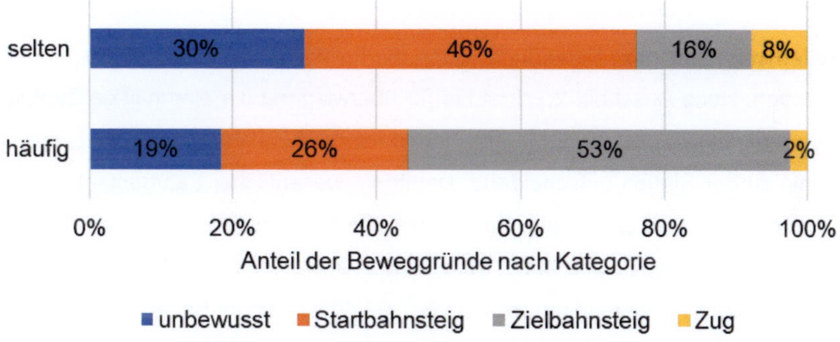

Abbildung 18: Beweggründe nach der abgefragten Häufigkeit, mit der der aktuelle Weg zurückgelegt wird (häufig ≙ mindestens einmal pro Woche; Quelle: angepasst nach Fritz et al. 2020)

2.2.2.7 Bedeutung der genannten Einflussfaktoren

In welchem Maß die dargestellten Faktoren die Fahrgastverteilung in einer konkreten Situation beeinflussen, hängt neben den genannten spezifischen Punkten auch von weiteren übergeordneten Gegebenheiten ab. Hier ist zunächst das betrachtete Verkehrssystem zu nennen. So variieren im Schienenpersonennah- und -fernverkehr die Zuglängen und Haltepositionen stärker. Zudem sind die Züge oft deutlich kürzer als die Bahnsteige, sodass insgesamt von einer höheren Bedeutung des erwarteten gegenüber dem tatsächlichen Haltebereich auszugehen ist. Für den SPFV wurde im Rahmen dieser Arbeit keine diesbezügliche Erhebung durchgeführt. Hier ist jedoch in

Anbetracht von Sitzplatzreservierungen, deutlicherer Abgrenzung der Bereiche 1. und 2. Wagenklasse und weiteren nicht bahnsteigbezogenen Spezifika (wie z.B. Speisewagen) von einem geringeren Einfluss der Ausstattungsmerkmale des Bahnsteigs auszugehen (vgl. Tang et al. 2017, S. 2; Rüger 2019, S. 150).

Die durchgeführte Fahrgastbefragung legt zudem die Bedeutung der Verkehrszeit nahe (Fritz 2020). Wie aus Abbildung 61 (siehe auf Seite 197 im Anhang) ersichtlich, treffen die in der Hauptverkehrszeit hauptsächlich anzutreffenden Pendler aufgrund ihrer Erfahrung eher eine bewusste Standortwahl zum Beispiel mittels Orientierung an der Zielstation (45% der Befragten). Bei Fahrgästen in der Nebenverkehrszeit erfolgt die Positionswahl hingegen eher unbewusst (32% der Befragten) bzw. auf Basis von Gegebenheiten der Startstation. Auch die Eigenschaften des Zuges (z.B. Mehrzweckabteile) spielen in der Nebenverkehrszeit eine erhöhte Bedeutung. Dies korrespondiert mit den in Abbildung 18 dargestellten Erkenntnissen bezüglich der Wegehäufigkeit.

Weiterhin ist auch von Bedeutung, wann die Fahrgäste im Mittel vor der Zugabfahrt eintreffen. Nach Abschnitt 2.2.1 ist hierfür überwiegend die planmäßige Zugfolgezeit der betrachteten Linie sowie die Anzahl und Fahrtenhäufigkeit von Zubringerverkehrsmitteln an der Station entscheidend. Betritt ein wesentlicher Fahrgastanteil erst kurz vor Zugabfahrt den Bahnsteig, erhöht dies die Bedeutung der Zugangslage für die Fahrgastverteilung (Bosina et al. 2015, S. 6; Rüger 2019, S. 150). Umgekehrt ist bei langen mittleren Verweilzeiten auf dem Bahnsteig von einem Bedeutungszuwachs der übrigen Faktoren auszugehen.

Zuletzt beeinflusst die Wettersituation an Bahnsteigen mit nur partieller Überdachung die Bedeutung sämtlicher Faktoren (Fang & Fujiyama et al. 2019, S. 455). Im Fall von Niederschlag oder intensiver Sonneneinstrahlung wird der Wetterschutz so zum maßgebenden Positionierungsgrund (siehe Abbildung 60 auf Seite 197 im Anhang).

Abschließend sollen in Tabelle 2 die Ergebnisse mehrerer Fahrgastbefragungen (Girnau & Blennemann 1970; Kim et al. 2014; Ahn et al. 2016; Elleuch et al. 2018) den Resultaten der im Rahmen dieser Arbeit durchgeführten Befragung (Fritz 2020) sowie den Gewichtungen des in 5.4 näher beschriebenen Modells zur Prognose der Fahrgastverteilung gegenüber gestellt werden. Letztere Gewichtungen resultieren aus der Kalibrierung des Teilmodells auf die manuell erhobenen Fahrgastverteilungen sowie die linienbezogenen, automatischen Fahrgastzähldaten. Diese Gewichtungen können damit – unter Berücksichtigung der entsprechenden Modellprämissen – als quantitatives Ergebnis der Erhebungen angesehen werden (siehe Tabelle 24 im Anhang auf Seite 215).

Vergleichend fällt dabei zunächst die höhere Bedeutung der Zugangslage an der Startstation im Prognosemodell gegenüber den Befragungen auf. Dies lässt sich vorrangig methodisch durch die Bedeutung kurzfristig eintreffender Fahrgäste erklären, die bei Befragungen nicht erfasst werden können und qua der noch verfügbaren Zeit häufig in Zugangsnähe anzutreffen sind. Darüber hinaus scheinen sich auch viele des ca. 20–30% der Befragten ausmachenden Fahrgastanteils, der eine unbewusste Positionierung angegeben hat (mit Ausnahme der Befragung von Elleuch et al. (2018)), in Zugangsnähe zu positionieren (vgl. Abschnitt 2.2.2.3). Letzteres lässt sich auch als Erklärung für die Abweichung beim erwarteten Haltebereich heranzuziehen.

Die häufige Nennung einer unbewussten Positionierung macht zudem eine erhebliche Bedeutung der eher zufälligen Standortwahl denkbar (vgl. Wirasinghe & Szplett 1984). Die quantitative Auswertung der Erhebungsergebnisse im Rahmen der Modellkalibrierung lässt jedoch wiederkehrende Zusammenhänge u.a. zur Bahnsteigausrüstung deutlich erkennen und eine überwiegend stochastische Positionierung ablehnen. Der scheinbare Widerspruch zur Befragung lässt sich damit erklären, dass die zufällige Positionierung nicht entlang der gesamten Bahnsteiglänge, sondern lediglich innerhalb eines bestimmten, für die jeweiligen Fahrgäste hinreichend attraktiven Bahnsteigbereichs erfolgt. Da die übrigen Bereiche für die Fahrgäste aber unbewusst erst gar nicht infrage kamen, erscheint ihnen ihre Positionierung vollständig zufällig.

Die höhere Bedeutung der Sitzgelegenheiten auf dem Bahnsteig lässt sich neben dem hohen Fahrgastaufkommen bei der Befragung in Bad Cannstatt mit der in Abschnitt 2.2.2.3 genannten Bedeutung als sekundäres Entscheidungskriterium erklären. Auf die Modellierung des Einflusses der Fahrzeugbelastung wird im Prognosemodell, wie in Abschnitt 5.4.1 erläutert, verzichtet. Dies scheint auch dadurch gerechtfertigt, dass unter dem Kriterium „Fahrzeug" in Tabelle 2 bei den Befragungsergebnissen neben der Auslastung auch weitere Punkte wie zum Beispiel die Position von Mehrzweckabteilen subsumiert wurden. Lediglich die im Regionalverkehr erfolgte Befragung von

Ahn et al. (2016) deutet auf eine herausgehobene Bedeutung der Vorbesetzung im Fahrzeug, was angesichts der längeren Verweildauer im Fahrzeug plausibel erscheint.

Art			Modellkalibrierung		Fahrgastbefragung						
Quelle			Uhl		Fritz			Girnau/ Blenne- mann	Kim et al.	Ahn et al.	Elleuch et. al
Jahr			2021		2020			1970	2014	2016	2018
Land			Deutschland		Deutschland			Deutsch- land	Südkorea	Australien	Frank- reich
System			S-Bahn, Stuttgart		S-Bahn			U-/S-Bahn	Metro	SPNV	S-Bahn
Berücksichtigte Fahrgäste			20792	6448	120	97	34	-	340	97	545
Verkehrszeit			HVZ	NVZ	gesamt	HVZ	NVZ	HVZ	HVZ	-	HVZ
Unbewusste Positionierung			-	-	23%	20%	32%	-	23%	26%	3%
Bewusste Positionierung	Bahnsteig der Startstation	Bahnsteigzugänge	46%	46%	13%	14%	9%	13%	13%	14%	13%
		Wetterschutz	2%	9%	2%	2%	3%	-	-	-	-
		Sitzmöglichkeiten	27%	19%	1%	1%	0%	-	-	-	-
		Tats. Haltebereich	4%	5%	2%	3%	0%	-	-	-	-
		Erw. Haltebereich	20%	20%				-	-	-	-
		Auslastung	-	-	6%	4%	12%	-	-	-	13%
		Sonstiges	-	-	9%	8%	14%	-	-	-	9%
		Gesamt	85%	92%	34%	32%	38%	13%	13%	14%	36%
	Abgänge an Zielstation		15%	8%	39%	45%	21%	62%	53%	10%	54%
Fahrzeug			-	-	5%	3%	9%	19%	10%	41%	8%
Sonstiges			-	-	-	-	-	-	-	6%	-
Gesamt			-	-	77%	80%	68%	-	77%	72%	97%

Tabelle 2: **Gegenüberstellung der Ergebnisse verschiedener Fahrgastbefragungen mit den Ergebnissen der Modellkalibrierung (kein Niederschlag bzw. starke Sonneneinstrahlung; Datenquelle: in der Tabelle genannte Autoren; Darstellung: Verfasser)**

2.2.2.8 Zusammenhang zwischen Fahrgastverteilung auf dem Bahnsteig und Einsteigeranzahl je Tür

Die bisher dargestellten Einflussfaktoren ermöglichen ein näheres Verständnis der sich vor der Zugankunft auf dem Bahnsteig einstellenden Fahrgastverteilung. Die überwiegende Übereinstimmung der quantitativen Ergebnisse aus den manuellen Erhebungen auf den Stuttgarter Bahnsteigen mit den aus automatischen, türscharfen Fahrgastzählsystemen stammenden Daten bestätigen die vorherrschende Meinung, dass die Mehrzahl der Fahrgäste die der Warteposition nächstgelegene Fahrzeugtür zum Einstieg nutzt (vgl. u.a. Weidmann 1994, S. 46). Damit wären die Einzugsbereiche der einzelnen Türen für Einsteiger auf dem Bahnsteig jeweils durch die Mittelpunkte zwischen zwei Fahrzeugtüren sowie bei Randtüren zudem durch das Bahnsteigende begrenzt (Weidmann 1995b, S. 70; Heinz 2003, S. 39).

Bei gegebener Verteilung der wartenden Fahrgäste über die Längsausdehnung eines Bahnsteiges bestimmt sich die auf die einzelnen Türen entfallende Einsteigerzahl im Wesentlichen aus der Halteposition des Zuges sowie der Anzahl und Anordnung der Fahrzeugtüren. Hinsichtlich der Türanordnung sind insbesondere Unregelmäßigkeiten (vgl. u.a. Heinz 2003, S. 41), ausgedehnte Bereiche am Zug ohne Türen (z.B. an Triebfahrzeugen oder Führerständen, vgl. Hennige & Weiger 1994, S. 39) oder Nutzungsrestriktionen an Türen (Böhler & Bürgi 2014, S. 54) zu berücksichtigen.

Neben weiteren Fahrzeugspezifika (Wagenklasse, Raucherbereiche etc.) führt insbesondere das Mitlaufen der Fahrgäste bei Zugeinfahrt in Fahrtrichtung zu einer Abweichung zwischen der Verteilung der wartenden Fahrgäste über die Bahnsteiglänge und der Fahrgastverteilung auf die Türen. Als Erklärung dafür kann das Erkennen freier Sitzkapazitäten bei der Vorbeifahrt angeführt werden (Wiggenraad 2001, 3ff; Hoogendoorn et al. 2004, 132ff). Dieses Verhalten konnte bei den Erhebungen im Stuttgarter Raum zwar beobachtet werden, bei der Datenauswertung jedoch nicht quantitativ belegt werden.

Weiterhin führen etwaige Differenzen zwischen den Anzahlen wartender Fahrgäste an den einzelnen Türen zu einem entsprechenden Ausgleich der Einsteigeranzahlen (Berg 1981, S. 114). Die Bereitschaft, auf eine weniger belastete Tür auszuweichen, ist neben der Laufdistanz auch in Abhängigkeit vom dortigen Vorhandensein eines Mindestfahrgastaufkommens, dem Türschließverfahren sowie der verbleibenden Zeit bis zur Abfahrt zu sehen (Weidmann 1994, S. 34; Rüger 2019, S. 155). Ist an einer Tür die Fahrzeugkapazität bereits ausgeschöpft, müssen die Fahrgäste auf andere Türen ausweichen (D'Acierno et al. 2017, S. 77). Der Minimierung der Laufdistanz kommt dann aufgrund des Zeitmangels wiederum erhebliche Bedeutung zu.

Zuletzt soll auf den Spezialfall eingegangen werden, dass der Zug bei Fahrgastankunft bereits am Bahnsteig steht. Dies ist sowohl für kurzfristig eintreffende Fahrgäste als auch bei längeren Stationsaufenthalten relevant. Hierbei konnte durch Beobachtung (Kuhn 2019, S. 17) bestätigt werden, dass die Mehrzahl der Fahrgäste die ohne Wechsel der Laufrichtung erreichbare, zugangsnächste Fahrzeugtür wählt (Bär et al. 2018, S. 41; vgl. Rüger 2019, S. 155). Als weitere Kriterien konnten die voraussichtlich verbleibende Öffnungsdauer einer Tür sowie Restkapazitäten im Fahrzeug beobachtet werden.

2.2.2.9 Einflussgrößen auf die Verteilung der Fahrgäste im Fahrzeug und die Aussteigerzahl je Fahrzeugtür

Durch die im Fahrzeug durchgeführten Erhebungen (Li 2019), aber auch durch die Auswertungen der Daten aus automatischen Fahrgastzählsystemen konnte bestätigt werden, dass die Mehrzahl der Fahrgäste bei weitgehend gleichmäßiger Fahrzeugauslastung in der Nähe der Einstiegstür verbleibt und diese auch wieder zum Ausstieg nutzt (vgl. Weidmann 1994, S. 275; Heinz 2003, S. 41). Folglich lassen sich die Grenzen der Einzugsbereiche der Fahrzeugtüren für Aussteiger analog zur Situation bei den Einsteigern über die Mittelpunkte zwischen den Türen definieren. Begründet werden kann die überwiegende Übereinstimmung zwischen Ein- und Ausstiegstür vorrangig durch die Erschwernis der Bewegung im Fahrzeug aufgrund der geringen Gangbreiten sowie der Eigenbewegung des Fahrzeugs nach Abfahrt. Besonders eingeschränkt wird die Umverteilung im Fahrzeug mit zunehmender Stehplatzauslastung (Krstanoski 2014a, S. 457; Placido et al. 2015, 10ff). Hierbei ist jedoch zu berücksichtigen, dass Stehplätze im für die Umverteilung relevanten Gangbereich aufgrund ihrer geringen Stehplatzattraktivität erst bei fortgeschrittener Stehplatzauslastung eingenommen werden (vgl. u.a. Oberzaucher & Rüger 2018, S. 76).

Bestehen zwischen den Einzugsbereichen der einzelnen Türen im Fahrzeug deutliche Auslastungsdifferenzen, deuten die eigenen Datenauswertungen auf nicht zu vernachlässigende Umverteilungen im Zug und damit eine Nivellierung der Aussteigertürbelastungen hin. Begründen lässt sich dies mit der Komforteinschränkung bei Aufenthalt in einem überfüllten Fahrzeugbereich und der damit verbundenen längeren Wahrnehmung der Fahrzeit (vgl. Wardman & Whelan 2011). Bei ungleich verteiltem Einsteigeraufkommen und zugleich nicht übermäßiger Stehplatzbelegung würde das Vernachlässigen der im Zug erfolgenden Umverteilungen folglich zu einer Überschätzung der Haltezeiten führen. Aufgrund der genannten Erschwernisse kommt der Minimierung der dabei zurückzulegenden Distanz eine erhebliche Bedeutung zu. Etwaige Umverteilungen zwischen Türbereichen erfolgen den Beobachtungen zufolge in der Regel nur unmittelbar nach dem Zustieg. Haben Fahrgäste erst einmal einen Sitz- oder Stehplatz gewählt, bleibt es meist bei kleinräumigen Bewegungen. Ausnahme hiervon bilden Fahrgäste, die sich im Zug kurz vor Ankunft entsprechend der Abgangslage an ihrer Zielstation bewegen.

Generell ist davon auszugehen, dass Fahrgäste aufgrund der Quer- und Längsbeschleunigungen während der Fahrt Sitz- gegenüber Stehplätzen bevorzugen (Leurent 2008, S. 4). Bei Zurücklegung von Kurzstrecken sowie zunehmendem Füllungsgrad können jedoch auch Stehplätze präferiert werden (Evans & Wener 2007, S. 90; Hirsch & Thompson 2011a, S. 12). Bei der Wahl des Stehplatzes spielen Einrichtungen zum Festhalten sowie die Verminderung der Behinderung anderer Fahrgäste eine Rolle (Hirsch & Thompson 2011b, S. 4).

2.2.3 Einflussgrößen auf den Erwartungswert sowie die Standardabweichung der Aus- und Einsteigedauer je Fahrgast

Ist die auf eine Fahrzeugtür entfallende Ein- und Aussteigeranzahl bekannt, kann bei Kenntnis der Ein- und Aussteigedauer je Fahrgast die zu erwartende Fahrgastwechselzeit an der jeweiligen Tür bestimmt werden. Im Hinblick auf eine spätere Modellierung sollen daher in diesem Kapitel die Einflussfaktoren auf den Erwartungswert sowie die Standardabweichung dieser fahrgastspezifischen Fahrgastwechseldauer näher betrachtet werden. Hierzu wird zunächst ein Überblick über bestehende Forschungsarbeiten sowie die eigene Untersuchungsmethodik gegeben. Abschließend werden die abgeleiteten Erkenntnisse unterteilt in fahrgastbedingte und nicht-fahrgastbedingte Einflussfaktoren dargestellt.

2.2.3.1 Bestehende Forschungsarbeiten zur Aus- und Einsteigedauer

Durch die weitreichende Bedeutung für die Optimierung von Fahrgastwechselprozessen sowie die Fahrzeug- und Bahnsteiggestaltung bestehen zu den Einflussfaktoren auf die Ein- und Aussteigerdauern bereits zahlreiche Forschungsarbeiten. Auch sind derartige Betrachtungen in der Regel Gegenstand von Publikationen zur Haltezeitmodellierung (siehe hierzu Kapitel 1). Der nachfolgende Forschungsüberblick soll daher auf Untersuchungen beschränkt bleiben, die für die Quantifizierung der Einflussfaktoren der fahrgastspezifischen Ein- und Aussteigedauern von besonderer Bedeutung sind.

Hierbei soll zunächst auf Untersuchungen eingegangen werden, die aufgrund der Betrachtung mehrerer Einflussfaktoren insbesondere Aussagen zu Wechselwirkungen ermöglichen. Dabei sind die auf geometrischen Betrachtungen des Fußgängerverhaltes (Weidmann 1992b) und Messungen in der Schweiz, Frankreich und Deutschland basierenden Untersuchungen von Weidmann zu nennen, die wesentliche Aussagen zur Quantifizierung der Einflüsse des Fahrgastaufkommens sowie von Rückstaueffekten, der Höhendifferenz und der Türbreite erlauben (Weidmann 1994; siehe auch Iffländer & Weidmann 1989, Weidmann 1992a, Weidmann 1995a, Weidmann 1995b). Heinz (2003) nutzt Videoanalysen in Schweden, Dänemark und Deutschland zur Quantifizierung einer Vielzahl an Einflussfaktoren. Eine ähnliche Erhebungsmethodik nutzen Wang et al. (2016) für eine Querschnittsbetrachtung. Harris & Anderson (2007) betrachten auf Basis eines umfangreichen, internationalen Datensatzes verschiedene Einflussfaktoren (Harris & Graham et al. 2014; Harris & Risan et al. 2014)

Weitere Untersuchungen betrachten die Zusammenhänge ausschließlich unter Laborbedingungen an Fahrzeugnachbauten. Hierbei sind beispielsweise die Forschungsarbeiten im Kontext des Londoner Projektes PAMELA (Pedestrian Accessibility Movement Environment Laboratory) zu nennen. In diesem Projekt wurden an einem für die Betrachtung von Fahrgastwechselprozessen spezifizierten, originalgroßen Fahrzeugmodell Untersuchungen zu fahrgastquantitativen Effekten sowie sich ergebenden Sättigungsflussraten (Rowe & Tyler 2012; Fernández et al. 2013; Fernández et al. 2015a, 2015b) und Interaktionen zwischen ein- und aussteigenden Fahrgästen (Seriani & Fernández 2015; Seriani et al. 2016a, 2016b, 2016c; Seriani & Fujiyama 2016; Seriani et al. 2017; Seriani et al. 2019) durchgeführt. Weitere Betrachtungen erfolgten im Projekt PAMELA zu geometrischen Rahmenbedingungen des Fahrgastwechsels (Fernández 2010; Fernández, Zegers, Weber & Figueroa et al. 2010; Fernández, Zegers, Weber & Tyler 2010; Fernández 2011; Fujiyama et al. 2012; Holloway et al. 2016; Thoreau et al. 2016). Ähnliche Betrachtungen stellten auch Daamen et al. (2008) an einem Fahrzeugnachbau in den Niederlanden an.

Weitere Untersuchungen stellen einzelne Einflussfaktoren in den Fokus. So beschäftigen sich Fritz (1981; siehe auch Fritz 1983), Lam et al. (1999), Harris (2006) und Fletcher & El-Geneidy (2013) vertieft mit Rückstaueffekten in Folge hoher Fahrzeugauslastungen. Weitere Forschungsarbeiten betrachten die Besonderheiten beim Fahrgastwechsel im Schienenpersonenfernverkehr und gehen besonders auf die Auswirkungen von Reisegepäck auf die Fahrgastwechselzeit ein (Westphal 1976; Rüger 2004; Rüger & Schöbel 2005; Tuna 2008). Abschließend seien noch Arbeiten genannt, die sich besonders mit den aus der Fahrzeuggeometrie sowie -gestaltung resultierenden Rahmenbedingungen beschäftigen (Reimer 1949, 1957; Bauer 1968; Fiedler 1968, 1971; Knoflacher & Stephanides 1983).

2.2.3.2 Untersuchungen zur Aus- und Einsteigedauer im Rahmen dieser Arbeit

Eine bedienungstheoretische Modellierung der Fahrgastwechselzeit (siehe Abschnitt 5.5) erfordert quantitative Zusammenhänge bezüglich des Erwartungswertes und der Standardabweichung der fahrgastspezifischen Ein- und Aussteigedauern. Die Erkenntnisse aus bestehenden Forschungsarbeiten sollen durch eigene Untersuchungen im Rahmen dieser Arbeit in Bezug auf den konkreten Anwendungsfall weiter quantifiziert sowie hinsichtlich ihrer Übertragbarkeit auf Deutschland validiert werden. Hierzu erfolgten im Zeitraum zwischen Juni 2017 und Februar 2020 ca. 2800 Erhebungen von Fahrgastwechseln im Stadtbahn-, S-Bahn- sowie Regional- und Fernverkehr im Großraum Stuttgart. Tabelle 3 gibt einen quantitativen Überblick über die Erfassung. Die Messungen erfolgten überwiegend durch den Autor im Kontext seiner Masterarbeit (Uhl 2018) sowie dieser Arbeit. Weitere Erhebungen erfolgten im Rahmen studentischer Arbeiten (Cancar 2019; Glaser 2019).

	Messungen gesamt				darunter	
	Messungsanzahl absolut	Messungsanzahl relativ	Fahrgastanzahl gesamt	Ø Fahrgastanzahl je Messung	Aussteigevorgänge	Einsteigevorgänge
Stadtbahn	869	31%	6872	7,9	535	510
S-Bahn	1097	39%	6625	6,0	678	607
Regionalverkehr	779	28%	6091	7,8	502	395
Fernverkehr	42	2%	416	9,9	14	37
Summe	2787	100%	20004	7,2	1729	1549

Tabelle 3: **Erhebungen zum Fahrgastwechsel im Kontext dieser Arbeit durch den Verfasser sowie Cancar (2019) und Glaser (2019) (Darstellung: Verfasser)**

Die Erfassung erfolgte überwiegend mit einer dafür programmierten Smartphone-App, die auf Knopfdruck die einzelnen Zeitbestandteile (u.a. Dauer des Aus- und Einsteigevorgangs; Zeitanteile siehe Tabelle 15 sowie Vorgehen siehe Abbildung 62 im Anhang auf Seite 198f) sowie vom Nutzer eingebende Angaben u.a. Stationsnamen, Fahrzeugdaten, Ein- und Aussteigeranzahlen, Gepäckaufkommen, genutzte Türspuranzahl sowie Sitz- und Stehplatzbelegung im Fahrzeug abspeichert. Dabei wurde jeweils der Fahrgastwechsel an einer Tür des Zuges erfasst. Die Messperson befand sich im Fahrzeug oder an geeigneter Position auf dem Bahnsteig. Die Bahnsteighöhe wurde aus der Bahnsteigdatenbank ermittelt (DB Station&Service AG 2020). Abschließend wurde für jeden Fahrgastwechselvorgang die mittlere Aus- und Einsteigedauer je Fahrgast ermittelt. Auf dieser Grundlage wurden in Matlab (Mathworks 2018) die im Folgenden näher dargestellten Regressionsanalysen durchgeführt sowie die Standardabweichung der *mittleren* fahrgastspezifischen Fahrgastwechseldauer bestimmt (siehe hierzu methodischen Hinweis auf Seite 198 im Anhang). Aufgrund der zu erwartenden Unterschiede (vgl. u.a. Weidmann 1992a, S. 534; Heinz 2003, S. 133) erfolgten die Auswertungen jeweils getrennt für Ein- und Aussteiger.

2.2.3.3 Aufkommen, Verhalten und Eigenschaften der beteiligten Fahrgäste

Im Folgenden soll auf Zusammenhänge zwischen den fahrgastseitigen Einflussfaktoren und den fahrgastspezifischen Fahrgastwechselzeiten eingegangen werden. Um die fahrgastquantitativen Betrachtungen auf einer homogenen Datengrundlage durchzuführen und Wechselwirkungen durch andere Einflussfaktoren weitgehend auszuschließen, werden hierzu lediglich Messwerte aus dem Stadtbahn- und S-Bahnverkehr mit einheitlicher Türbreite herangezogen, bei denen zudem die Höhendifferenz zwischen Fahrzeugboden und Bahnsteig sowie das Gepäckaufkommen vernachlässigbar klein sind.

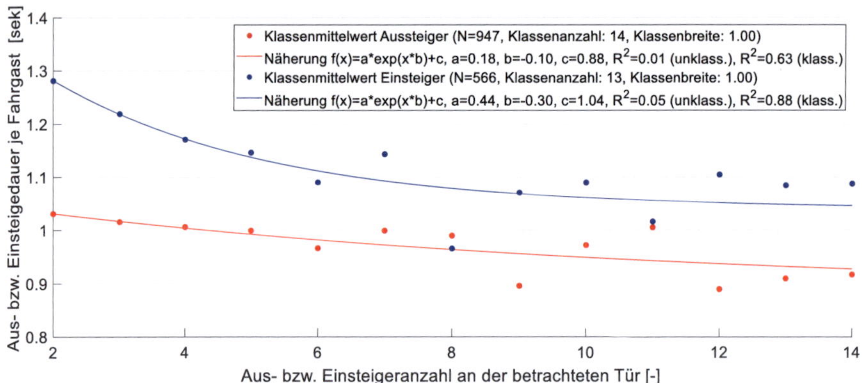

Abbildung 19: **Mittelwert der fahrgastspez. Fahrgastwechseldauer in Abhängigkeit von der gesamten Ein- bzw. Aussteigeranzahl (bei Einsteigern nur Messungen ohne stehende Fahrgäste im Fahrzeug; Datenquelle: Verfasser, Cancar 2019 und Glaser 2019; Darstellung: Verfasser)**

Mit zunehmendem *Fahrgastaufkommen an einer Fahrzeugtür* wird eine beschränkte Abnahme der dortigen fahrgastspezifischen Fahrgastwechseldauer konstatiert (Weidmann 1994, S. 235; Heinz 2003, S. 127; Buchmüller et al. 2008, S. 112). Als Begründungen werden eine effizientere Nutzung der vorhandenen Türkapazität (Weidmann 1994, S. 174), aber auch ein höherer physischer und psychischer Druck angeführt (Fritz 1983, 45; Böhler & Bürgi 2014, S. 52). Wie aus Abbildung 19 ersichtlich, bestätigt die Untersuchung im Rahmen dieser Arbeit diesen Zusammenhang. Beim Vergleich der Messreihen wird auch der allgemein höhere Zeitbedarf beim Einsteigen deutlich, der sich durch das abweichende Warteverhalten, die stärkeren räumlichen Restriktionen im Fahrzeuginnenraum sowie die Geschwindigkeitsreduktion aufgrund der anstehenden Entscheidung hinsichtlich der Sitz- bzw. Stehplatzwahl begründen lässt (vgl. u.a. Weidmann 1995b, S. 59). Auch wird ersichtlich, dass der degressive Zusammenhang mit der Fahrgastanzahl für Einsteiger stärker ausgeprägt und signifikanter ist, als für Aussteiger. Dies lässt sich im Wesentlichen mit der Abnahme der mittleren Zugangszeit zur Fahrzeugtür bei zunehmender Einsteigeranzahl (und damit Bahnsteigfüllung) begründen (Weidmann 1994, S. 240). Bei Aussteigern ist dieser Effekt wegen des Ansammelns in Türnähe vor dem Stillstand des Zuges weniger relevant. Hierbei sei erwähnt, dass Messungen mit im Fahrzeug stehenden Fahrgästen und damit Rückstaueffekte beim Einsteigen zunächst nicht berücksichtigt werden (vgl. Fernández et al. 2008, S. 8). Auch für die Standardabweichung der mittleren fahrgastspezifischen Fahrgastwechseldauer wird mit zunehmender Fahrgastanzahl eine nach unten beschränkte Abnahme postuliert (Buchmüller et al. 2008, S. 112). Abbildung 20 bestätigt dies grundsätzlich, wobei jedoch die deutlich eingeschränkte Aussagekraft in Folge geringer Messwertzahlen für große Fahrgastaufkommen zu berücksichtigen ist (siehe auch Abbildung 63 und Abbildung 64 auf Seite 200 im Anhang).

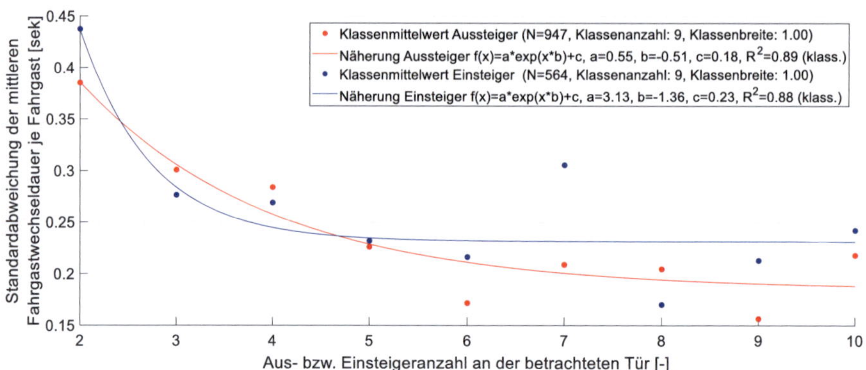

Abbildung 20: **Standardabweichung der mittleren fahrgastspezifischen Fahrgastwechseldauer in Abhängigkeit von der gesamten Ein- bzw. Aussteigeranzahl (bei Einsteigern nur Messungen ohne stehende Fahrgäste im Fahrzeug; Datenquelle: Verfasser, Cancar 2019 und Glaser 2019; Darstellung: Verfasser)**

Rückstaueffekte durch im Fahrzeug stehende Fahrgäste können den Zusammenhang zwischen Fahrgastanzahl und fahrgastspezifischer Fahrgastwechselzeit umkehren (u.a. Tirachini et al. 2013, S. 37; Adachi et al. 2019, S. 24). Hierzu wird postuliert, dass bei höherer Stehplatzbelegung im Fahrzeug durch Behinderungen des Fahrgastflusses von einem überlinearen Anwachsen der Fahrgastwechselzeit je Aus- bzw. Einsteiger auszugehen ist (vgl. Lademann 2004, S. 7; Suazo-Vecino et al. 2017, S. 98). Wie Abbildung 21 zeigt, stellt bei der Untersuchung im Rahmen dieser Arbeit ein quadratischer Zusammenhang zwischen Stehplatzauslastung und Einsteigedauer eine denkbare Näherung dar (vgl. Lin & Wilson 1992, S. 291). Durch die Betrachtung der Stehplatzauslastung zur Mitte des Einsteigevorgangs soll berücksichtigt werden, wie viele Einsteiger vom Rückstau tatsächlich betroffen sind (Weidmann 1994, S. 57).

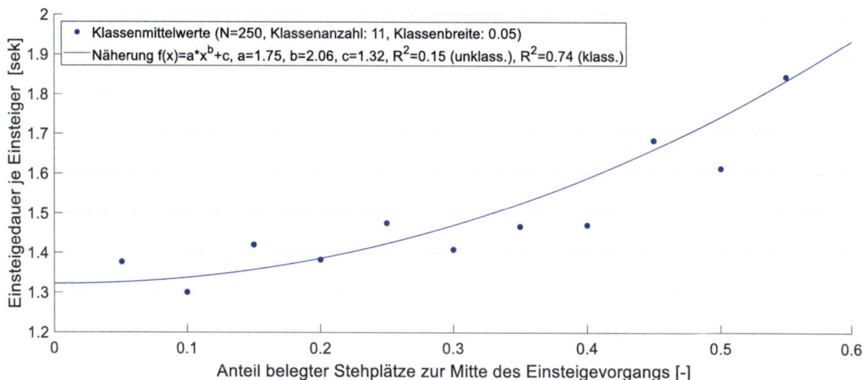

Abbildung 21: **Mittelwert der Einsteigedauer je Einsteiger in Abhängigkeit vom Anteil belegter Stehplätze im Fahrzeug zur Mitte des Einsteigevorgangs (nur Fälle mit stehenden Fahrgästen im Fahrzeug zu Beginn des Einsteigevorgangs; Datenquelle: Verfasser, Cancar 2019 und Glaser 2019; Darstellung: Verfasser)**

Eine Auswirkung der Stehplatzbelegung auf die Standardabweichung der Einsteigedauer konnte mit dem vorliegenden Datenumfang nicht belegt werden (vgl. Hor & Mohd Masirin 2017, S. 4). Auch konnte kein Zusammenhang zwischen der Stehplatzbelegung im Fahrzeug und der Aussteigedauer festgestellt werden. Dieser wäre gerade bei wenigen Aussteigenden und hoher Fahrzeugfüllung zu erwarten, was angesichts der komplexen Vorgänge (z.B. Stehende verlassen kurzzeitig das Fahrzeug um andere aussteigen zu lassen und steigen dann wieder ein) mit der gewählten Erhebungsmethode nicht ausreichend genau erfasst werden kann (vgl. Cornet et al. 2019, S. 6). Rückstaueffekte durch zu hohe Bahnsteigauslastung konnten bei der Erhebung nicht beobachtet werden. Dies lässt sich durch die entsprechende Dimensionierung der Bahnsteigbreite sowie der Abgänge erklären (vgl. Runkel 1973, S. 296; TRB 1999, S. 44; Hänseler et al. 2015, 15ff). Dennoch sind solche Einflüsse gerade bei Inselbahnsteigen oder extrem hohen Bahnsteigfüllungen denkbar (Zschweigert 1982, 108ff).

Weiterhin werden *Interaktionen zwischen aus- und einsteigenden Fahrgästen* als potenzielle Einflussfaktoren der Fahrgastwechseldauer angeführt (Weidmann 1994, S. 251). Hinsichtlich der Wechselwirkungen ist zunächst zu betrachten, ob Aus- und Einstieg nacheinander oder ganz bzw. teilweise zeitgleich ablaufen. Tabelle 4 zeigt, dass der sequenzielle Fahrgastwechsel bei den Erhebungen im Rahmen dieser Arbeit deutlich überwiegt. Ebenfalls wird ersichtlich, dass die Wahrscheinlichkeit für eine Parallelität oder ein Überlappen des Aus- und Einstiegsvorgangs mit zunehmender Türbreite steigt (vgl. Douglas 2012, S. 34). Trotz der geringen Messwertanzahl erscheinen die 1,6 Meter breiten Türen der n-Wagen („Silberlinge") besonders anfällig für parallel ablaufenden Fahrgastwechsel zu sein, was sich mit den separat zu öffnenden Flügeltüren und der baulichen Trennung der Türspuren begründen lässt (vgl. Bauer 1968, S. 328, siehe auch Abbildung 66 auf Seite 202 im Anhang).

	sequenzieller Aus- und Einstieg	ineinander übergehender Aus- und Einstieg	paralleler Aus- und Einstieg	Messwertanzahl
<1,0 m	100,0%	0,0%	0,0%	18
1,3 m	92,2%	6,9%	0,9%	461
1,6 m	62,5%	25,0%	12,5%	8
1,9 m	76,2%	19,0%	4,8%	105
Alle Türbreiten	89,2%	9,1%	1,7%	592

Tabelle 4:   **Art des Fahrgastwechsels bei Vorliegen von Aus- und Einsteigevorgang nach Türbreite (Datenquelle: Verfasser, Cancar 2019 und Glaser 2019; Darstellung: Verfasser)**

Auch bei sequenziellen Fahrgastwechseln ist eine Verzögerung des Ausstiegs durch die vor der Fahrzeugtür wartenden Einsteiger möglich (u.a. Heinz 2003, S. 82; Dell'Asin & Hool 2018). Zur Quantifizierung des Effektes wird das Verhältnis von Ein- und Aussteigeranzahlen vorgeschlagen (u.a. Daamen et al. 2008, S. 72; Seriani et al. 2019). Die im Rahmen dieser Arbeit erhobenen Daten bestätigen einen derartigen Zusammenhang jedoch nur bei umfangreicheren Fahrgastwechseln (siehe Abbildung 65 auf Seite 201 im Anhang). Dieser Befund stützt die These von Weidmann (1994, S. 251), wonach gegensätzliche Ströme bei Fahrgastwechseln mit wenigen beteiligten Fahrgästen sogar eine effizientere Kapazitätsnutzung erlauben können.

Eine gemeinsame Regression der Zusammenhänge bezüglich des Einsteigeraufkommens und der Rückstaueffekte ohne die bisher angenommenen Beschränkungen hinsichtlich der Anzahl stehender Fahrgäste bestätigt die obigen Erkenntnisse und führt zu folgender konsolidierten Gleichung für den Grundwert der mittleren Einsteigedauer je Einsteiger sowie der dazugehörigen Standardabweichung:

$$t_{ES,MW,Grundwert} = 0{,}30\ e^{-0.18\ n_{ES,Tür}} + 1{,}44\ Ant_{Steh,mitte,Tür}^{1{,}24} + 1{,}04 \qquad (1)$$

$$t_{ES,Stabw,Grundwert} = 3{,}13\ e^{-1{,}36\ n_{ES,Tür}} + 0{,}23$$

$t_{ES,MW,Grundwert}$	Grundwert der mittleren Einsteigedauer je Einsteiger [sek]
$n_{ES,Tür}$	Einsteigeranzahl an der betrachteten Tür [Fahrgäste]
$Ant_{Steh,mitte,Tür}$	Stehplatzauslastung an der betr. Tür zur Mitte des Einsteigevorgangs [-]
$t_{ES,Stabw,Grundwert}$	Grundwert der Standardabw. der mittl. Einsteigedauer je Einsteiger [sek]

Für den Aussteigevorgang bleibt es bei den bereits dargestellten Zusammenhängen:

$$t_{AS,MW,Grundwert} = 0{,}18\ e^{-0.10\ n_{AS,Tür}} + 0{,}88 \qquad (2)$$

$$t_{AS,Stabw,Grundwert} = 0{,}55\ e^{-0{,}51\ n_{AS,Tür}} + 0{,}18$$

$t_{AS,MW,Grundwert}$	Grundwert der mittleren Aussteigedauer je Aussteiger [sek]
$n_{AS,Tür}$	Aussteigeranzahl an der betrachteten Tür [Fahrgäste]
$t_{AS,Stabw,Grundwert}$	Grundwert der Standardabw. der mittl. Aussteigedauer je Aussteiger [sek]

Auch mitgeführtes *Reisegepäck* kann die Fahrgastwechselzeit beeinflussen, wobei der Grad des Einflusses von der Gepäckart abhängt (u.a. Westphal 1976, S. 424). Während die Auswirkungen von Rucksäcken oder Umhängetaschen in der Regel vernachlässigbar sind (Holloway et al. 2016, S. 1238; Harris & Ehizele 2019, S. 6), wird für Koffer, Reisetaschen und Trolleys ein zu berücksichtigender Einfluss postuliert (Rüger 2004, S. 122). Bei der folgenden Auswertung wird daher nur Großgepäck, wie Koffer und Reisetaschen, aber im weiteren Sinne auch Kinderwägen, Rollatoren und Fahrräder (Büker et al. 2019, S. 2), berücksichtigt.

Das Gepäckaufkommen hängt wesentlich vom Fahrtzweck ab. Während Berufspendler in der Regel kaum Großgepäck mitführen, ist bei Freizeit- und insbesondere Urlaubsreisen mit hohem Gepäckaufkommen zu rechnen (u.a. Rüger 2004, S. 103). Damit korrespondieren die in Tabelle 5 dargestellten Erhebungsergebnisse, die eine Zunahme außerhalb der Hauptverkehrszeit und mit der typischen Reiseweite nahelegen. An der S-Bahnstation am Stuttgarter Flughafen führten sogar 38% der Fahrgäste ein Gepäckstück mit sich, was die besondere Bedeutung von Reisegepäck für Zubringer zu Fernverkehrsmitteln unterstreicht (Pavlacska 2014; Rüger & Ostermann).

	Stadtbahn	S-Bahn	Regional-verkehr	Fern-verkehr	Alle Messungen
mHVZ	3%	3%	4%	14%	3%
sHVZ	4%	7%	13%	57%	9%
NVZ	8%	11%	18%	38%	13%
Alle Messungen	4%	7%	15%	45%	9%

Tabelle 5: **Fahrgastanteil mit mindestens einem Gepäckstück nach Verkehrsmittel und Verkehrszeit (Datenquelle: Verfasser, Cancar 2019 und Glaser 2019; Darstellung: Verfasser)**

Abhängig vom Gepäckanteil und weiteren Umständen wird aufgrund des erhöhten Kraftaufwands sowie des Platzmehrbedarfs der tragenden Person (Weidmann 1992b, S. 16) eine deutliche Verlängerung der fahrgastspezifischen Fahrgastwechselzeit postuliert (u.a. Harris & Ehizele 2019, S. 7). Weiterhin können verstärkte Rückstaueffekte aufgrund der Zeitbedarfe für die Gepäckunterbringung sowie aufgrund eines erhöhten Aufkommens stehender Fahrgäste durch die Belegung von Sitzplätzen mit Gepäck auftreten (Cis & Rüger 2010, S. 135). Bei der eigenen Auswertung ergab sich ein Zuschlagfaktor zum Grundwert der mittleren fahrgastspezifischen Fahrgastwechselzeit in linearer Abhängigkeit vom Gepäckaufkommen. Die begrenzte Regressionsgüte deutet jedoch auf weitere zu berücksichtigende Einflussfaktoren hin.

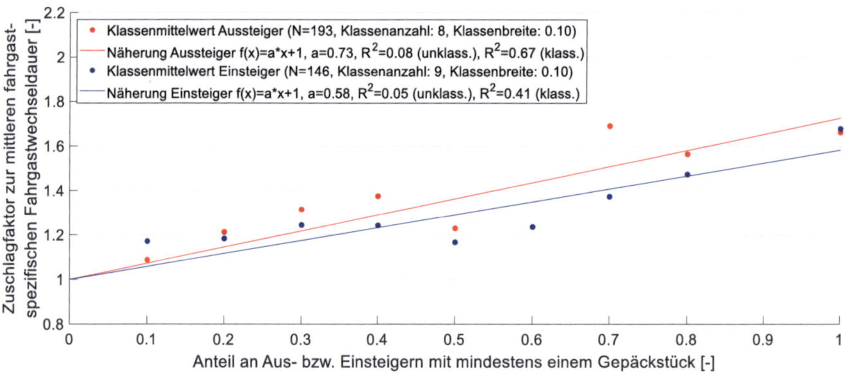

Abbildung 22: **Zuschlagfaktor zum Mittelwert der fahrgastspezifischen Fahrgastwechseldauer in Abhängigkeit vom Gepäckaufkommen (Datenquelle: Verfasser, Cancar 2019 und Glaser 2019; Darstellung: Verfasser)**

Heinz (2003, S. 10) geht bei Gepäckaufkommen zudem von einer Erhöhung der Standardabweichung der Fahrgastwechselzeit aus. Die eigenen Messungen bestätigen dies und legen für den Ein- und Ausstieg eine Zunahme der Standardabweichung um den Faktor 1,5 ab einem Gepäckanteil von 30% nahe.

Weitere Eigenschaften der beteiligten Fahrgäste wie deren *Alter* sowie eventuelle *Mobilitätseinschränkungen* beeinflussen die Gehgeschwindigkeit und damit die fahrgastspezifische Fahrgastwechseldauer (Weidmann 1995b, S. 67), was insbesondere mangels Überholmöglichkeiten zu bedenken ist (Heinz 2003, S. 9). Weiterhin werden das *Warteverhalten* der Einsteiger (Dong et al. 2016, S. 397), die *Erfahrung* der Fahrgäste mit dem Verkehrssystem (Hor & Mohd Masirin 2016, S. 2; Harris & Ehizele 2019, S. 3), die *rechtzeitige Information aussteigender Fahrgäste* über den nächsten Halt (Fiedler 1968, S. 476) sowie die Möglichkeit des *Fahrscheinverkaufs im Zug* (Vuchic 2005, S. 83) als Einflussfaktoren angeführt. Auch das *Wetter* kann die fahrgastspezifische Fahrgastwechseldauer durch zusätzliche Handlungen (Schneeabklopfen, Schirmbedienung) sowie höheren Platzbedarf je Fahrgast durch dickere Winterkleidung (Engelbrecht & Ampenberger 1968, S. 74; Parkinson & Fisher 1996, S. 42) beeinflussen. Derartige Einflüsse sollen aufgrund ihrer Vielschichtigkeit bei der Berechnung jedoch als allgemeine Schwankungen verstanden werden. Das Ein- und Ausladen von Rollstühlen soll auch bei Erfordernis zusätzlicher Bedienhandlungen aufgrund der Singularität unberücksichtigt bleiben (Lehnhoff & Janssen 2003, S. 18).

2.2.3.4 Bahnsteig- und Fahrzeugeigenschaften

Eine vertikale Distanz zwischen Bahnsteig und Fahrzeugbodenhöhe beeinflusst den Fahrgastwechsel. Während die TSI PRM mit Blick auf mobilitätseingeschränkte Reisende Niveaugleichheit bis zu einer Höhendifferenz von 50mm definiert (Europäische Kommission 2014b, 2.3), wird hinsichtlich der Fahrgastwechseldauern erst ab einer Distanz von etwa 200mm von einem Einfluss ausgegangen (Weidmann 1994, S. 240; Rüger & Tuna 2008a, S. 527). Darüber werden meist lineare (Knoflacher & Stephanides 1983, S. 48; Weidmann 1994, S. 255) aber auch quadratische Zusammenhänge (Heinz 2003, S. 123) zwischen Höhendifferenz und Fahrgastwechseldauer unterstellt.

Auch die im Rahmen dieser Arbeit durchgeführten Untersuchungen legen, wie aus Abbildung 23 ersichtlich wird, trotz beschränkter diesbezüglicher Stichprobengröße einen linearen Zusammenhang zwischen der Höhendifferenz und dem Zuschlagfaktor zum Grundwert der mittleren fahrgastspezifischen Fahrgastwechselzeit nahe. Die begrenzte Regressionsgüte deutet auch bei diesem Zusammenhang auf weitere relevante Einflussfaktoren hin. Hierbei ist anzumerken, dass im Gegensatz zu den Betrachtungen in Abschnitt 2.2.3.3 nur Messwerte mit vorhandener Höhendifferenz berücksichtigt wurden. Weitere Einflüsse wie das Stufenverhältnis konnten mit dem Datensatz nicht betrachtet werden.

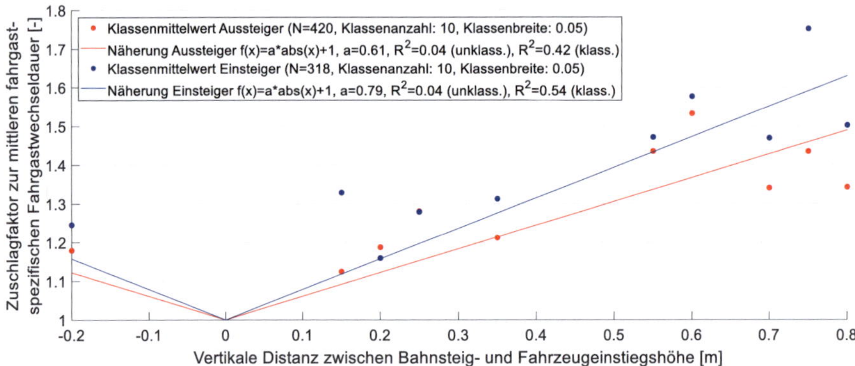

Abbildung 23: **Zuschlagfaktor zum Mittelwert der fahrgastspezifischen Fahrgastwechseldauer in Abhängigkeit von der vertikalen Distanz zwischen Bahnsteig- und Fahrzeugbodenhöhe (Datenquelle: Verfasser, Cancar 2019 und Glaser 2019; Darstellung: Verfasser)**

Darüber hinaus ist davon auszugehen, dass bestehende Gehgeschwindigkeitsdifferenzen z.B. bei älteren Menschen oder Fahrgästen mit Gepäck durch Höhenunterschiede weiter verstärkt werden (Rüger & Schöbel 2005, S. 724; Holloway et al. 2016, S. 1238). Um der damit einhergehenden Erhöhung der Streuung (Rüger 2004, S. 126) Rechnung zu tragen, soll ab einer Höhendifferenz von 150 mm eine Erhöhung der Standardabweichung um den Faktor 1,6 und ab 500 mm um 1,8 angenommen werden (vgl. Tabelle 16 auf Seite 201 im Anhang).

Weiterhin kann der *horizontale Abstand zwischen Bahnsteig und Fahrzeug* die fahrgastspezifischen Fahrgastwechselzeiten durch besondere Vorsicht und eine eventuell erforderliche Anpassung der Schrittweite verlängern (Weidmann 1994, S. 182; Daniel et al. 2009). Eine Erhebung der Spaltbreite war mit der gewählten Methodik nicht möglich und auch eine Modellierung wäre aufgrund des Einflusses der Gleiskrümmung sowie eventueller technischer Einrichtungen zur Spaltüberbrückung äußerst anspruchsvoll (Rowe & Tyler 2012, S. 837). Da eine nennenswerte Horizontaldistanz in der Praxis zudem oft mit einer entsprechenden Vertikaldistanz zusammenfällt, soll vereinfachend auf eine separate Quantifizierung der Spaltbreite verzichtet werden.

Die zur Verfügung stehende *Türbreite* entscheidet darüber, inwiefern ein simultanes Durchschreiten des Türquerschnitts möglich ist und beeinflusst damit ebenfalls die auf eine Tür bezogene fahrgastspezifische Fahrgastwechseldauer.

Zunächst soll betrachtet werden, ab welchem Fahrgastaufkommen das Bestreben nach Abstand zwischen den Fahrgästen zurückgestellt und die zur Verfügung stehende Türbreite tatsächlich genutzt wird (Panzera & Rüger 2018, 74). Hierzu soll an einer 1,9 Meter breiten Tür (entspricht etwa 3 Türspuren) betrachtet werden, welche maximale Türspuranzahl während eines Fahrgastwechsels in Abhängigkeit von der größten strombezogenen Fahrgastanzahl beobachtet werden konnte. Da neben einem vollständig simultanen auch ein zueinander versetztes Durchschreiten des Türquerschnitts mit einer effizienteren Nutzung der Türkapazität einhergeht (Weidmann 1994, S. 175; Seriani et al. 2016c, S. 3), wurde die Türspuranzahl dabei in 0,5er-Schritten erfasst. Abbildung 24 verdeutlicht den Zusammenhang und die denkbare Näherung mittels einer beschränkten Funktion. Damit kann unter Annahme einer Gehspurbreite von 0,65 Metern (vgl. u.a. Bär et al. 2019, S. 42) die bei einem bestimmten Fahrgastaufkommen tatsächlich genutzte Türbreite ermittelt werden.

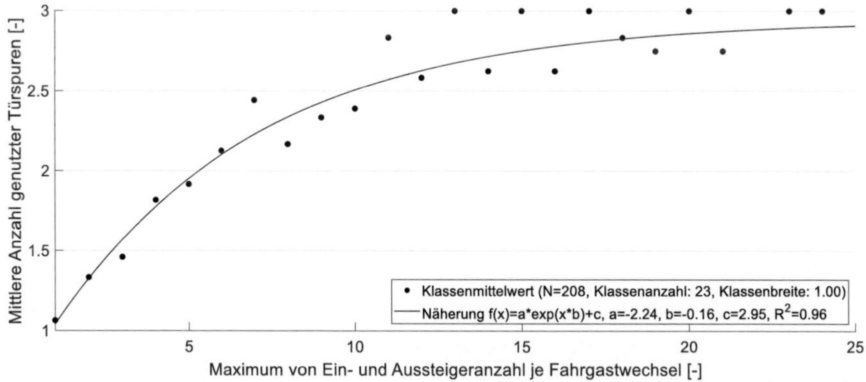

Abbildung 24: **Anzahl genutzter Türspuren an einer 1,9 Meter breiten Tür (Doppelstockwagen mit Hocheinstieg) in Abhängigkeit vom Maximum der jeweils beteiligten Ein- und Aussteigeranzahl (Datenquelle: Verfasser, Cancar 2019 und Glaser 2019; Darstellung: Verfasser)**

Es bestehen bereits zahlreiche Modellansätze zur Berücksichtigung der Türbreite (vgl. u.a. Weidmann 1994; Heinz 2003; Harris & Risan et al. 2014). Aufgrund der vorangegangenen Betrachtung der fahrgaststrombezogenen Zusammenhänge auf Basis einer einheitlichen Türbreite von 1,3 Metern in Abschnitt 2.2.3.3 sollen im Folgenden jedoch lediglich die Auswirkungen einer Abweichung von dieser – bei derzeitigen Schienen-fahrzeugen gängigen – Türbreite unter Berücksichtigung deren tatsächlichen Ausnut-zens beim konkreten Fahrgastaufkommen betrachtet werden. Wenngleich wegen der geringen Türbreitenvielfalt nur wenige Werte zur Verfügung stehen, kann der in Abbil-dung 25 dargestellte Zusammenhang als erste Näherung angenommen werden. Die erhebliche Abweichung bei einer Türbreitendifferenz von 0,2 m erklärt sich durch die bereits erläuterten Spezifika der n-Wagen („Silberlinge"), wobei insbesondere die bau-liche Beschränkung auf exakt zwei Türspuren eine effizientere Nutzung der Türbreite verhindert (siehe Abbildung 66 im Anhang auf Seite 202, vgl. Bauer 1968, S. 328).

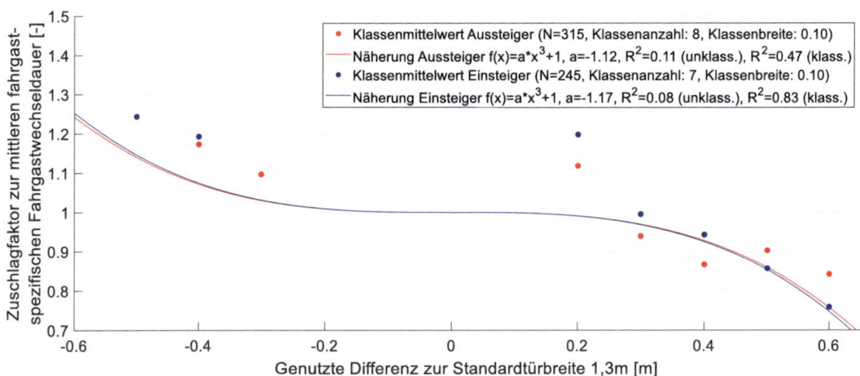

Abbildung 25: Zuschlagfaktor zum Mittelwert der fahrgastspezifischen Fahrgastwechseldauer in Abhän-gigkeit von der im konkreten Fall genutzten Breitendifferenz zur Standardtürbreite von 1,3m (Datenquelle: Verfasser, Cancar 2019 und Glaser 2019; Darstellung: Verfasser)

Bei größeren Türbreiten wird wegen der über den Verlauf des Fahrgastwechsels schwankenden Nutzungseffizienz eine Zunahme der Variabilität der fahrgastspezifi-schen Fahrgastwechselzeiten unterstellt (Weidmann 1994, S. 242). Bei geringeren Türbreiten kann hingegen die mangelnde Überholmöglichkeit als Begründung ange-führt werden. Ab einer 0,2 m geringeren Türbreite kann daher eine Erhöhung der Stan-dardabweichung um den Faktor 1,5 angenommen werden. Bei breiteren Türen ist ab einer Differenz zur Standardtürbreite von 0,2 m eine Erhöhung um Faktor 1,1 beim Aussteigevorgang sowie um 1,3 beim Einsteigevorgang anzunehmen (vgl. Tabelle 17 auf Seite 201 im Anhang).

Weiterhin beeinflusst die *Gestaltung des Fahrzeuginnenraums* die fahrgastspezifischen Fahrgastwechseldauern. So entscheidet die Kapazität der im Türbereich liegenden *Auffangräume* sowie die Breite und Gestaltung der Gangbereiche, inwiefern die türseitig mögliche Leistungsfähigkeit überhaupt genutzt werden kann (u.a. Reimer 1957, 147; Weidmann 1994). Hinsichtlich der *Gänge* ist deren doppelte Funktion als Stehfläche sowie Verbindungsweg und der damit bestehende Zusammenhang zur Verteilung der Fahrgäste im Zug zu berücksichtigen (vgl. Abschnitt 2.2.2.9; Weidmann 1994, S. 108; Rüger & Tuna 2008b, S. 26; Büker et al. 2019, S. 2). Weitere Einflüsse auf die fahrgastspezifischen Fahrgastwechseldauern können aus der *Sitzplatzanordnung* (Rüger & Tuna 2008a, S. 530) sowie den *Möglichkeiten zur Gepäckunterbringung* (Rüger & Ostermann 2015, S. 40) resultieren. Die als *„Drängelräume"* bezeichneten Zwischenräume zwischen Tür und Bestuhlung wirken einer Verengung des Türquerschnitts durch dort stehende Fahrgäste oder abgestelltes Gepäck entgegen (u.a. Bär et al. 2019, S. 43), was insbesondere bei häufig wechselnder Ausstiegsseite oder hohem Anteil an Kurzstreckenfahrgästen von Bedeutung ist (Fiedler 1968, S. 476; Girnau & Blennemann 1970, S. 13). Derartige Einflüsse wurden aufgrund ihrer Komplexität jedoch nicht weiter quantitativ betrachtet.

Um eventuelle Wechselwirkungen zwischen den Einflüssen von Höhendifferenz, Türbreite und Gepäckaufkommen zu berücksichtigen, wurde eine gemeinsame Regressionsanalyse durchgeführt. Diese führt zu den in Gleichungen (9) bis (14) (siehe Seite 202f im Anhang) dargestellten Zuschlagfaktoren zum Grundwert der mittleren fahrgastspezifischen Fahrgastwechselzeit.

2.2.4 Einflussgrößen auf die weiteren Haltezeitbestandteile

Die Einflussgrößen auf die dem Fahrgastwechsel vor- und nachgelagerten Zeitanteile sind überwiegend technisch und regulatorisch geprägt. Zu diesbezüglich bereits bestehenden Forschungsarbeiten sei auf die Literaturanalyse in Abschnitt 2.1 verwiesen. Eigene quantitative Auswertungen für die Zeitanteile auf Türebene erfolgten im Rahmen der in Abschnitt 2.2.3.2 beschriebenen Untersuchungen. Aussagen zu den auf Zugebene anfallenden Zeitanteilen sowie zur Einsatzhäufigkeit bestimmter Verfahren erfordern jedoch eine Betrachtung des gesamten Zugverbandes. Derartige Erhebungen wurden im Rahmen der studentischen Arbeiten von Wernhardt (2018) und Steiner

(2019) mit einer modifizierten Version der Smartphone-App im Schienenpersonennahverkehr durchgeführt (Vorgehen siehe Abbildung 67 auf Seite 203 im Anhang). Mohr (2020) ermittelte mittels einer Videoanalyse auch dementsprechende Daten in geringem Umfang für den Schienenpersonenfernverkehr. Tabelle 6 zeigt die Zeitanteile für zwei beispielhafte Fahrzeuge. Die dabei vorgenommene Differenzierung deutet auf weitere Einflussfaktoren abseits des Fahrzeugtyps. Diese Zusammenhänge sollen in den beiden nachfolgenden Abschnitten diskutiert werden. In Anbetracht der manuellen Messmethode ist zu berücksichtigen, dass die gemessenen Zahlenwerte mitunter im Rahmen der Messgenauigkeit liegen.

Zeitanteil	Fallunterscheidung	Br 430 (S-Bahn Stuttgart, ohne Spaltüberbrückung)			Doppelstockwagen (DB Regio, Abfertigung mit Zugbegleiter)		
		mittlere Zeitdauer [sek]	Standardab-weichung [sek]	N	mittlere Zeitdauer [sek]	Standardab-weichung [sek]	N
Türfreigabedauer	-	1,4	0,4	37	*nicht erhoben*		
Öffnungs-impulsdauer	dezentrale Türöffnung, Aussteiger vorhanden	0,6	0,8	337	1,1	2,3	309
	dezentrale Türöffnung, nur Einsteiger	0,8	1,1	69	2,1	2,2	91
Türöffnungsdauer	Aussteiger vorhanden	1,3	0,7	337	1,7	0,8	309
	nur Einsteiger	1,8	1,0	69	2,1	3,4	91
Aussteigedauer	-	*siehe Abschnitt 2.2.3*					
Zwischendauer	-	0,4	0,4	340	0,5	0,9	342
Einsteigedauer	-	*siehe Abschnitt 2.2.3*					
Türleerlaufdauer	-	*keine Messung möglich*					
Türschließdauer	zentrale Türschließung	8,9	2,6	33	*nicht erhoben*		
	dezentrale Türschließung	11,1	3,1	20	12,6	1,3	63
Abfertigungsdauer	zentrale Türschließung	5,9	2,1	49	*nicht erhoben*		
	dezentrale Türschließung	5,0	1,7	22	13,1	7,4	71

Tabelle 6: **Gemessene Zeitdauern der Haltezeitanteile für zwei exemplarische Fahrzeugtypen (Datenquelle: Verfasser, Steiner 2019, Cancar 2019, Glaser 2019; Darstellung: Verfasser)**

2.2.4.1 Dauer der Türöffnungsprozesse sowie Zwischendauer

Die *Dauer bis zur Türfreigabe* ist bei modernen Fahrzeugen in der Regel ein technischer Zeitbedarf mit entsprechend geringer Varianz in der Größenordnung von einer bis drei Sekunden (Douglas 2012, S. 49; Longo & Medeossi 2012, 467; Janicki et al. 2020, S. 536). Dies konnte im Rahmen der Erhebung bestätigt werden.

Die anschließende *Dauer bis zum Zeitpunkt des Türöffnungsimpulses* ist im Wesentlichen vom eingesetzten Türöffnungsverfahren abhängig. Bei zentraler Türöffnung sowie bei einer Einspeicherung des Türöffnungswunsches ist sie vernachlässigbar gering. Andernfalls muss erst eine fahrgastseitige Bedienung des Türöffnungstasters erfolgen. Da Aussteiger meist an der Tür den Ausstieg erwarten, ist der hierfür anfallende

Zeitbedarf beim Auftreten von Aussteigern geringer. Einsteiger müssen hingegen zunächst zur Fahrzeugtür laufen, was insbesondere bei größeren Türabständen ins Gewicht fällt (siehe Tabelle 6 im Vergleich zwischen BR 430 und Doppelstockwagen; Buchmüller et al. 2008, S. 110). Wie Tabelle 7 veranschaulicht, wird das zeitsparende zentrale Öffnungsverfahren besonders dann gewählt, wenn ein Bestreben zur Haltezeitverkürzung angenommen werden kann (hohes erwartetes Fahrgastaufkommen, Verspätung).

Verkehrs-zeit	Ankunftsverspätung	zentrale Türöffnung	dezentrale Türöffnung	Messwert-anzahl
NVZ	>= 2 Minuten	43%	57%	42
	< 2 Minuten	18%	82%	38
	Gesamt	31%	69%	80
sHVZ	>= 2 Minuten	74%	26%	47
	< 2 Minuten	53%	47%	19
	Gesamt	68%	32%	66
Gesamt		48%	52%	146

Tabelle 7:   **Verwendung der Türöffnungsverfahren auf der Stammstrecke der S-Bahn Stuttgart nach Verkehrszeit und Verspätung (nur Fälle mit zweifelsfrei erkanntem Verfahren; Datenquelle: Steiner 2019; Darstellung: Verfasser)**

Die Türlaufzeiten hängen von der Türflügelbreite sowie der Türbauform ab (Weidmann 1994, S. 143; Coxon et al. 2010, S. 3). Der Vergleich der beiden Fahrzeugtypen[2] in Tabelle 6 zeigt jedoch, dass die *Türöffnungsdauer* auch davon abhängt, ob Aussteiger auftreten. Die Länge der *Zwischendauer* hängt neben der Möglichkeit eines (teilweise) parallelen Ablaufs der Prozesse (vgl. Abschnitt 2.2.3.3) auch vom Verhältnis der Ein- und Aussteigeranzahl ab (Seriani et al. 2017).

2.2.4.2 Dauer der Türschließung und Abfertigung

Die *Türschließdauer* ist, wie aus Tabelle 6 ersichtlich, neben der Türlaufzeit wesentlich vom gewählten Türschließverfahren abhängig. Während beim dezentralen Türschließen nach Durchtritt des letzten Fahrgastes die Mindestoffenzeit (bei BR 430 ca. fünf Sekunden, vgl. Janicki et al. 2020, S. 533) vollständig ablaufen muss bevor sich die Tür schließen kann, fällt beim zentralen Schließen lediglich die Reaktionszeit des Triebfahrzeugpersonals an (ca. zwei Sekunden). Tabelle 8 zeigt, dass die Wahl des

---

[2] Türbreite BR 430: 1,3 m; Türbreite Doppelstockwagen: 1,9 m

Türschließverfahrens vom allgemeinen Verkehrsaufkommen und insbesondere dem Aufkommen an Nachzüglern abhängig ist.

Verkehrs-zeit	Nachzügler-aufkommen	zentrale Türschließung	dezentrale Türschließung	beide Verfahren aufeinanderfolgend	Messwert-anzahl
NVZ	Ja	67%	24%	10%	21
	Nein	57%	43%	0%	35
	Gesamt	61%	36%	4%	56
sHVZ	Ja	93%	0%	7%	15
	Nein	85%	13%	3%	39
	Gesamt	87%	9%	4%	54
Gesamt		74%	23%	4%	110

Tabelle 8: **Verwendung der Türschließverfahren auf der Stammstrecke der S-Bahn Stuttgart nach Verkehrszeit und Auftreten von Nachzüglern während des Halts (nur Fälle mit zweifelsfrei erkanntem Verfahren; Datenquelle: Steiner 2019; Darstellung: Verfasser)**

Dies begründet sich in der höheren Anfälligkeit der dezentralen Türschließung für Verlängerungen durch kurzfristig eintreffende Einsteiger (vgl. Abschnitt 2.1.1; TRB 1999, S. 44). Wird eine dementsprechende Problematik erst nach der Wahl des dezentralen Türschließverfahrens erkannt, kann ein nachträglicher Wechsel zum zentralen Verfahren erfolgen. Für die Verzögerung durch Nachzügler ist auch die Wartebereitschaft des Triebfahrzeugpersonals relevant (Engelbrecht 1975, S. 305; Coxon et al. 2010).

Die *Abfertigungsdauer* hängt hauptsächlich vom gewählten Abfertigungsverfahren ab. Bei gemäßigtem Nachzügleraufkommen weisen die technikbasierten Abfertigungsverfahren aufgrund des signifikant geringeren Prozessumfangs kürzere Abfertigungsdauern auf (Engelbrecht & Ampenberger 1968, S. 72; Harris 2015, S. 3).

3 Stand der Forschung bezüglich der Modellierung von Fahrgastwechsel- und Haltezeiten

Die Modellierung von Fahrgastwechsel- und Haltezeiten war bereits Gegenstand verschiedener wissenschaftlicher Betrachtungen. Dieses Kapitel soll den diesbezüglichen Forschungsstand zusammenfassen. Zunächst wird dazu auf mögliche Kategorisierungen der bestehenden Ansätze eingegangen und anschließend werden bestehende Modelle gegliedert nach der Art der Modellierung näher beschrieben. Darauf basierend wird im letzten Abschnitt der aus Sicht des Autors bestehende Forschungsbedarf begründet.

3.1 Kategorisierung bestehender Ansätze

Die zahlreichen Einflussfaktoren des Haltezeitbedarfs sowie deren erhebliche Wechselwirkungen ermöglichen verschiedenartige Herangehensweisen an die Haltezeitmodellierung (vgl. Zhang et al. 2008, S. 636). So konnten im Rahmen der Literaturrecherche insgesamt 81 publizierte Modelle zur Prognose des Haltezeitbedarfs im Bereich des spurgeführten Verkehrs ermittelt werden[3]. Tabelle 19–Tabelle 23 (siehe ab Seite 205 im Anhang) enthalten weitere Informationen zu diesen Ansätzen.

Zur Kategorisierung der bestehenden Modelle kann zunächst die Art der Modellierung betrachtet werden. Hier lassen sich vorrangig analytische Ansätze (z.B. regressiv kalibrierte Parametergleichungen) von Personenstromsimulationsverfahren unterscheiden (Chu et al. 2015, S. 1; Cornet et al. 2019, S. 5). Weiterhin lassen sich rein deterministische Ansätze, die sich auf die Prognose von Mittelwerten ohne Aussagen zur Variabilität beschränken, von stochastischen Ansätzen unterscheiden, die auch Aussagen zur Variabilität treffen (Weidmann 1994, S. 52; Heinz 2003, S. 123). Ebenso ist eine Differenzierung anhand der verwendeten Eingangsgrößen denkbar (Cornet et al.

---

[3] Es ist anzunehmen, dass darüber hinaus weitere nicht wissenschaftlich publizierte Modelle (z.B. in Verkehrsunternehmen) bestehen. Weiterhin liegen zahlreiche Ansätze für Anwendungsbereiche außerhalb des spurgeführten Verkehrs vor. Hierbei sind insbesondere Haltezeitmodelle für den Busverkehr zu nennen, wie u.a. Meng & Qu (2013); Pretty & Russel (1988); Aashtiani & Iravani (2002); Jaiswal et al. (2009); Rajbhandari et al. (2003); Fernández, Zegers, Weber & Tyler (2010); Tirachini (2013); Li et al. (2006). Unter Berücksichtigung des Betrachtungsbereiches der Arbeit soll auf diese im Folgenden jedoch nicht näher eingegangen werden.

2019, S. 4), wobei sich hinsichtlich der Praktikabilität eines Modells beispielsweise die Frage stellt, ob in situ gemessene Haltezeitdaten als direkte Modelleingangsgröße genutzt werden (vgl. Ullrich et al. 2020a, S. 59). Anhand dieser Faktoren sollen die bestehenden Modelle nachfolgend charakterisiert werden. Dabei wird zunächst auf analytische Ansätze eingegangen, wobei eine Differenzierung nach dem Treffen von Variabilitätsaussagen erfolgt. Anschließend soll auf Fußgängersimulationsmodelle eingegangen werden, wobei durch wiederholte Ausführung in der Regel Aussagen zur Variabilität realisierbar sind. Zuletzt soll auf Ansätze eingegangen werden, die in situ gemessene Haltezeiten der Prognose zugrunde legen. Darüber hinaus könnte auch die Betrachtungsebene der Modellierung (Türebene/Zugebene, vgl. Zhang et al. 2008, S. 636) oder die Berücksichtigung der Dynamik der zugrunde liegenden Zusammenhänge (vgl. Weidmann 1994, S. 50; Douglas 2012, S. 25) zur Unterscheidung herangezogen werden.

3.2 Analytische Ansätze

Die Mehrzahl der bestehenden Modellansätze schätzt den Fahrgastwechsel- bzw. Haltezeitbedarf durch mathematische Beschreibung der Zeitkomponenten in Abhängigkeit von verschiedenen Eingangsgrößen (vgl. Tabelle 18 sowie Abbildung 68 auf Seite 204 im Anhang). Bei der folgenden Darstellung soll danach differenziert werden, ob Aussagen zur Variabilität getroffen werden.

3.2.1 Ohne Aussagen zur Variabilität

Bei der Mehrzahl der analytischen Haltezeitmodelle ohne Aussage zur Variabilität handelt es sich um regressiv ermittelte Zusammenhänge, die beispielsweise auf Basis des Fahrgastaufkommens eine Abschätzung des Erwartungswertes der Fahrgastwechsel- beziehungsweise Haltezeit an einer Station ermöglichen. Dabei ist zu unterscheiden, ob eine einzelne Fahrzeugtür oder der gesamte Zugverband betrachtet wird.

Reimer (1957) sowie später Engelbrecht & Ampenberger (1968) beschreiben die Abhängigkeit *der Aussteigedauer* unter anderem von der Aussteigeranzahl, dem Höhenunterschied zwischen Zug und Bahnsteig sowie der Fahrzeugfüllung. Bauer (1968), Wirasinghe & Szplett (1984), Parkinson & Fisher (1996), Lehnhoff & Janssen (2003), Vuchic (2005) sowie Christoforou et al. (2017) hingegen schlagen funktionale Beschreibungen der *gesamten Fahrgastwechselzeit vor,* wobei die *ungleichmäßige Ver-*

teilung der Fahrgäste auf die Fahrzeugtüren meist durch Zuschlagfaktoren berücksichtigt wird. Bei den von Zhuge et al. (2009) sowie Fernández et al. (2008) vorgeschlagenen Ansätzen sind türspezifische Ein- und Aussteigerzahlen durch den Nutzer des Modells vorzugeben.

Die diesbezüglich von Girnau & Blennemann (1970), Kraft & Bergen (1974), Westphal (1976), Jong & Chang (2011), Harris & Graham et al. (2014) sowie Gysin (2018) ermittelten, regressiven Zusammenhänge beziehen sich dagegen auf die *Fahrgastwechselzeit an einer einzelnen beziehungsweise an der maßgebenden Fahrzeugtür*. Selbiges gilt für Leiner (1983) sowie Knoflacher & Stephanides (1983), wobei diese nicht zwischen Ein- und Aussteigern unterscheiden.

Koffman et al. (1984) berücksichtigen speziell die Auswirkungen verschiedener Arten der *Fahrpreiserhebung beim Einstieg*, wohingegen der Ansatz von Dong et al. (2016) besonders die *Degression der fahrgastspezifischen Einsteigedauer* mit zunehmendem Einsteigeraufkommen in den Fokus stellt. Das Modell von Lee et al. (2018) betrachtet die Wechselwirkungen zwischen den Fahrgästen auf dem Bahnsteig.

Als Teil eines Betriebsmodells für die Londoner U-Bahn (vgl. Weston & McKenna 1990) entwickelte Weston (1989) ein Modell zur Haltezeitprognose, wobei eine ungleichmäßige Fahrgastverteilung auf die Türen durch einen Zuschlagsfaktor berücksichtigt wird. Der Ansatz wurde von Harris & Anderson (2007) erfolgreich an internationalen U-Bahnlinien validiert und verschiedenartig weiterentwickelt (vgl. u.a. Rosser 2000; Berbey et al. 2012).

Lin & Wilson (1992) sowie Puong (2000) betrachten die Fahrgastwechselzeit bei Metrolinien in Boston und gehen dabei besonders auf den *Einfluss im Fahrzeug stehender Fahrgäste* ein. Der Fahrzeugbesetzung wird auch in den Modellansätzen von Kim, J. et al. (2015), Suazo-Vecino et al. (2017) und Hor & Mohd Masirin (2017) große Bedeutung zugemessen.

Rüger (2004) schlägt im Kontext der *Betrachtung des Gepäckaufkommens* im Schienenverkehr ein entsprechendes Fahrgastwechselzeitmodell vor, das darüber hinaus auch den Höhenunterschied zwischen Zug und Bahnsteig berücksichtigt. Weiterentwicklungen des Ansatzes finden sich bei Rüger & Schöbel (2005) sowie Tuna (2008).

Beim Modell von Jiang et al. (2015) wird die Haltezeit basierend auf dem in Abhängigkeit von der Verspätung ermittelten Fahrgastaufkommen für die Verwendung in *Betriebssimulationen* (Jiang et al. 2012) bestimmt. Auch der Ansatz von Adachi et al. (2019) dient der Betrachtung der Betriebsqualität, während die Modelle von Kecman & Goverde (2015) für einen Einsatz bei der *Disposition* vorgesehen sind. Die Modelle von Wardrop et al. (2006) sowie Douglas (2012) hingegen zielen auf eine Berücksichtigung der Haltezeiten bei Kapazitätsbetrachtungen. Der Ansatz von Büker et al. (2019) ermöglicht diesbezüglich eine Betrachtung der langfristigen Entwicklungen des Haltezeitbedarfs in einem Netz. Das von Kim, K. et al. (2015) entwickelte Modell beschränkt sich auf Aussagen zur Mindesthaltezeit.

3.2.2 Mit Aussagen zur Variabilität

Rüger (1978) schätzt den Erwartungswert der Haltezeit an einer Station unter anderem auf Basis des Anteils der dort ein- und aussteigenden Fahrgäste an der Zugkapazität. Es folgt eine regressive *Bestimmung der Standardabweichung* sowie mittels Betrachtung des Variationskoeffizienten die Auswahl einer geeigneten Verteilungsfunktion. Darauf aufbauend beschreibt Dirmeier (1978) detailliertere Verteilungsfunktionen für die Teilprozesse bei Halten im S-Bahnverkehr. Auch Berg (1981) schätzt regressiv die mittlere Fahrgastwechseldauer einer Einzeltür, nimmt jedoch eine einheitliche Standardabweichung an.

Campion et al. (1985; vgl. Breusegem et al. 1991; Fernández et al. 2006) schätzen die Haltezeit bei Metrolinien auf Basis des mindestens erforderlichen Zeitbedarfs und eines gaußverteilten Zuschlags entsprechend der situativen Zugfolgezeit seit der letzten Abfahrt. Auch Longo & Medeossi (2012, 2013) beschreiben die Haltezeitverteilung durch *Addition deterministischer und stochastischer Zeitbestandteile* auf Basis von Blockbelegungszeiten. Einen vergleichbaren Ansatz nutzen auch Lademann (2004) und Cornet et al. (2019). Buchmüller et al. (2008) unterteilen den Haltevorgang in fünf Teilprozesse, für deren Zeitdauern jeweils Erwartungswerte sowie Verteilungsfunktionen aus in großem Umfang fahrzeugseitig erhobenen Datensätzen geschätzt werden.

Weidmann (1992a, 1994, 1995a, 1995b) ermittelt zunächst eine spezifische Leistungsfähigkeit je Fahrzeugtür in Abhängigkeit vom türspezifischen Fahrgastaufkommen und Aussteigeranteil sowie von geometrischen Eigenschaften wie Höhendifferenz, Türbreite und -abstand. Anschließend werden die Türleistungsfähigkeiten unter Berücksichtigung beschränkender Faktoren wie unter anderem der Ganzzahligkeit, der Stehplatzauslastung sowie der ungleichmäßigen Verteilung der Fahrgäste auf die Türen zusammengefasst. Abschließend werden Verteilungsfunktionen vorgeschlagen, um neben Erwartungswerten auch eine Beschreibung der Variabilität zu ermöglichen. Darüber hinaus werden auch Ansätze zur Abschätzung des Fahrgastaufkommens einer Linie sowie der Verteilung der Fahrgäste auf die Fahrzeugtüren vorgeschlagen.

Heinz (2003) entwickelt mehrere Modelle zur Haltezeitprognose. Bei einem der Ansätze handelt es sich um eine Regressionsgleichung zur deterministischen Schätzung der Fahrgastwechselzeit an der meistbelasteten Tür in Abhängigkeit vom Höhenunterschied, von der Türbreite sowie vom Gepäckaufkommen. Für die Schätzung der Fahrgastverteilung auf die Fahrzeugtüren wird vergleichbar zu Weidmann ein separater Algorithmus vorgeschlagenen. Unter Annahme einer logarithmischen Normalverteilung für die fahrgastspezifischen Fahrgastwechselzeiten wird auf Basis derselben Parameter auch ein stochastischer Ansatz postuliert.

Kunimatsu et al. (2012) sowie auch D'Acierno et al. (2012; 2013; 2016; 2017) greifen zur dynamischen Ermittlung des Fahrgastaufkommens auf *Verkehrsmodelle* der betrachteten Liniennetze zurück. Beide Modelle nutzen zudem Ansätze zur Verteilung der Fahrgäste auf die Türen sowie regressive Zusammenhänge zur Bestimmung der Fahrgastwechselzeiten. Durch Einbindung von Betriebssimulationen können damit auch dynamische Verkehrssituationen (z.B. großräumige Störungen) abgebildet werden. Lam et al. (1998) hingegen nutzen eine Monte-Carlo-Simulation.

Wenngleich der *bedienungstheoretische Modellansatz* von Kraft (1975) die Fahrgastwechselzeit im Busverkehr beschreibt, soll er aufgrund der Parallelen zum in dieser Arbeit entwickelten Modell ebenfalls erwähnt werden. Dabei wird der Fahrgastwechsel als Wartesystem mit einer Bedienstelle beschrieben, wobei ein Ankunftsprozess sowie eine Einsteigeprozess mit erlangverteilten Bedienzeiten zu unterscheiden ist. Auch Zhang et al. (2009, 2010) sowie Fernández (2010) nutzen in ihren Ansätzen bedienungstheoretische Zusammenhänge.

3.3 Personenstromsimulative Ansätze

Fußgängersimulationsmodellen kommt im Kontext der Haltezeitbetrachtung eine hohe Bedeutung bei der Ableitung von Optimierungspotenzialen beispielsweise hinsichtlich der Fahrzeug- bzw. Bahnsteiggestaltung oder den Interaktionen zwischen den Fahrgästen zu. Durch Ermittlung der Zeitdauer für den gesamten Ein- und Ausstieg innerhalb der Simulationen sind auch Aussagen zur Fahrgastwechselzeit möglich.

Mehrheitlich kommen dabei *mikroskopische, agentenbasierte Simulationsmodelle* zum Einsatz. Die Verteilung der Fahrgäste auf die Bahnsteiglänge ist dabei entweder vom Nutzer vorzugeben (Stucki 2003; Stucki & Schmid 2004; Böhler & Bürgi 2014), wird zufällig generiert (Sourd et al. 2011; Yu, J. et al. 2019) oder beispielsweise angesichts der Gegebenheiten an der Start- sowie Zielstation oder der Bahnsteigauslastung auf Basis stochastischer Präferenzen für jeden Agenten separat ermittelt (Coxon et al. 2013; Yamamura et al. 2013; Coxon et al. 2015; Kamizuru et al. 2015; Perkins et al. 2015). Weiterhin unterscheiden sich die Ansätze im Detaillierungsgrad der Modellierung im Fahrzeuginneren. Seriani & Fernández (2015) sowie Rudloff et al. (2011) betrachten die Auswirkungen der Gestaltung des Einstiegsraums beziehungsweise der Türbreite auf die Haltezeit mittels einer agentenbasierten Simulation an einer einzelnen Fahrzeugtür. Auch Heinz (2003) entwickelt einen agentenbasierten Ansatz für die Betrachtung einer Tür. Der Ansatz von Daamen (2002, 2004) enthält neben der Betrachtung der Situation auf dem Bahnsteig mittels eines agentenbasierten Ansatzes auch eine Modellierung der Situation in der gesamten Verkehrsstation, wobei auf eine makroskopische Abbildung mittels Walkways zurückgegriffen wird.

Neben agentenbasierten Ansätzen werden auch auf *zellulären Automaten* basierende Personenstrommodelle zur Betrachtung des Fahrgastwechsels genutzt. Hierbei seien die Modelle von Baee et al. (2012) sowie Zhang et al. (2008) genannt.

3.4 Ist-Datengetriebene Ansätze

Weitere Ansätze prognostizieren überwiegend auf Basis von Haltezeitdaten zurückliegender Betriebstage oder Zugfahrten die situativ zu erwartenden Zeitbedarfe. So schlagen Voigt (1975) sowie TRB (1999) Zusammenhänge vor, um mittels weniger Messwerte eine Aussage zur Verteilungsfunktion der Haltezeit beziehungsweise einer auskömmlichen Haltezeitannahme an einer Station zu ermöglichen.

Beim Ansatz von Martínez et al. (2007) erfolgt die Modellierung der Haltezeitverteilung an einer Station auf Basis von zuvor an der Station gemessenen und hinsichtlich der Betriebssituation gefilterten Werte. Kecman & Goverde (2015) nutzen aus Blockbelegungszeiten ermittelte Haltezeiten, wobei hinsichtlich der Zugnummer sowie des Verspätungsniveaus differenziert wird. Li et al. (2014; 2016; 2018) schlagen ein Modell zur Echtzeitschätzung der für eine konkrete Zugfahrt an einer Station zu erwartenden Haltezeit vor, wobei unter anderem auf Haltezeiten an den zurückliegenden Stationen sowie die Zuglänge zurückgegriffen wird.

Auch Ansätze unter Verwendung maschineller Lernalgorithmen sollen diesbezüglich subsummiert werden. Hierbei sind die Modelle von Chu et al. (2015) sowie Jiang et al. (2018) zu nennen.

3.5 Resultierender Forschungsbedarf angesichts bestehender Modellansätze

Im Folgenden soll darauf eingegangen werden, welcher Forschungsbedarf sich mit Blick auf die in der Forschungsfrage dieser Arbeit definierten Anforderungen (siehe Abschnitt 1.4) anhand der bestehenden Ansätze ergibt.

Wie aus Tabelle 18 (siehe Seite 204 im Anhang) ersichtlich, beschränkt sich die Mehrzahl der bestehenden Ansätze auf eine Mittelwertprognose und ermöglicht *keine Aussagen zur Variabilität der Haltezeiten* (vgl. Longo & Medeossi 2012, 463). Dies ist aufgrund der erheblichen Schwankungen der Werte in der Praxis kritisch einzuschätzen.

Abbildung 26 verdeutlicht, dass sich viele der bestehenden Ansätze andererseits auf wenige Eingangsgrößen beschränken. Dies ist hinsichtlich der Praktikabilität zwar vorteilhaft, schränkt jedoch die Generalität der Modelle deutlich ein, wenn keine entsprechende modellinterne Berücksichtigung der Einflussgrößen erfolgt (Lewis & Belanger 2015; Gysin 2018, S. 3). So ist gerade bei ausschließlich auf einfachen, regressiv ermittelten Zusammenhängen basierenden Ansätzen eine hohe Spezialisierung auf konkrete Einsatzbereiche (teils sogar auf eine konkrete Station) erkennbar, was im Fall einer Übertragung auf einen anderen Anwendungsbereich mindestens eine erneute Kalibrierung erforderlich macht (vgl. D'Acierno et al. 2017, S. 74).

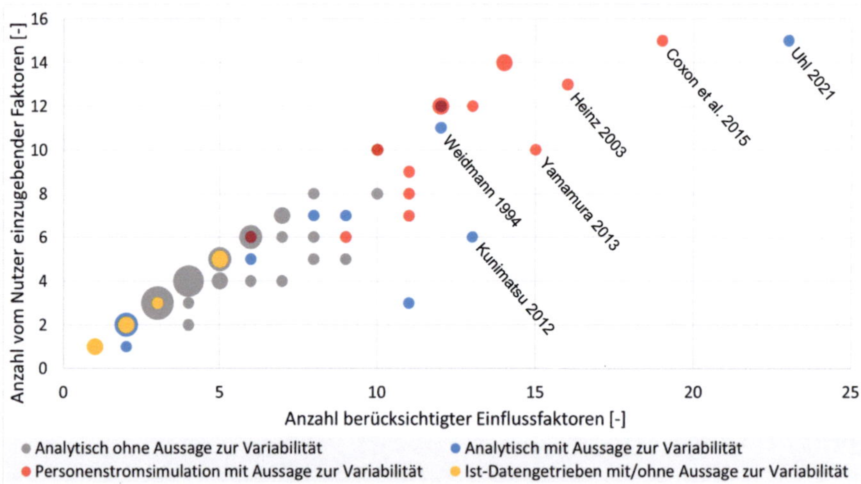

Abbildung 26: **Bestehende Modellansätze nach Anzahl der einzugebenden sowie der insgesamt (auch modellimmanent) berücksichtigten Einflussfaktoren (Quelle: Verfasser)**

Ansätze wiederum, die eine große Anzahl an Eingangsgrößen berücksichtigen und daher eine höhere Übertragbarkeit erwarten lassen, erfordern häufig Eingangsgrößen, die praktisch nicht oder nur mit erheblichem Aufwand verfügbar sind (vgl. Abschnitt 4.2.1, siehe auch Abbildung 28 auf Seite 87). Diesbezüglich sei besonders das Erfordernis von Angaben zur Verteilung der Fahrgäste auf die Fahrzeugtüren, Fahrzeugauslastungen sowie in situ gemessener Haltezeitdaten genannt.

Manche Ansätze bieten hingegen keinen geschlossen zusammenhängenden Algorithmus. Dies ist für die Handhabbarkeit insbesondere dann problematisch, wenn die vorzunehmenden Zwischenschritte vertiefte Kenntnisse erfordern. Auch lange Berechnungsdauern oder mangelnde Reproduzierbarkeit, wie beispielsweise bei Personenstrommodellen (vgl. Weidmann 1994, S. 52), stehen einem effizienten Modelleinsatz in den beschriebenen Anwendungsfeldern ganz (z.B. Disposition) oder teilweise (z.B. Fahrplanerstellung, Eisenbahnbetriebswissenschaftliche Untersuchung) entgegen.

Zuletzt werden bei vielen Modellen Vereinfachungen angenommen, die je nach Anwendungsgebiet kritisch zu beurteilen sind. So vernachlässigen sämtliche Ansätze beispielsweise die durch kurzfristig eintreffende Fahrgäste verursachten Verzögerungen des Türschließ- und Abfertigungsprozesses. Weiterhin berücksichtigen nur wenige Modelle die Zusammenhänge zwischen den Stationen.

Die beschriebenen Limitationen der bestehenden Ansätze verdeutlichen, dass sich der weitere Forschungsbedarf hinsichtlich eines Haltezeitprognosemodells im Wesentlichen auf das simultane Erfüllen der praxisrelevanten Anforderungen an dessen Modellierungsergebnis, Modellierungsanforderungen sowie Übertragbarkeit bezieht. Ein entsprechender Ansatz sollte demnach trotz breitem Anwendungsgebiet zugleich verhältnismäßig leicht anwendbar sein und mit überschaubarem Aufwand hinreichend gute Ergebnisse auch zur Haltzeitvariabilität in vertretbarer Zeit ermöglichen. Auf dieser Grundlage sollen im folgenden Kapitel die detaillierten Anforderungen an das zu entwickelnde Modell spezifiziert werden.

4 Anforderungen an eine linienbezogene Modellierung der reinen Haltezeit im spurgeführten Verkehr

Nachfolgend soll das in dieser Arbeit zu entwickelnde Haltezeitprognosemodell näher spezifiziert werden. Hierzu wird zunächst auf die an das Modell zu stellenden Anforderungen näher eingegangen. Anschließend sollen die Rahmenbedingungen bezüglich der Eingabe- und Ausgabegrößen beschrieben und das so spezifizierte Modell gegenüber den bestehenden Modellansätzen (vgl. Kapitel 1) abgegrenzt werden.

4.1 Anforderungsspezifikation des Modells

Unter Bezugnahme zur Forschungsfrage (siehe Abschnitt 1.4) sollen im Folgenden die konkreten Anforderungen an das zu entwickelnde Haltezeitmodell spezifiziert werden. Die Forschungsfrage macht dabei deutlich, dass die *reine Haltezeit* (vgl. Abschnitt 1.1) Gegenstand der Modellierung sein soll. Folglich soll das Modell entsprechend der Anforderungen der angedachten Kernanwendungsbereiche (Fahrplanerstellung, Eisenbahnbetriebswissenschaftliche Untersuchungen und Betriebssteuerung, vgl. Abschnitt 1.3) den für den Fahrgastwechsel sowie die damit in Verbindung stehenden vor- und nachgelagerten Prozessschritte erforderlichen Zeitbedarf prognostizieren und damit einen signifikanten Mehrwert gegenüber in situ gemessenen Haltezeiten bieten.

Um der teils erheblichen Variabilität der reinen Haltezeit und den damit verbundenen Anforderungen (vgl. Lademann 2004, S. 5) gerecht zu werden, soll *die Verteilungsfunktion der reinen Haltezeit* (anstatt einzelner Quantilswerte) modelliert werden. Die Anforderungen an die Genauigkeit sollen entsprechend des bei der Fahrplanerstellung verwendeten Detaillierungsgrades von Zehntelminuten auf einen *mittleren Absolutfehler des 50%-Quantils von 3 Sekunden* begrenzt werden.

Um die geforderte *Übertragbarkeit des Modells* innerhalb des definierten Betrachtungsbereichs zu erfüllen, ist eine entsprechend hohe Sensitivität bezüglich der haltezeitrelevanten Einflussfaktoren (vgl. Abschnitt 2.2) zu stellen. Weiterhin soll eine Modellierung der Haltezeiten im Linienzusammenhang und damit eine *Berücksichtigung der Wechselwirkungen zwischen den Stationen* erfolgen. Beide Anforderungen legen einen *generischen Modellansatz* nahe.

Soll das Modell in für die Trassenzuweisung relevanten Bereichen (z.B. Fahrplaner-stellung oder Eisenbahnbetriebswissenschaftlichen Untersuchungen) eingesetzt wer-den können, ist darüber hinaus eine *hinreichende Bestandskraft gegenüber regulato-rischen Überprüfungen* zu fordern. Neben den durch entsprechende Validierung si-cherzustellenden Genauigkeitsforderungen sind in diesem Kontext auch eine objektive Modellgrundlage sowie eine Reproduzierbarkeit der Modellergebnisse zu fordern. Diesbezüglich ist ein generischer Modellansatz ebenfalls als vorteilhaft anzusehen.

Um eine Verwendung des Modells in der betrieblichen Praxis zu ermöglichen, sind *hohe Anforderungen an die Verfügbarkeit der erforderlichen Eingangsgrößen* zu stel-len. Tabelle 9 kategorisiert bei bestehenden Haltezeitmodellen typischerweise verwen-dete Eingangsgrößen hinsichtlich deren Bestimm- und Verfügbarkeit auf Basis der Ein-schätzung des Verfassers. Angesichts der skizzierten Anwendungsbereiche soll hier vorrangig die Perspektive eines Infrastrukturbetreibers eingenommen werden, wobei die Aussagen weitgehend auf Verkehrsunternehmen übertragbar sind.

Als vergleichsweise niederschwellig bestimmbar sollen hierbei sämtliche Eingangsgrö-ßen bezüglich der Fahrzeug- und Bahnsteigeigenschaften angesehen werden, da diese (mit Ausnahme noch nicht in Betrieb befindlicher Fahrzeugtypen oder Stationen) im Zweifel vor Ort bestimmt werden können. Selbiges gilt für dem Fahrplan entnehm-bare Größen sowie Angaben zu Betriebsverfahren. Das Gepäckaufkommen kann in der Regel ebenfalls abgeschätzt werden (vgl. Rüger 2004).

Praktisch mit vertretbarem Aufwand verfügbare Einflussgrößen:	Praktisch nur mit großem Aufwand bzw. nicht verfügbare Einflussfaktoren:
Türanzahl	Aussteigeraufkommen
Türverteilung über die Fahrzeuglänge	Einsteigeraufkommen
Türbreiten	Quelle-Ziel-Matrix
Fahrzeuglänge	Fahrgasteigenschaften
Sitz- und Stehplatzverteilung	Ein- und Aussteigerverteilung auf Türen
Fahrzeuginnenraumgestaltung	Zusammenhänge zwischen Haltestellen
Türöffnungs-, Türschließ- und Abfertigungsdauer	Verzögerung durch Belegungsgrad im Fahrzeug
Bahnsteigeigenschaften/ -ausrüstung	Verzögerung durch Belegungsgrad auf Bahnsteig
Vertikaldistanz zwischen Tür und Bahnsteig	Interaktion zw. Aussteigern und Einsteigern
Horizontaldistanz zwischen Tür und Bahnsteig	Nachzügleraufkommen und –effekte
Halteposition	Verzögerung durch Lichtschrankenbelegung
Fahrplanmäßige Haltezeit	Wettereinflüsse
Fahrzeugfolgezeit/ altern. Fahrtmöglichkeiten	Verspätungseinflüsse
Gepäckaufkommen	In situ gemessene Haltezeitdaten
Ticketkontrolle/-verkauf beim Einstieg	
Verkehrszeit	
Verkehrssystem	
Bahnhofskategorie	

Tabelle 9: Klassifizierung möglicher Eingangsgrößen eines Haltezeitmodells (Quelle: Verfasser)

Insbesondere für Infrastrukturbetreiber ist die Verfügbarkeit sämtlicher in Bezug zum Fahrgastaufkommen stehender Größen als anspruchsvoll zu sehen (Li et al. 2016, S. 878). Auch eine ausreichend präzise Aussage zur Verteilung der Ein- und Aussteiger auf die Türen an einer Station sowie die damit in Verbindung stehenden Auswirkungen auf die fahrgastspezifische Fahrgastwechselzeit ist mit erheblichem Erhebungsaufwand verbunden. Selbiges gilt für Wechselwirkungen zwischen den Stationen, Haltezeitverlängerungen durch kurzfristig eintreffende Fahrgäste sowie Auswirkungen des Wetters aber auch von Verspätungen. Auch die Verfügbarkeit von in situ gemessenen Haltezeiten muss angesichts der Unterschiede zwischen der realisierten und der zu prognostizierenden reinen Haltezeit auch bei bereits in Betrieb befindlichen Linien als schwer verfügbar betrachtet werden (Hansen et al. 2010; Kecman & Goverde 2013; Pedersen et al. 2018, S. 450).

4.2   In- und Outputspezifikation des Modells

Unter Berücksichtigung dieser Anforderungsspezifikation soll das postulierte Modell, wie in Abbildung 27 dargestellt, auf Basis fahrzeug- sowie infrastrukturbezogener Angaben sowie verkehrlicher Daten eine Aussage zur Verteilung der reinen Haltezeit ermöglichen. Im Folgenden sollen diese Ein- und Ausgabegrößen spezifiziert werden.

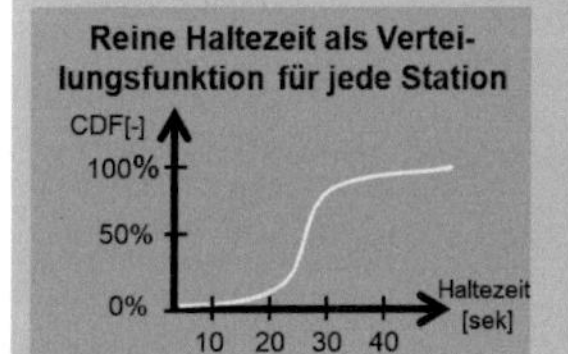

Abbildung 27: Ein- und Ausgabegrößen des entwickelten Modells (Quelle: Verfasser)

4.2.1 Eingangsgrößen

Zur *Beschreibung der Fahrzeugeigenschaften* sind durch den Nutzer des Modells die haltezeitrelevanten Charakteristika anzugeben. Neben geometrischen Eigenschaften wie der Zuglänge und der Anzahl, Breite sowie Verteilung der Fahrzeugtüren sind auch die Sitz- und Stehplatzkapazität zu quantifizieren. Darüber hinaus sind Angaben zu fahrzeugspezifischen Zeitbedarfen (z.B. Türlaufzeiten) sowie der fahrzeugseitigen Verfügbarkeit bestimmter Betriebsverfahren (z.B. Türschließverfahren) zu treffen. Diese Eigenschaften können in situ erhoben, dem betrieblichen Regelwerk oder Fahrzeugdatenblättern entnommen werden und sind für die Modellierung in einer Fahrzeugdatei in Form von Programmcode zu beschreiben.

Zur *Beschreibung der Bahnsteiginfrastruktur* sind je Bahnsteig dessen Gesamtlänge, Bahnsteighöhe sowie die Haltepositionen anzugeben. Weiterhin sind die Bahnsteigzugänge hinsichtlich ihrer Lage, Nutzungsintensität und Einmündungsrichtung zu charakterisieren. Entsprechend des gewünschten Detailierungsgrades können auch die Positionen von Sitzgelegenheiten, Wetterschutzeinrichtungen sowie Bahnsteigverengungen angegeben werden. Die Infrastrukturangaben sind für jede Station erforderlich, was bei Linienverläufen mit zahlreichen Zwischenhalten den zeitaufwändigsten Teil der Modellierung darstellt. Zur Effizienzsteigerung wurde ein Hilfsprogramm zur teilautomatischen Erfassung implementiert. Dieses ermöglicht ein „Abpausen" der infrastrukturellen Gegebenheiten aus Plänen bzw. Luftbildern per Mausklick und macht so das Vermessen sowie manuelle Eingeben verzichtbar. Zudem kann durch eine abschließende Darstellung der eingegebenen Elemente im Luftbild eine zügige visuelle Plausibilitätsprüfung ermöglicht werden (siehe Abbildung 69 auf Seite 210 im Anhang).

Abschließend sind Angaben über die *verkehrlichen Randbedingungen* der betrachteten Linie bzw. Zugfahrt vorzunehmen. Diese betreffen im Wesentlichen das Fahrgast- und Gepäckaufkommen, den Fahrplan der betrachteten Linie und paralleler Linien sowie die stationsseitige Verfügbarkeit von Türschließ- und Abfertigungsverfahren.

Ein Verzicht auf die Eingabeerfordernis des Fahrgastaufkommens würde angesichts der bei einer generischen Modellierung zentralen Bedeutung der Ein- und Aussteigerzahlen eine Einbindung des Haltezeitmodells in ein Verkehrsmodell erfordern (vgl. D'Acierno et al. 2013, 1060). Da hiervon Abstand genommen werden soll, ist vom Nutzer trotz der problematischen Verfügbarkeit das typische Ein- und Aussteigeraufkommen an den einzelnen Stationen anzugeben. Dieses kann beispielsweise aus Fahrgastzählungen, automatischen fahrzeugseitigen Zählsystemen (Brandenburg 2017, S. 44), Zugangssperren am Bahnsteigzugang (vgl. Zhu et al. 2017) oder Verkehrsmodellen stammen. Liegen keine konkreten Daten vor, ist auch eine qualifizierte Schätzung möglich (vgl. Weidmann 1994, S. 283).

4.2.2 Ausgabegrößen

Als zentrales Modellierungsergebnis soll die *Verteilungsfunktion der reinen Haltezeit an den einzelnen Stationen* der Linie ausgegeben und auf dieser Basis Werte für beliebige Quantile bestimmt werden. Bei Angabe der diesbezüglich relevanten Linienabschnitte soll auch die Verteilungsfunktion des Gesamthaltezeitbedarfs auf einem Abschnitt (z.B. bei eingleisigen Strecken zwischen zwei Kreuzungsabschnitten) ermittelbar sein. Neben Kapazitätsbetrachtungen kann dies auch dann von Interesse sein, wenn an den einzelnen Zwischenhalten keine konkreten Planhaltezeiten hinterlegt werden sollen (vgl. Li et al. 2016, S. 877).

Eine *zusammengefasste Darstellung des gesamten Linienverlaufs* soll auf einen Blick eine Übersicht über die Haltezeitbedarfe der einzelnen Stationen ermöglichen. Hierzu soll an jeder Station auch ersichtlich sein, welche Zeitbestandteile beziehungsweise Fahrzeugtüren für die sich an einer Station einstellende Haltezeit maßgebend sind.

Weiterhin sollen Detaildarstellungen modellimmanent bestimmter Rechengrößen Ansatzpunkte zur Interpretation und Optimierung liefern. Hierbei soll beispielweise für jede Station die Fahrgastverteilung auf dem Bahnsteig, die Ein- und Aussteigerverteilung auf die Fahrzeugtüren, sowie die Verteilung der Besetzung im Zug ersichtlich sein. Auch eine Visualisierung eventueller Umverteilungen der Fahrgäste sowie der Verspätungsentwicklung soll diesbezügliche Zusammenhänge erkennen lassen (Beispiele der Ergebnisdarstellungen siehe Abbildung 70 und Abbildung 71 auf Seite 211f).

Das Modellergebnis soll durch geeignete Schnittstellen effizient in Fahrplankonstruktionssoftware sowie Betriebssimulationssoftware (vgl. Lademann 2004) importiert werden können. Eine erste Spezifikation dieser Schnittstellen ist unter anderem Gegenstand des Projektauftrages der DB Netz AG (Martin et al. 2021). Weitere Schnittstellen sind zu Dispositionstools sowie gegebenenfalls auch zum Steuersystem hochautomatisiert geführter Züge denkbar (vgl. Abschnitt 1.3).

4.3 Einordnung des Modells und Abgrenzung zu bestehenden Ansätzen

Entsprechend der Klassifizierung in Abschnitt 3.1 handelt es sich bei dem in dieser Arbeit entwickelten Modell angesichts der zugrunde liegenden mathematischen Zusammenhänge um einen analytischen Ansatz mit Aussage zur Variabilität. Das Modell enthält zwar beispielsweise hinsichtlich der iterativen Betrachtung verschiedener Betriebstage mit variierenden Bedingungen simulative Merkmale, greift jedoch nicht auf Personenstromsimulationen zurück. Wie von Ullrich et al. (2020b, 2020a) ausgeführt, sind für den in dieser Arbeit entwickelten Ansatz zudem nach erfolgter Initialkalibrierung keine in situ gemessenen Haltezeitdaten erforderlich.

Gegenüber der Mehrzahl der bestehenden Ansätze ermöglicht das entwickelte Modell eine Prognose der Verteilungsfunktion und bietet damit eine umfassende Einschätzung der Variabilität. Wie Abbildung 28 verdeutlicht, ermöglicht die Vielzahl modellimmanent berücksichtigter Zusammenhänge eine hohe Generalität des Ansatzes bei zugleich weitgehender Beschränkung auf mit vertretbarem Aufwand ermittelbarer Eingangsgrößen. Einzige Ausnahme bildet, wie in Abschnitt 4.2.1 ausgeführt, das Erfordernis zur Angabe der stationsspezifischen Ein- und Aussteigeranzahlen. Der generische Ansatz ermöglicht zudem eine Berücksichtigung des Zusammenhangs zwischen den Stationen sowie der Effekte durch Nachzügler.

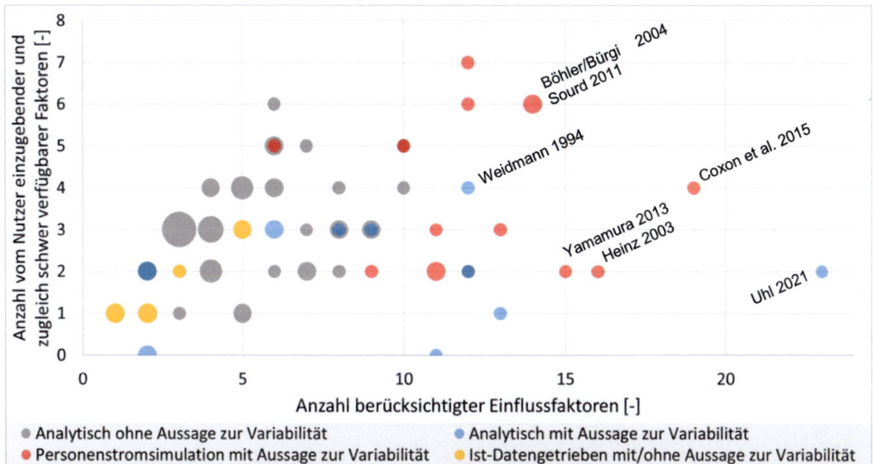

Abbildung 28: Bestehende Modellansätze nach Anzahl der einzugebenden, schwer verfügbaren Eingangsgrößen sowie der insgesamt (auch modellimmanent) berücksichtigten Eingangsgrößen. Kreisgröße verdeutlicht die Anzahl identischer Modelle (Quelle: Verfasser)

5 Algorithmische Umsetzung der linienbezogenen Modellierung der Haltezeitverteilung im spurgeführten Verkehr

Basierend auf den in Kapitel 2 betrachteten Prozessabläufen und Wirkungszusammenhängen soll im Folgenden die algorithmische Umsetzung einer linienbezogenen Haltezeitmodellierung dargestellt werden. Hierbei wird zunächst ein Überblick über die Grundstruktur und die bedienungstheoretischen Zusammenhänge gegeben und dann auf die drei im Kern des Modells stehenden Berechnungsschritte eingegangen.

5.1 Grundstruktur des Modells

Abbildung 29 skizziert den Ablauf der Haltezeitprognose im entwickelten Modell. Demnach erfolgt zunächst die Eingabe der in Abschnitt 4.2.1 spezifizierten Eingangsgrößen durch den Nutzer. Der anschließende Berechnungsprozess besteht in Anlehnung an Abbildung 10 (siehe Seite 24) aus drei Teilschritten – namentlich den Modellierungen der situativ zu erwartenden Einsteigeranzahl (Teilmodell 1, siehe Abschnitt 5.3), der Verteilung der Fahrgäste auf die Fahrzeugtüren (Teilmodell 2, siehe Abschnitt 5.4) sowie abschließend des für den Halt erforderlichen Zeitbedarfs (Teilmodell 3, siehe Abschnitt 5.5). Die drei Teilschritte werden sukzessive und aufeinander aufbauend für jede Station im Linienverlauf durchgeführt, wodurch eine Berücksichtigung der Zusammenhänge zwischen den Stationen realisiert wird. Das detaillierte Vorgehen innerhalb der Teilschritte wird in den nachfolgenden Abschnitten erläutert.

Abbildung 29 verdeutlicht, dass dieser Ablauf in *zwei Wiederholungsschleifen* eingebettet ist. Die übergeordnete Schleife dient der Berücksichtigung der im Betrieb auftretenden stochastischen Variationen von Einflussgrößen. So kann beispielsweise für das Fahrgastaufkommen je Quelle-Ziel-Relation eine bestimmte Variabilität angenommen werden. Auch hinsichtlich des Fahrgastankunfts- und Fahrgastverteilungsverhaltens können Schwankungen unterstellt werden. Weitere stochastische Größen sind beispielsweise Verspätungen, Wettereinflüsse, Haltegenauigkeit (insbesondere relevant, wenn keine Halteposition definiert ist) oder die eventuelle Nichtverfügbarkeit einzelner Fahrzeugtüren. Um diese Einflüsse berücksichtigen zu können, werden für 20–100 Betriebstage Zufallszahlen der betroffenen Größen entsprechend angenommener Verteilungen generiert und anschließend zur weiteren Berechnung genutzt.

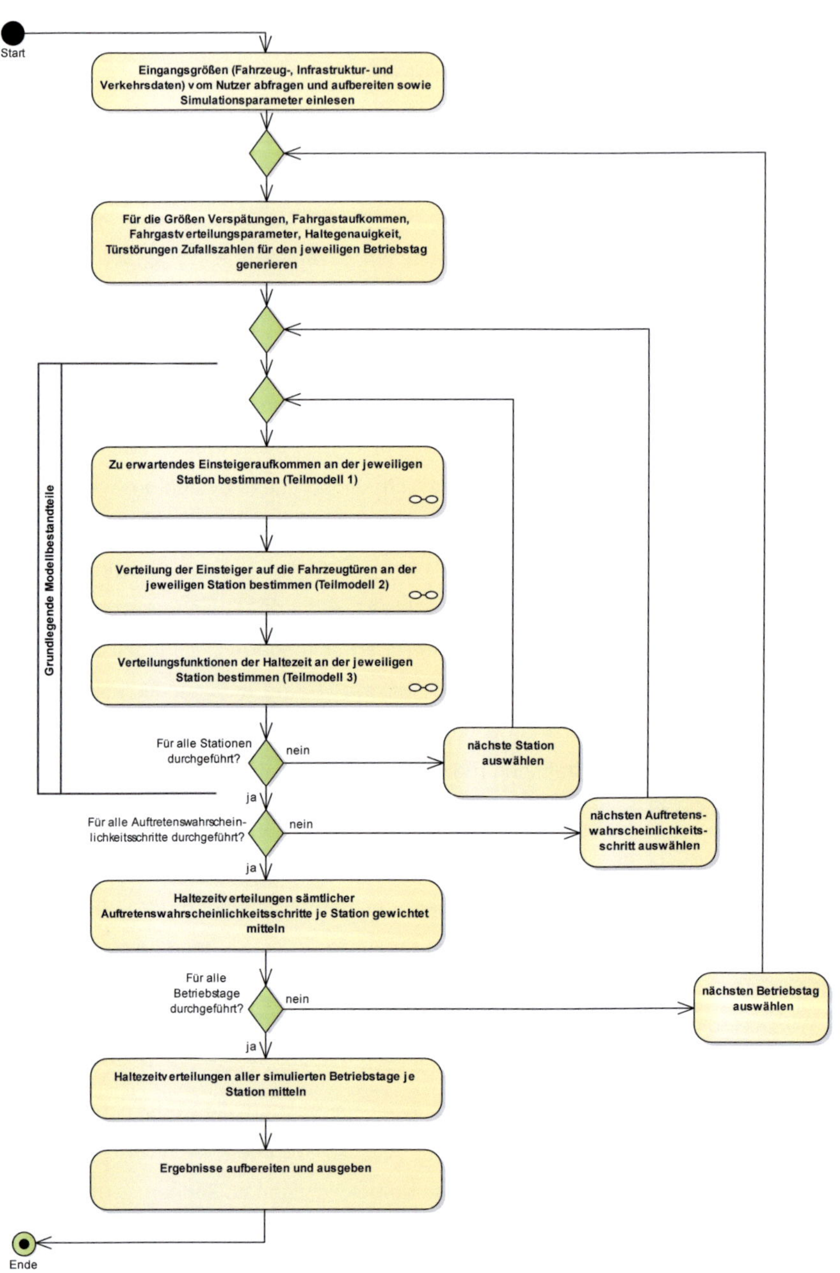

Abbildung 29: Gesamtprozess der Haltezeitmodellierung (Quelle: Verfasser)

An mehreren Stellen im Algorithmus ist das Abgreifen konkreter Zahlenwerte aus Verteilungsfunktionen erforderlich; so beispielsweise bei der Bestimmung des Einsteiger- und Nachzügleraufkommens, aber auch bei der Ermittlung der aktuellen Verspätung auf Basis der Haltezeitüberschreitungen an den zurückliegenden Stationen. Um die hiermit in Verbindung stehenden Auswirkungen auf die Variabilität der Haltezeiten korrekt abbilden zu können, wird die gesamte Berechnung je Betriebstag nacheinander mit verschiedenen Signifikanzniveaus (im Folgenden als *„Auftretenswahrscheinlichkeitsschritte"* bezeichnet) durchgeführt. Die Ergebnisse beider Wiederholungsschleifen werden anschließend durch Mittelung zusammengefasst.

Abschließend werden dem Nutzer des Modells für jede Station die dort zu erwartende Verteilungsfunktion der Haltezeit sowie weitere Angaben wie Mittelwerte und Standardabweichungen ausgegeben. Zusätzliche Ausgaben, wie in Abschnitt 4.2.1 dargestellt, sollen die Interpretation der Prognoseergebnisse sowie die Ableitung von Optimierungspotenzialen unterstützen.

5.2 Bedienungstheoretische Grundlagen und Ansätze im Modell

Um dem stochastischen Charakter der Prozesse Rechnung zu tragen, wird an verschiedenen Stellen im Modell auf bedienungstheoretische Ansätze zurückgegriffen. Die Bedienungstheorie beschäftigt sich mit der mathematischen Verhaltensbeschreibung von Systemen, deren Zweck in der Bedienung eingehender Forderungen (z.B. Kundenanrufe bei einer Hotline, Nutzung von Ressourcen) in einem oder mehreren Bedienungskanälen besteht (vgl. u.a. Erlang 1909; Molina 1927; Fry 1928; Gross et al. 2008).

Zur Systembeschreibung werden unter anderem *Markov-Prozesse* angenommen, also zeit-stetige Zufallsprozesse, bei denen nur diskrete Zustände angenommen werden können und deren zukünftige Entwicklung nur vom letzten Systemzustand abhängt (u.a. Fischer & Hertel 1990, S. 46; Waldmann & Stocker 2004, S. 79). Diese lassen sich durch Markov-Graphen veranschaulichen. Mittels Markov-Prozessen können unter anderem bedienungstheoretische Geburts- sowie Todesprozesse abgebildet werden. Ein *reiner Geburtsprozess* beschreibt dabei ein System, bei dem nur neue Forderungen auftreten. Bei einem *reinen Todesprozess* hingegen werden ausschließlich bereits zu Beginn vorhandene Forderungen bedient. Wie aus Abbildung 30 ersichtlich, wird die Schätzung des nicht-fahrplanorientiert eintreffenden Einsteigeraufkommens durch Modellierung als reiner Geburtsprozess realisiert. Die Abbildung des Aussteige- sowie des regulären Einsteigeprozesses erfolgt hingegen mittels eines reinen Todesprozesses. Eine *Kombination aus Geburts- und Todesprozess* ermöglicht es, das simultane Auftreten und Bedienen von Forderungen abzubilden. Dies wird zur Modellierung des Einsteigeprozesses mit Nachzüglern in abgewandelter Form angewandt (Engel 1976, S. 168; Heller et al. 1978, S. 163; Gross et al. 2008, S. 49).

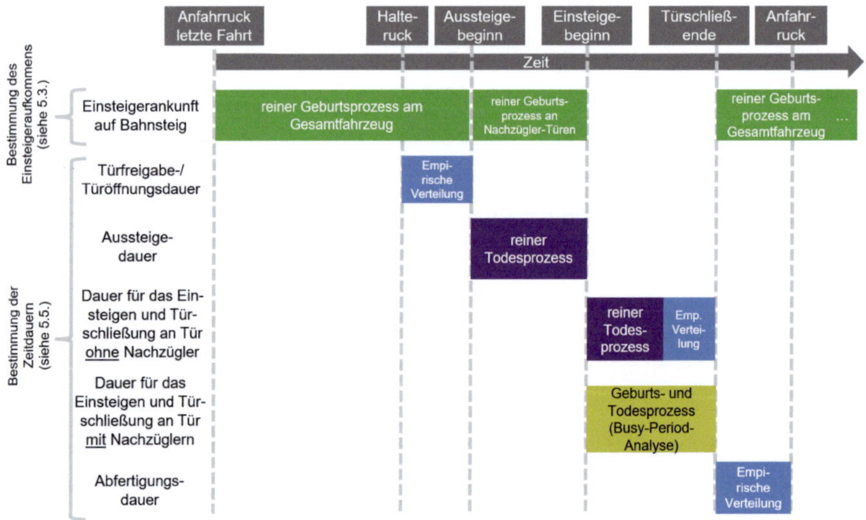

Abbildung 30:   Überblick über die Verwendung bedienungstheoretischer Zusammenhänge im Modell (Quelle: Verfasser)

5.3   Bestimmung des zu erwartenden Einsteigeraufkommens

Das im Rahmen dieser Arbeit entwickelte Haltezeitmodell erfordert die nutzerseitige Eingabe der je Halt zu erwartenden, durchschnittlichen Aus- und Einsteigeranzahlen. Um Zusammenhänge zwischen den Stationen abbilden zu können, ist jedoch eine darauf basierende Schätzung der Quelle-Ziel-Matrix erforderlich. Weiterhin ist, wie in Abschnitt 2.2.1 beschrieben, zur Abbildung von Effekten wie Verspätungsaufschaukelungen oder Verzögerungen durch Nachzügler eine Modellierung des Fahrgastankunftsverhaltens erforderlich. Auf beide Aspekte soll im Folgenden eingegangen werden.

5.3.1 Schätzung der Quelle-Ziel-Matrix

Eine Kenntnis des relationsspezifischen Fahrgastaufkommens ist unter anderem zur Abschätzung des nicht-fahrplanorientiert eintreffenden Einsteigeraufkommens, aber auch zur Berücksichtigung des Bahnsteiglayouts nachfolgender Stationen bei der Bestimmung der Türwahlwahrscheinlichkeiten (siehe Abschnitt 5.4.1.1) erforderlich. Wenngleich hierzu mit Blick auf komplexe Liniennetze auch eine dynamische Schätzung der Quelle-Ziel-Matrix in Abhängigkeit von der Verkehrssituation auf anderen Linien von Interesse wäre (vgl. McPherson & Langdon 2009; Bera & Rao 2011, S. 4; D'Acierno et al. 2013, 1060f; Crespo & Oetting 2018a, S. 110, 2018b, S. 84), soll die Schätzung zur Reduktion erforderlicher Eingangsgrößen auf eine statische Betrachtung beschränkt bleiben. Aus den hierzu bestehenden Verfahren (u.a. Ben-Akiva et al. 1985, 2ff; Cui 2006, 24ff) wird auf das iterative proportionale Anpassungsverfahren (IPF-Verfahren, vgl. u.a. Bregman 1967) zurückgegriffen.

Das IPF-Verfahren erfordert neben den stationsspezifischen Ein- und Aussteigerzahlen die Annahme einer Base-Matrix, die die mutmaßlichen Gewichtungen der einzelnen Quelle-Ziel-Relationen vorgibt (Ben-Akiva et al. 1985, S. 2). Diese kann beispielsweise aus Erhebungen beziehungsweise Verkehrsmodellen stammen oder mittels Erfahrung beziehungsweise unter Annahme einer Mindestreiseweite geschätzt werden (Lu 2008, 7ff). Um jedoch auf weitere Eingangsgrößen verzichten zu können, soll das IPF-Verfahren im Rahmen des entwickelten Haltezeitmodells mit einer sogenannten Null-Base-Matrix Anwendung finden, die sämtliche Relationen als gleich wahrscheinlich annimmt. Durch einen Vergleich mit aus dem kalibrierten Verkehrsmodell der Region Stuttgart stammenden Quelle-Ziel-Matrizen konnte Biechele (2018) zeigen, dass die Beschränkung auf Null-Base-Matrizen im Rahmen der Haltezeitprognose vertretbar erscheint (vgl. Lu 2008).

5.3.2 Schätzung des situativen Einsteigeraufkommens an einer Station

Stammt das nutzerseitig eingegebene, durchschnittliche Einsteigeraufkommen nicht aus in situ mit repräsentativen Verspätungen durchgeführten Erhebungen oder sollen dezidiert die Zusammenhänge zwischen Haltezeiten und Verspätungen auf einer Linie betrachtet werden, ist eine Modellierung des Ankunftsverhaltens der Fahrgäste auf dem Bahnsteig von Bedeutung. Neben den grundlegenden Betrachtungen hierzu von Berg (1981) sind derartige Ansätze auch Bestandteil des Modells von D'Acierno et al.

(2013). Letztere bestimmen das Fahrgastaufkommen einer Fahrt dynamisch in Abhängigkeit von der Verkehrssituation auf anderen Linien und nutzen es unter anderem zur Abschätzung resultierender Haltezeiten.

Das im Rahmen dieser Arbeit postulierte Modell schätzt das Einsteigeraufkommen in Abhängigkeit von der Verspätungssituation auf der betrachteten sowie gegebenenfalls weiteren parallellaufenden Linien. Um berücksichtigen zu können, welche Linienabschnitte tatsächlich parallel verlaufen, erfolgt die Betrachtung differenziert nach Zielrelationen (Frumin & Zhao 2012, S. 54). Abbildung 31 zeigt den Prozessablauf zur Bestimmung des situativen Fahrgastaufkommens an einer Station. Hierzu werden zunächst die situativen Zugfolgezeiten sämtlicher von dort auf der betrachteten Linie bestehenden Zielrelationen bestimmt. Abbildung 72 (im Anhang auf Seite 213) verdeutlicht, dass dabei neben der letzten Fahrt auf der modellierten Linie auch gegebenenfalls weitere auf der betrachteten Quelle-Ziel-Relation verkehrende Linien berücksichtigt werden. Stochastisch eingestreute Fahrplanabweichungen sowie Verspätungen aus Haltezeitüberschreitungen an zurückliegenden Stationen bilden dabei das Verspätungsgeschehen ab und erlauben so eine Berücksichtigung der Verspätungsaufschaukelung. Auch bei der eingangs erfolgenden Bestimmung der planmäßigen Zugfolgezeit je Quelle-Ziel-Relationen auf Basis der im Fahrplan vorgesehenen Abfahrtszeiten werden parallellaufende Linien berücksichtigt.

Anschließend wird entsprechend der Erkenntnisse aus Abschnitt 2.2.1.3 der Anteil fahrplanorientiert eintreffender Fahrgäste mittels einer Gammaverteilung gemäß Formel (3) auf Basis der planmäßigen Zugfolgezeit sowie der Verkehrszeit ermittelt und das Fahrgastaufkommen entsprechend aufgeteilt. Weitere Faktoren wie die Fahrplanmerkbarkeit sollen dabei unberücksichtigt bleiben.

$$\text{AFF}\big(ZFZ_{plan}, r, s\big) = \frac{s^r}{\Gamma(r)} \int_0^{ZFZ_{plan}} x^{r-1}\, e^{-sx}\, dx$$

$$\text{mit:} \quad (r, s) = \begin{cases} (3{,}37\,,\,0{,}42/min)\ mHVZ \\ (1{,}71\,,\,0{,}13/min)\ NVZ \\ (1{,}19\,,\,0{,}07/min)\ sHVZ \end{cases}$$

(3)

AFF	Anteil fahrplanorientiert eintreffender Fahrgäste [-]
ZFZ_{plan}	planmäßige Zugfolgezeit [min]
$\Gamma(x)$	Funktionswert der Gammafunktion an der Stelle x [-]
e	Eulersche Zahl [-]

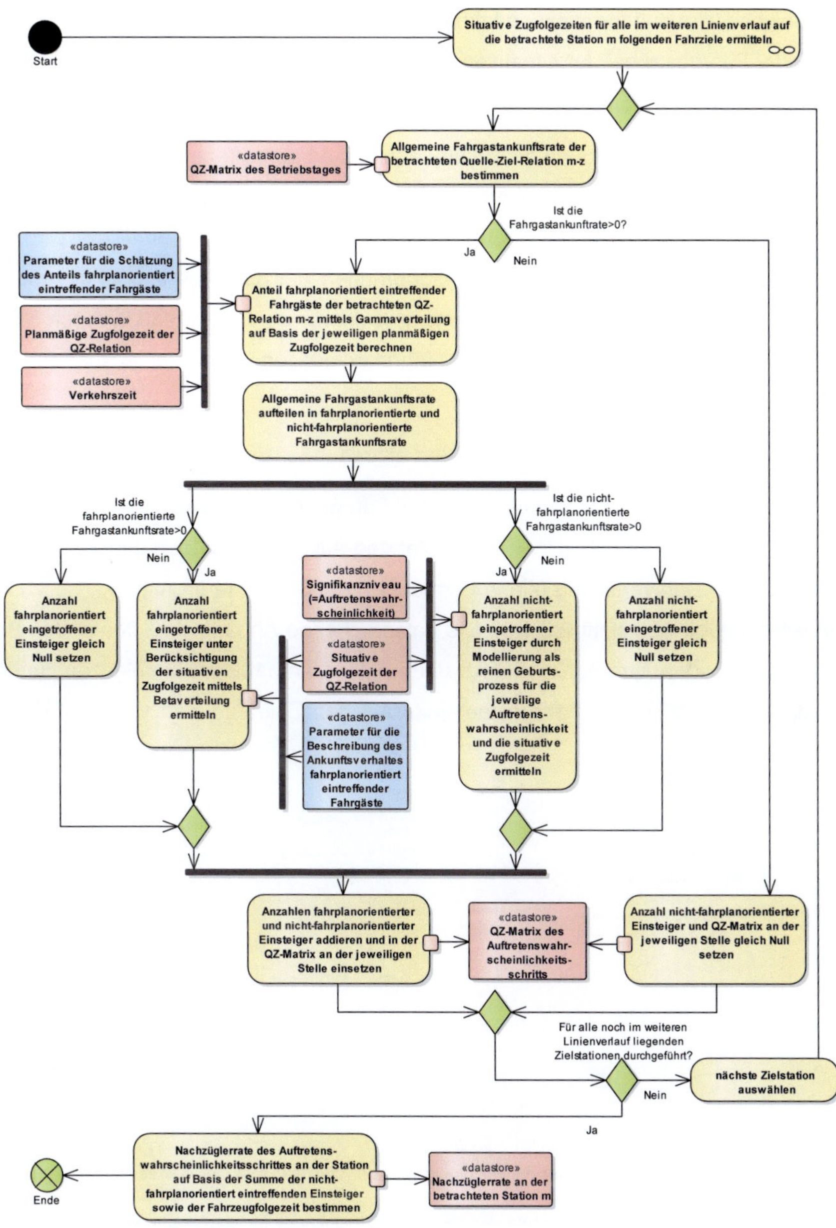

Abbildung 31:   Prozessablauf zur Prognose des situativen Einsteigeraufkommens (Quelle: Verfasser)

Nachfolgend wird das Aufkommen fahrplanorientiert sowie nicht-fahrplanorientiert eintreffender Fahrgäste bei der situativen Zugfolgezeit bestimmt. Hierauf soll in den Abschnitten 5.3.2.1 und 5.3.2.2 näher eingegangen werden.

Die Summe der Ankunftsraten nicht-fahrplanorientiert eintreffender Fahrgäste sämtlicher an der Station auf der betrachteten Linie möglicher Zielrelationen ermöglicht abschließend ein Abschätzen der Nachzüglerankunftsrate an der Station. Diese wird unter anderem zur Modellierung von Verzögerungen bei der Türschließung genutzt. Ebenso wird das gesamte situative Einsteigeraufkommen an der Station durch Summation der fahrplanorientierten und nicht-fahrplanorientierten Fahrgastankünfte sämtlicher Zielrelationen bestimmt.

5.3.2.1 Aufkommen fahrplanorientiert eintreffender Einsteiger

Der Anteil des fahrplanorientiert eintreffenden Fahrgastaufkommens, der zu einem bestimmten Zeitpunkt zwischen zwei Planabfahrten auf dem Bahnsteig eingetroffen ist, kann mit einer Betaverteilung (siehe Formel (15) auf Seite 214 im Anhang) beschrieben werden (vgl. Abschnitt 2.2.1.3). Die entsprechende Abhängigkeit des ersten Betaverteilungsparameters berücksichtigt die mit der planmäßigen Zugfolgezeit zunehmende Konzentration der Fahrgastankünfte auf den Zeitraum kurz vor der Planabfahrtsminute.

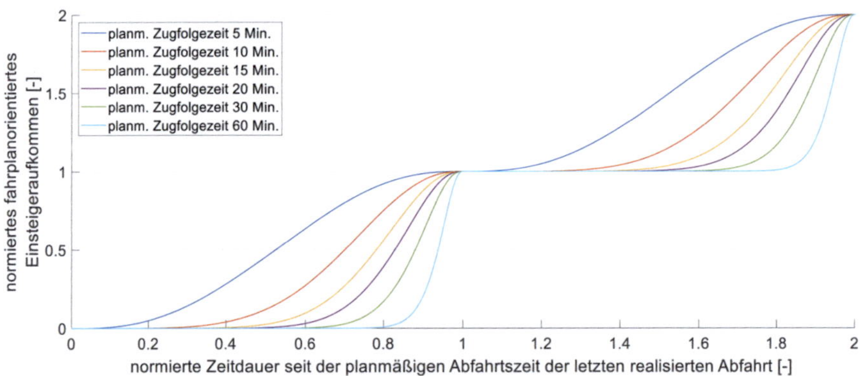

Abbildung 32: **Anteil des fahrplanorientierten Einsteigeraufkommens für verschiedene planmäßige Zugfolgezeiten, das bei einer bestimmten situativen Zugfolgezeit als eingetroffen erwartet werden kann (Annahme: vorausfahrende Fahrt war pünktlich, Quelle: Verfasser)**

Dieses Vorgehen berücksichtigt, dass bei entsprechend großen Verspätungen bereits fahrplanorientiert eintreffende Fahrgäste der nächsten Fahrt an der Station warten. Abbildung 32 visualisiert den angenommenen Zusammenhang für verschiedene planmäßige Zugfolgezeiten. Bei noch größeren Verspätungen wird die Berechnung entsprechend kumulativ fortgesetzt.

5.3.2.2 Aufkommen nicht-fahrplanorientiert eintreffender Einsteiger

Für das Aufkommen nicht-fahrplanorientierter Fahrgäste ist aufgrund der kontinuierlichen Ankünfte ausschließlich die situative Zugfolgezeit, genauer die tatsächliche Zeit seit der Türschließung der letzten Abfahrt maßgebend (Heinz 2003, S. 30).

Zur Modellierung des Ankunftsverhaltens nicht-fahrplanorientiert eintreffender Fahrgäste wird in bestehenden Forschungsarbeiten übereinstimmend die Annahme exponentialverteilter Ankunftsabstände und damit poissonverteilter Zuwächse des Einsteigeraufkommens vertreten (Beck 1965, S. 70; Zhang et al. 2009, S. 6; Kepaptsoglou & Karlaftis 2010, S. 1791; Ingvardson et al. 2018, S. 295). Dieser Annahme folgend, soll daher deren Ankunftsverhalten, wie in Abbildung 33 schematisch dargestellt, bedienungstheoretisch als reiner Geburtsprozess modelliert werden. Die Geburtsrate λ entspricht dabei der Ankunftsrate nicht-fahrplanorientierter Fahrgäste an der Station.

Auf dieser Grundlage kann dann numerisch ermittelt werden, welches Einsteigeraufkommen bei einer konkreten situativen Zugfolgezeit sowie welche Fahrgastankunftsrate mit einer bestimmten Wahrscheinlichkeit zu erwarten ist. Das hierzu anzusetzende Signifikanzniveau entspricht dem aktuell betrachteten Auftretenswahrscheinlichkeitsschritt.

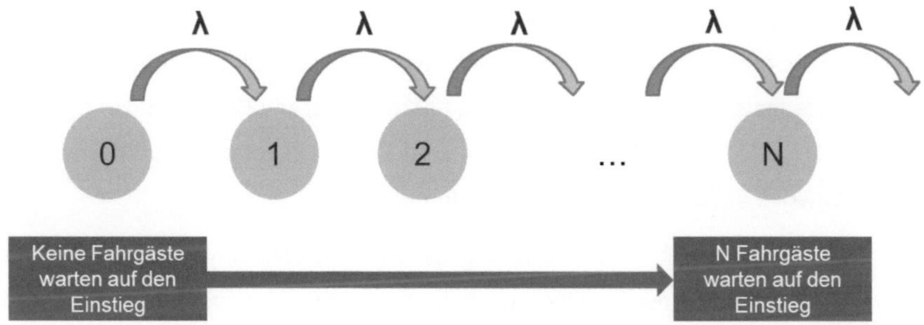

Abbildung 33: **Ankunftsprozess nicht-fahrplanorientierter Einsteiger als reiner Geburtsprozess (Quelle: Verfasser)**

5.4 Prognose der Verteilung der Fahrgäste auf die Fahrzeugtüren

Wie in Abschnitt 2.2 dargestellt, hat die Verteilung der Ein- und Aussteiger auf die Türen sowie die damit in Verbindung stehende Auslastungsverteilung im Zug einen erheblichen Einfluss auf die Länge der reinen Haltezeiten. Im Folgenden soll daher auf Basis der Erkenntnisse aus Abschnitt 2.2.2 ein Prognosemodell abgeleitet werden, das mittels praktisch verfügbarer Eingangsdaten je Station türscharfe Ein- und Aussteigeranzahlen sowie die resultierende Fahrzeugbesetzung prognostiziert (siehe auch Uhl & Martin 2021).

Bereits Szplett & Wirasinghe (1984) postulierten einen derartigen Ansatz mittels standardisierter Verteilungskurven im Bereich der Bahnsteigzugänge. Ebenfalls mit Hilfe von Verteilungsfunktionen im Bereich der Zugänge und einer anschließenden Integration über die Türeinzugsbereiche des Zuges erarbeitete Weidmann (1994) eine Anwendung zur rechnergestützten Prognose der Fahrgastverteilung. Ein ähnliches Rechenmodell schlägt auch Heinz (2003) vor und bezieht dabei unter anderem die Ortskenntnis der Fahrgäste mit ein. Zudem wird ein Abschätzen der Aussteigerverteilung durch Rückgriff auf die Quelle-Ziel-Matrix empfohlen. Ferner greifen auch Kunimatsu et al. (2012) unter Verwendung von Ansätzen der Fuzzy-Logik auf Verteilungsfunktionen um Bahnsteigzugänge zurück.

Wu, Rong & Wei et al. (2012) prognostizieren die Fahrgastverteilung auf Basis eines Ansatzes, der zugangsnahen Bereichen eine höhere, als potenzielle Energie bezeichnete, Attraktivität zuweist als andere Bereichen. Zudem wird auch die Bahnsteigauslastung berücksichtigt. Yamamura et al. (2013) weisen im Rahmen eines Multi-Agenten-Modelles jedem Punkt auf dem Bahnsteig eine Attraktivität zu. Hierbei beziehen sie neben der Zugangslage und der Auslastung auch die Abgangslage an der Zielstation mit ein, wobei die Parametergewichtung zwischen den Agenten variiert. Vergleichbare Ansätze finden sich bei Kamizuru et al. (2015), Liu et al. (2016), Yang et al. (2018) und Elleuch (2019). Tang et al. (2017) hingegen sehen ein personenstromsimulatives Prognosemodell mittels eines zellulären Automaten vor.

Krstanoski (2014a) greift zur Modellierung der Fahrgastverteilung auf die Türen auf einen stochastischen Ansatz mittels einer Multinominalverteilung zurück (vgl. auch Krstanoski 2014b), wohingegen Yang et al. (2017) einen Ameisenalgorithmus nutzen. Sowohl D'Acierno et al. (vgl. u.a. Placido et al. 2015) als auch Peftitsi et al. (2018)

messen bei ihren Modellvorschlägen auslastungsbedingten Umverteilungen auf dem Bahnsteig besondere Bedeutung zu. Fang & Fujiyama et al. (2019; vgl. Fang & Wong et al. 2019) berücksichtigen dabei auch die aufgrund der verbleibenden Zeit nach der Fahrgastankunft maximal mögliche Laufdistanz.

Das *nachfolgend vorgestellte Prognosemodell* vereint verschiedene Eigenschaften der bestehenden Ansätze. So greift das Modell das Aufstellen von Verteilungsfunktionen auf Basis einzelner Bahnsteigmerkmale der Startstation sowie die Integration zu Türattraktivitäten auf. Dabei werden jedoch neben den Bahnsteigzu- und Bahnsteigabgängen auch weitere nach Abschnitt 2.2.2 als relevant zu betrachtende Kriterien bei der Prognose berücksichtigt. Dies ermöglicht ein breites Anwendungsspektrum sowie eine haltezeitspezifische Bewertung von Anpassungen der Bahnsteigausrüstung. Zugleich finden trotz analytischem Vorgehen auch die Orientierung an der Zielstation sowie auslastungsbedingte Umverteilungen Berücksichtigung. Der dadurch mögliche Verzicht auf Personenstromsimulationen stellt neben einer kurzen Rechenzeit auch die Reproduzierbarkeit der Ergebnisse sicher. Zuletzt ist das Teilmodell entsprechend des Anwendungsbereichs des übergeordneten Haltezeitmodells für den spurgeführten Personennahverkehr in Deutschland kalibriert.

Der Prozessablauf zur Prognose der Fahrgastverteilung an einer Station ist in Abbildung 34 dargestellt. Demnach erfolgt zunächst unter Berücksichtigung der Gegebenheiten der betrachteten Station sowie den nachfolgenden Stationen eine Abschätzung der Wahrscheinlichkeiten, mit denen Einsteiger an der jeweiligen Station eine bestimmte Tür nutzen. Das hierbei angewandte Vorgehen wird in Abschnitt 5.4.1 beschrieben. Darauf folgt die konkrete Berechnung der daraus resultierenden Ein- und Aussteigeranzahlen sowie der Fahrzeugbesetzung an der betrachteten Station, worauf in Abschnitt 5.4.2 näher eingegangen werden soll. Die so ermittelten Initialwerte der Fahrgastgrößen werden abschließend durch drei auslastungsbedingte Umverteilungsschritte angepasst, um die Reaktionen der Fahrgäste auf die angetroffene Auslastungssituation abzubilden. Hierauf wird in Abschnitt 5.4.3 eingegangen.

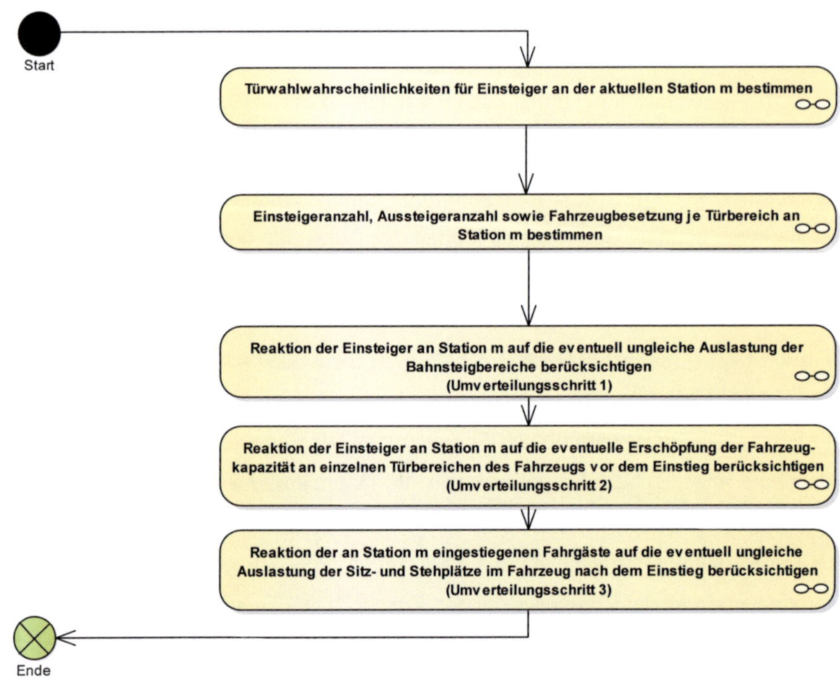

Abbildung 34: **Prozessablauf zur Prognose der Fahrgastverteilung an einer Station (Quelle: Verfasser)**

5.4.1 Bestimmung der Türwahlwahrscheinlichkeiten an einer Station

Zunächst wird für jede Fahrzeugtür berechnet, mit welcher Wahrscheinlichkeit ein Einsteiger diese an der betrachteten Station zum Einstieg wählt. Wie aus Abbildung 35 ersichtlich, werden diese Wahrscheinlichkeiten zunächst für Fahrgäste bestimmt, die sich bei ihrer Türwahl an den Gegebenheiten der betrachteten Station orientieren. Dabei werden neben den Zugängen auch der Haltebereich, Sitzgelegenheiten und Wetterschutzeinrichtungen entsprechend ihrer jeweiligen Bedeutung gewichtet berücksichtigt (näheres siehe Abschnitt 5.4.1.1).

Anschließend erfolgt eine Bestimmung der Türwahlwahrscheinlichkeiten separat für jede im Linienverlauf nachfolgende Station, um Fahrgäste zu berücksichtigen, die die Situation ihrer Zielstation der Wahl ihrer Einstiegstür zu Grunde legen (siehe Abschnitt 5.4.1.2). Dabei wird lediglich die für Aussteiger relevante Lage der Abgänge berücksichtigt.

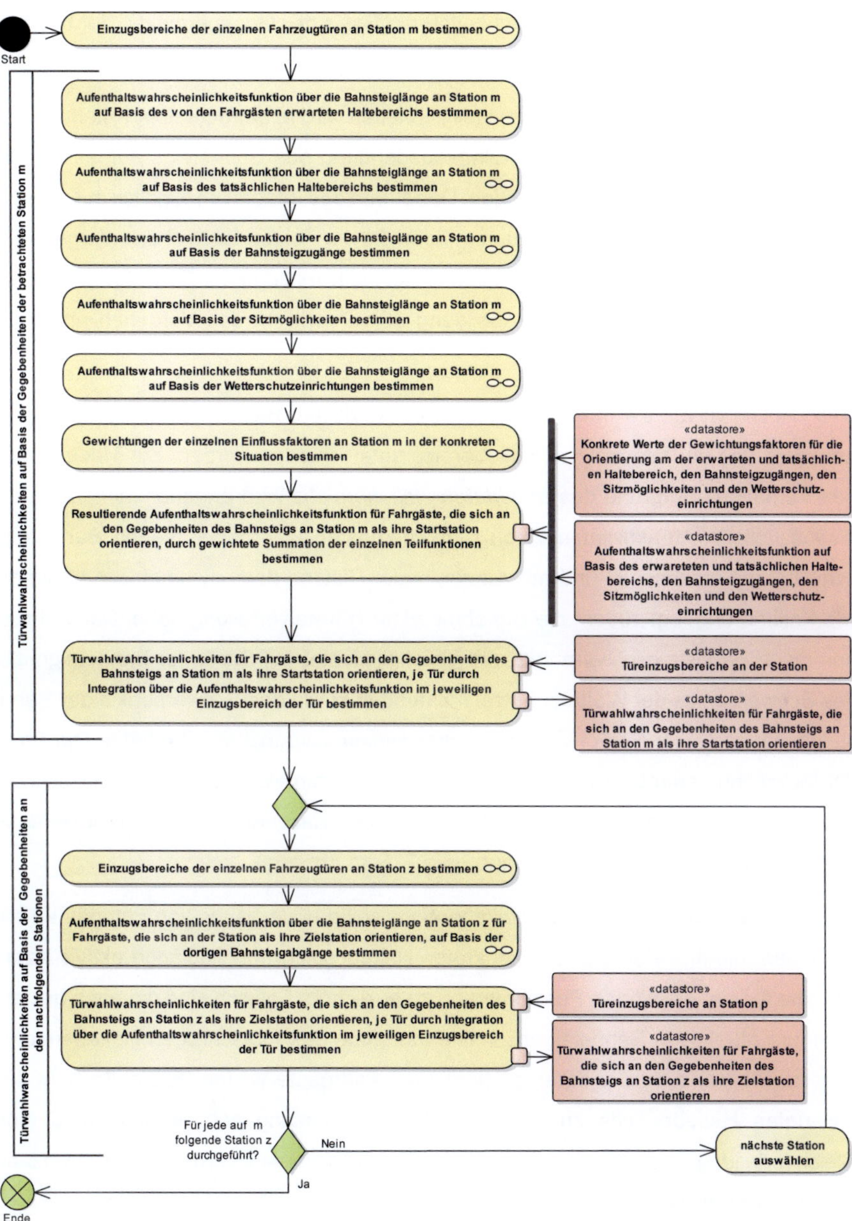

Abbildung 35: Prozessablauf zur Bestimmung der Türwahlwahrscheinlichkeiten für Einsteiger an einer Station (Quelle: Verfasser)

5.4.1.1 Türwahlwahrscheinlichkeiten auf Basis der Gegebenheiten der betrachteten Station

Zur Bestimmung der Türwahlwahrscheinlichkeiten wird je betrachtetem Kriterium eine Dichtefunktion über die nutzbare Längsausdehnung des Bahnsteigs aufgestellt, um dessen Attraktivitätsverlauf abzubilden. Dabei wird das Integral im Hinblick auf die spätere Zusammenfassung jeweils zu eins normiert. Im Folgenden soll das Vorgehen je Kriterium näher erläutert und abschließend auf die Ermittlung der Türwahlwahrscheinlichkeiten eingegangen werden. Abbildung 36 verdeutlicht das Vorgehen an einem beispielhaften Bahnsteig.

Nach Abschnitt 2.2.2.4 muss bei der Positionswahl auf Basis des *Haltebereichs* der erwartete und der tatsächliche Haltebereich unterschieden werden. Zur Modellierung des Verhaltens aufgrund des *erwarteten Haltebereichs* wird angenommen, dass die diesbezügliche Attraktivität am von den Fahrgästen wahrgenommenen Bahnsteigschwerpunkt maximal ist und mit zunehmender Distanz dazu symmetrisch abnimmt. Die Kalibrierung legt zudem die Annahme einer Normalverteilung nahe. Der wahrgenommene Bahnsteigschwerpunkt wird gleichgewichtet auf Basis der Bahnsteigmitte, des Schwerpunkts der Wetterschutzeinrichtungen sowie des Schwerpunkts der Bahnsteigzugänge (unter Berücksichtigung ihrer Nutzungsintensität) geschätzt. Die Standardabweichung der Normalverteilung wird durch Parameterkalibrierung auf Basis der erhobenen Stationen geschätzt (sämtliche aus den Kalibrierungsläufen resultierende Parameterwerte siehe Tabelle 24 auf Seite 215 im Anhang).

Das Kriterium des *tatsächlichen Haltebereichs* soll das Verhalten von Fahrgästen beschreiben, die ihre Kenntnis der konkreten Halteposition und Zuglänge aktiv nutzen, um eine für sie vorteilhafte Positionierung zu erreichen. Folglich sind die nach diesem Kriterium attraktiven Bahnsteigabschnitte innerhalb des tatsächlichen Haltebereichs, aber zur Abgrenzung der derartig orientierten Fahrgäste weitgehend außerhalb des erwarteten Haltebereichs zu erwarten. Zur Abschätzung soll vereinfachend eine Gleichverteilung über entsprechende Bereiche angenommen werden. Zur Abgrenzung vom erwarteten Haltebereich wird dessen Standardabweichung herangezogen.

Zur Berücksichtigung der Positionswahl auf Basis der *Bahnsteigzugänge* wird je Zugang eine separate Dichtefunktion aufgestellt. Nach Abschnitt 2.2.2.3 lässt sich eine bestimmte Laufdistanz annehmen, die an der Zugangslage orientierte Fahrgäste nach

Betreten des Bahnsteigs noch zurücklegen (vgl. Wu, Rong & Wei et al. 2012; Kamizuru et al. 2015; Fang & Fujiyama et al. 2019). Der Mittelwert sowie die Variabilität dieser Distanz und die Frage, inwiefern die Abweichungen in der Laufdistanz symmetrisch um den Mittelwert erfolgen, sind von der Einmündungsrichtung sowie der Lageexzentrizität des Zugangs abhängig. So nimmt Heinz (2003, 37f) beispielsweise für Zugänge am Bahnsteigrand eine schiefe Verteilung und für mittige Zugangssituationen eine symmetrische Verteilung an. Um den Kalibrierungsaufwand überschaubar zu halten, soll hier stets eine symmetrische Verteilung, konkret eine Normalverteilung, angenommen werden. Deren Mittelpunktsverschiebung gegenüber der Zugangsposition wird in Abhängigkeit von der Exzentrizität sowie der Einmündungsrichtung bestimmt. So wird eine lineare Zunahme dieser Verschiebung mit zunehmendem Abstand des Zugangs vom wahrgenommenen Bahnsteigschwerpunkt unterstellt, um die Tendenz der Fahrgäste zur Bahnsteigmitte zu berücksichtigen (siehe Formel (16) auf Seite 217 im Anhang). Mündet der Zugang nicht rechtwinklig zur Längsausdehnung des Bahnsteiges ein, sondern liegt stattdessen eine eindeutige Einmündungsrichtung vor, wird diese Verschiebung zudem um einen pauschalen Zuschlag in Einmündungsrichtung angepasst. Die Standardabweichung der Normalverteilung wird als lineare Funktion in Abhängigkeit von der Exzentrizität (siehe Formel (17) auf Seite 217 im Anhang) unterstellt, um der höheren Varianz der Laufbereitschaft bei außermittigen Zugängen Rechnung zu tragen. Die so für jeden Zugang bestimmten Dichtefunktionen werden anschließend unter Berücksichtigung derer Nutzungsintensitäten addiert (Weidmann 1994, 268ff). Diese Nutzungsintensitäten der Zugänge sind in Form von Anteilen am Einsteigeraufkommen z.B. auf Basis der Wegebeziehungen sowie Siedlungsstruktur vom Nutzer des Modells zu schätzen. Treten am betrachteten Bahnsteig bahnsteiggleiche Umsteigebeziehungen auf, so wird dies, da eine detaillierte Modellierung sämtliche verknüpfte Linienverläufe abbilden müsste, näherungsweise durch eine Gleichverteilung entlang des Haltebereichs des betrachteten Zuges berücksichtigt (vgl. Bosina et al. 2017, S. 3; Rüger 2019, S. 152). Anschließend erfolgt eine Addition zur Dichtefunktion der Bahnsteigzugänge unter Berücksichtigung des Umsteigeranteils. Näheres siehe Abbildung 76 auf Seite 218 im Anhang.

Bei der Positionierung in Folge der *Sitzgelegenheiten* auf dem Bahnsteig legen die Beobachtungen nahe, dass sich die Fahrgäste erst kurz vor der Zugeinfahrt erheben und in der Nähe der Sitzgelegenheit den Einstieg erwarten. Um die Variabilität der

Laufdistanz zur berücksichtigen, soll je Sitzgelegenheit eine Normalverteilung (Mittelpunkt: Bankmitte, Standardabweichung: 3m) angenommen und zu einer gemeinsamen Dichtefunktion addiert werden. Näheres siehe Abbildung 77 auf Seite 219 im Anhang.

Bei Orientierung an *Wetterschutzeinrichtungen* ist für die Fahrgäste im überdachten Bereich des Bahnsteigs die genaue Position in Bahnsteiglängsrichtung für den Schutz vor Niederschlag oder Sonneneinstrahlung meist nicht entscheidend. Daher soll für die Attraktivitätsverteilung eine Gleichverteilung im überdachten Bahnsteigbereich vorgesehen werden. Siehe hierzu auch Abbildung 78 auf Seite 219 im Anhang.

Weitere Einflussfaktoren bezüglich der Gegebenheiten auf dem Startbahnsteig wurden wegen der nach Abschnitt 2.2.2 erwartbar geringen Signifikanz nicht berücksichtigt. Eine Einbeziehung der erwarteten Auslastungsverteilung des eintreffenden Zuges erwies sich in der Kalibrierung für den Stadtbahn- und S-Bahn-Verkehr als nicht signifikant, was mit den typischerweise kurzen Verweildauern im Fahrzeug zu erklären ist.

Zur Bestimmung der resultierenden Attraktivitätsverteilung auf Basis der Gegebenheiten der Startstation werden die fünf ermittelten Dichtefunktionen gewichtet addiert. Die *Gewichtungen* der einzelnen Kriterien wurden, wie auch die übrigen in Abschnitt 5.4 genannten Parameter, mittels eines angepassten Gradientenabstiegsverfahrens (Riedmiller & Braun 1993; Lämmel & Cleve 2008, 218ff; vgl. Cui et al. 2014) kalibriert. Für S-Bahn-Systeme soll demzufolge mit 46% den Bahnsteigzugängen die höchste Bedeutung zugemessen werden, während dem erwarteten Haltebereich eine Gewichtung von 20% und dem tatsächlichen Haltebereich von 4%[4] zukommt. Die Gewichtungen des Wetterschutzes sowie der Sitzgelegenheiten sind entsprechend der genannten Erkenntnisse hinsichtlich der konkreten Situation zu skalieren. Als Grundwerte kann für den Wetterschutz (bei 50% Überdachung und ohne Niederschlag bzw. starke Sonneneinstrahlung) eine Gewichtung von lediglich 2% und für die Sitzgelegenheiten (bei Übereinstimmung von Sitzplatzkapazität und Einsteigeranzahl) von 28% angenommen werden. Aufgrund der möglichen Gewichtungsanpassungen bei den

---

[4] Angesicht der geringen Gewichtung des tatsächlichen Haltebereichs sowie des Wetterschutzes (bei normalem Wetter), kann die Erhebung der Kriterien zur Verringerung des Aufwandes ggf. entfallen.

beiden letztgenannten Kriterien, erfolgt eine anschließende Normierung der Gewichtungen. Bei Stadtbahnsystemen sowie allgemein in der Hauptverkehrszeit ist eine deutliche höhere Orientierung an den Bahnsteigzugängen zu verzeichnen (bis zu 65%). Abgesehen von den vermutlich methodisch bedingten Abweichungen bei den Sitzgelegenheiten, lassen die Kalibrierungsergebnisse auch beträchtliche Differenzen hinsichtlich der Gewichtungen der Haltebereiche erkennen. Diese deuten auf weiteren Forschungsbedarf hinsichtlich der Modellierung des erwarteten Haltebereichs bei alternierenden Zuglängen hin. Die detaillierten Kalibrierungsergebnisse finden sich in Tabelle 24 auf Seite 215 im Anhang. Das Vorgehen zu Anpassungen der Parameterwerte kann Abbildung 79 auf Seite 220 im Anhang entnommen werden.

Abschließend können die Türwahlwahrscheinlichkeiten auf Basis der Gegebenheiten an der Startstation durch Integration über die ermittelte Attraktivitätsverteilung innerhalb des Einzugsbereichs der jeweiligen Tür ermittelt werden. Die Einzugsbereiche sind dabei jeweils durch die Mittelpunkte zwischen zwei Fahrzeugtüren sowie bei Randtüren durch das entsprechende Bahnsteigende definiert (vgl. u.a. Weidmann 1994; Heinz 2003; Verfahren siehe Abbildung 73 auf Seite 214 im Anhang).

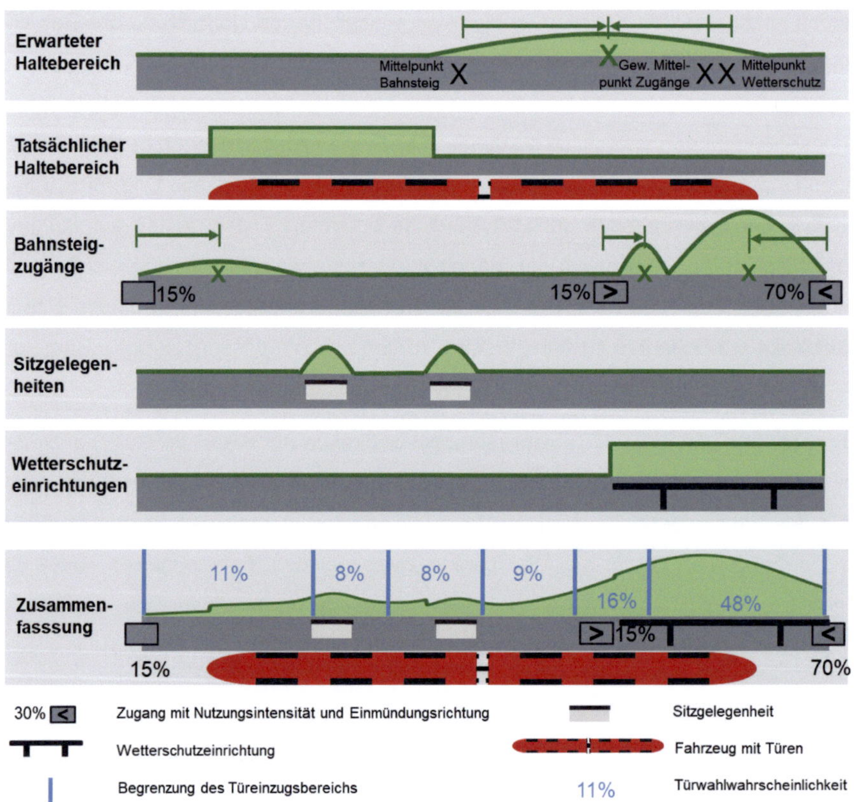

Abbildung 36: **Vorgehen zur Bestimmung der Türwahlwahrscheinlichkeiten auf Basis der Startstation an einem beispielhaften Bahnsteig (Quelle: Verfasser)**

5.4.1.2 Türwahlwahrscheinlichkeiten auf Basis der Gegebenheiten der nachfolgenden Stationen

Zur Berücksichtigung des Verhaltens von Fahrgästen, die sich wie in Abschnitt 2.2.2.6 geschildert, bei der Positionswahl auf dem Bahnsteig der Startstation bereits an ihrer Zielstation orientieren, wird für jeden Zielbahnsteig eine Attraktivitätsverteilung auf Basis der dortigen Abgänge bestimmt (vgl. Kunimatsu et al. 2012, 55f). Analog zum Vorgehen bei den Zugängen der Startstation, wird zunächst je Abgang eine Normalverteilung bestimmt (vgl. Elleuch et al. 2018, S. 1648). Die Einmündungsrichtung sowie die Exzentrizität der Lage sollen bei Betrachtung der Abgänge vernachlässigt werden. Als Mittelpunkt wird daher ohne weitere Verschiebung die Abgangslage und als Standardabweichung ein konstanter Parameterwert angenommen. Lediglich für Abgänge, die an der Zielstation außerhalb des dortigen Haltebereichs liegen, wird der Mittelpunkt um einen konstanten Wert in Abhängigkeit von der Zuglänge in den Haltebereich hinein verschoben. Steigt ein Teil der Aussteiger an der Zielstation bahnsteiggleich um, wird dies analog zur Situation an der Startstation näherungsweise durch eine entsprechend gewichtete Gleichverteilung über den Haltebereich des Zuges berücksichtigt (vgl. Kunimatsu et al. 2012, S. 56; Rüger 2019, 153f).

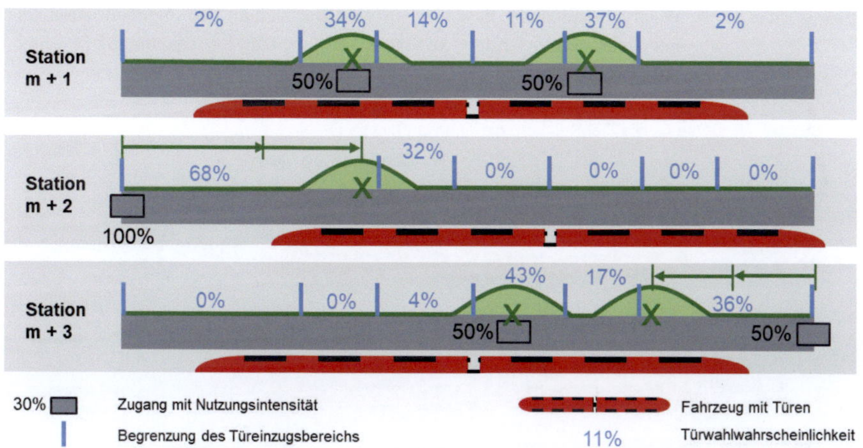

Abbildung 37: **Vorgehen zur Bestimmung der Türwahlwahrscheinlichkeiten auf Basis jener der betrachteten Station m nachfolgenden, beispielhaften Zielstationen (Quelle: Verfasser)**

Abschließend werden die Dichtefunktionen sämtlicher Abgänge einer Zielstation entsprechend ihrer Nutzungsintensität addiert und analog zum Vorgehen an einer Startstation durch Integration innerhalb der Türeinzugsbereiche die Türwahlwahrscheinlichkeiten bestimmt. Das Vorgehen ist beispielhaft in Abbildung 37 dargestellt.

5.4.2 Ermittlung der Ein- und Aussteigerzahlen sowie der Fahrzeugbesetzung

Abbildung 38 und Abbildung 39 verdeutlichen den Prozess zur Bestimmung der initialen, türbezogenen Fahrgastverteilung. Hierzu wird zunächst nach Formel (4) durch Multiplikation der Türwahlwahrscheinlichkeiten mit dem aus der allgemeinen Quelle-Ziel-Matrix der Linie stammenden, relationsbezogenen Fahrgastaufkommen die türbezogene Quelle-Ziel-Matrix ermittelt. Diese gibt das relationsbezogene Fahrgastaufkommen je Türbereich des Zuges an und ermöglicht neben der Bestimmung der Aussteigerverteilung (Heinz 2003, S. 41) auch die kontinuierliche Fortschreibung der Information zum Ausstiegsort bei den nachfolgenden Umverteilungsschritten.

$$QZ_{Tür}(m, z, n) = \left(p_{FGV,Tür,Start}(m, n)\left(1 - Gew_{FGV,Ziel}\right)\right.$$
$$\left. + p_{FGV,Tür,Ziel}(m, n)\ Gew_{FGV,Ziel}\right) \times \tag{4}$$
$$\times\ QZ_{allg}(m, z)$$

$QZ_{Tür}$(m,z,n)	Fahrgastaufkommen von Station m nach Station z im Bereich von Tür n [-]
$p_{FGV,Tür,Start}$(m,n)	Wahrscheinlichkeit, dass ein Fahrgast, der sich an den Gegebenheiten seiner Startstation orientiert, an Station m Tür n zum Einstieg nutzt [-]
$Gew_{FGV,Ziel}$	Anteil der Fahrgäste, der sich bei der Wahl seiner Einstiegstür an den Gegebenheiten seiner Zielstation orientiert [-]
$p_{FGV,Tür,Ziel}$(m,n)	Wahrscheinlichkeit, dass ein Fahrgast, der sich an den Gegebenheiten seiner Zielstation orientiert, an Station m Tür n zum Einstieg nutzt [-]
QZ_{allg}(m,z)	Fahrgastaufkommen von Station m nach Station z [-]

Beispielhaft für die Quelle-Ziel-Relation von m nach (m+1):

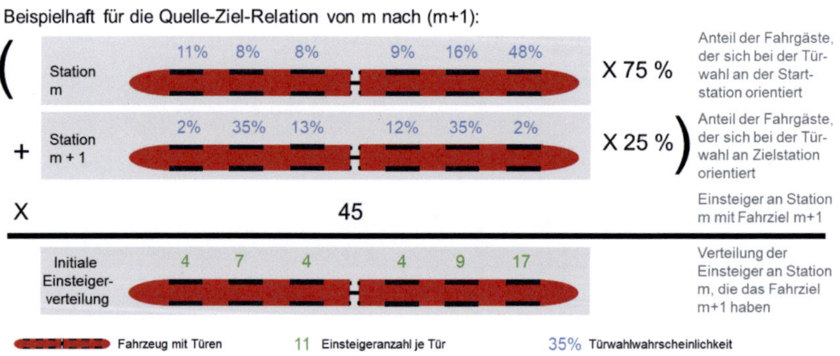

Abbildung 38: **Bestimmung der initialen Einsteigerverteilung für eine beispielhafte Quelle-Ziel-Relation (Quelle: Verfasser)**

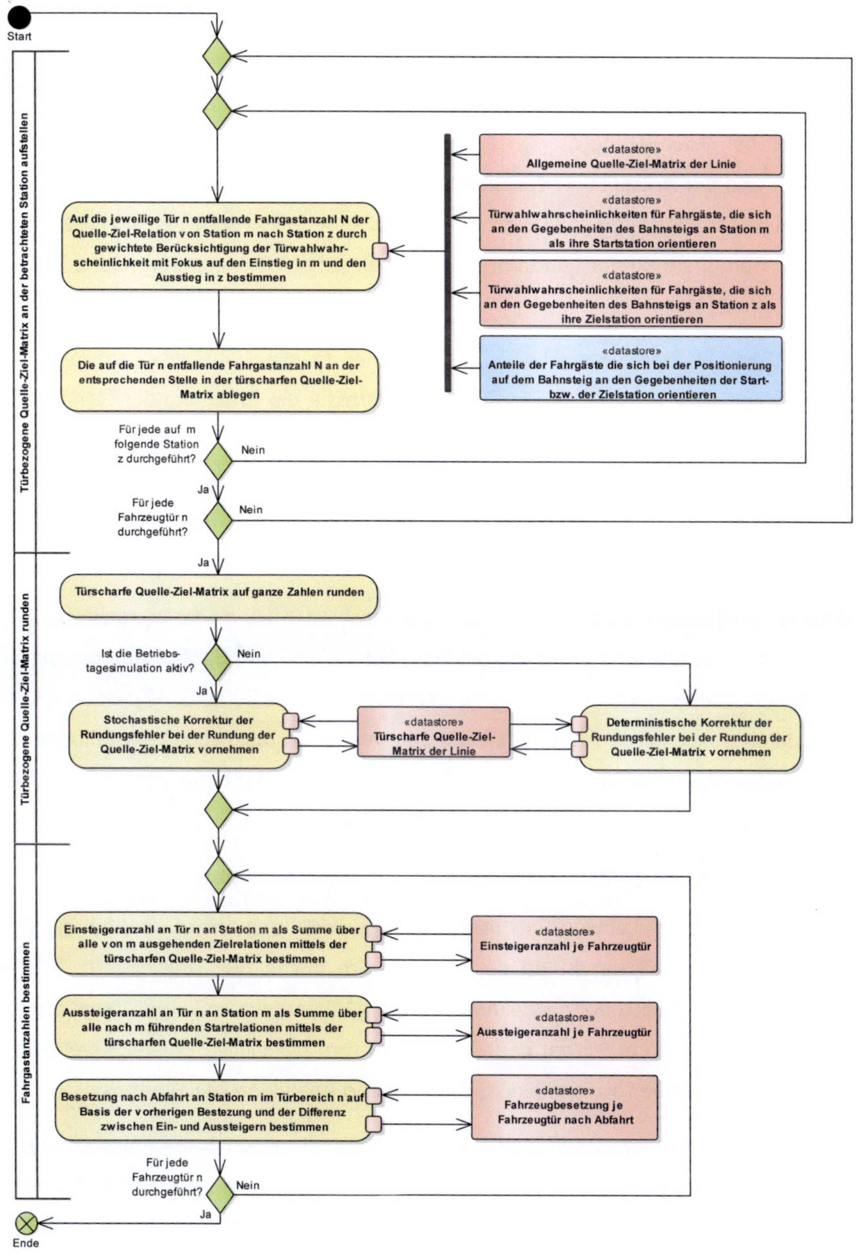

Abbildung 39: **Prozessablauf zur Ermittlung der Ein- und Aussteigerzahlen sowie der Fahrzeugbesetzung an einer Station (Quelle: Verfasser)**

Bei der Bestimmung der türbezogenen Quelle-Ziel-Matrix geht die Gewichtung der Türwahlwahrscheinlichkeiten auf Basis der Start- und Zielstation ein. Diese wurden im Rahmen der Kalibrierung des Teilmodells (vgl. Abschnitt 5.4.1.1) bestimmt. Demzufolge soll der Orientierung an den Gegebenheiten der Startstation eine Gewichtung von 75% und der Antizipation der Situation an der Zielstation 25% zugemessen werden. Bei Stadtbahnsystemen sowie in der Hauptverkehrszeit scheinen sich jedoch bis 65% der Fahrgäste an der Lage der Bahnsteigabgänge zu orientieren (siehe Tabelle 24 auf Seite 215).

Anschließend werden die Werte der türbezogenen Quelle-Ziel-Matrix ganzzahlig gerundet, wobei eine entsprechende Rundungskorrektur die Erhaltung der Gesamtzahl ein- und aussteigender Fahrgäste sicherstellen muss. Aufgrund der erheblichen Differenzierung kann eine Bestimmung durch „Auswürfeln" entsprechend der jeweiligen Wahrscheinlichkeiten realistischere Ergebnisse als eine rein deterministische Rundungskorrektur liefern.

Abschließend können die Ein- und Aussteigeranzahlen je Tür an der betrachteten Station vor der Umverteilung durch Berechnung der Zeilen- und Spaltensumme der türbezogenen Quelle-Ziel-Matrix bestimmt werden (vgl. Heinz 2003, S. 41). Daraus kann dann durch sukzessives Aufrechnen mit den Werten zurückliegender Stationen die Fahrzeugbesetzung je Türeinzugsbereich nach Abfahrt an der betrachteten Station ermittelt werden.

5.4.3   Berücksichtigung auslastungsbedingter Umverteilungen

Die Bestimmung der initialen Ein- und Aussteigerverteilung erfolgt unabhängig vom Gesamteinsteigeraufkommen an der Station. Um die in den Abschnitten 2.2.2.5, 2.2.2.8 und 2.2.2.9 diskutierte Reaktion der Fahrgäste auf Auslastungsdifferenzen auf dem Bahnsteig und im Zug zu berücksichtigen, wird die initiale Einsteigerverteilung durch drei sukzessive Umverteilungsschritte (siehe Abbildung 34) angepasst.

Der *erste Umverteilungsschritt* modelliert die Fahrgastreaktion auf die Auslastungssituation auf dem Bahnsteig bis zum Beginn des Einsteigeprozesses und bildet damit sowohl das Fahrgastbestreben nach hinreichend Abstand beim Warten auf dem Bahnsteig (Abschnitt 2.2.2.5) als auch die Reaktion auf Differenzen im Einsteigeraufkommen zwischen den Fahrzeugtüren (Abschnitt 2.2.2.8) ab. Während für Ersteres die

Verteilung der Fahrgastdichte über die Bahnsteiglänge relevant ist (u.a. Hennige & Weiger 1994, S. 39), ist für Letzteres die Einsteigeranzahl je Tür entscheidend (vgl. Berg 1981, S. 114). Um beide Aspekte vereint zu modellieren, wird die Fahrgastdichte auf dem Bahnsteig je Türeinzugsbereich innerhalb des Haltebereichs betrachtet.

Abbildung 40 zeigt den Prozessablauf und verdeutlicht, dass bei der Berechnung der Fahrgastdichten auch vom Nutzer angegebene Bahnsteigverengungen (z.B. im Bereich der Zugänge oder bei Einbauten) berücksichtigt werden. Fahrgäste späterer Abfahrten am selben Bahnsteig oder die bei Mittelbahnsteigen vergrößerte Bahnsteigfläche bleiben vereinfachend unberücksichtigt (vgl. u.a. Bosina et al. 2015, 6ff). Anschließend kann je Bereich dessen Abweichung von der ausgeglichenen Fahrgastdichte bestimmt werden. Um der von den Fahrgästen angestrebten Wegeminimierung Rechnung zu tragen, werden anschließend aufwandsminimale Umverteilungsströme zwischen den Bereichen durch Formulierung als klassisches Transportproblem bestimmt (z.B. Dantzig 1966, 42ff; Kantorovich & Akilov 1982, 225ff). Beim Aufstellen des Transporttableaus wird den Bereichen entsprechend ihrer Fahrgastdichte in Relation zur ausgeglichen Fahrgastdichte ein entsprechendes Angebot bzw. eine Nachfrage zugeordnet. Die Distanzen zwischen den Türmitten werden als Transportkosten angesetzt. Zur Lösung kann beispielsweise die Nord-West-Ecken-Methode in Verbindung mit der Modifizierten Distributionsmethode (MODI-Verfahren) herangezogen werden (z.B. Runzheimer 1999, 123ff; Domschke 2007, 99ff).

Wie in Abschnitt 2.2.2.5 geschildert, bestimmt die Ausweichbereitschaft der Fahrgäste, in welchem Umfang diese ausgleichende Umverteilung tatsächlich realisiert wird. Weist ein Bahnsteigbereich eine geringe Fahrgastdichte auf, ist aufgrund der dann möglichen, großen Abstände zwischen den Fahrgästen von einer geringen Bereitschaft zum Ausweichen auszugehen. Diese nimmt ab Erreichen einer kritischen Fahrgastdichte mit steigender Dichte zu. Daher soll die Übergangswahrscheinlichkeit zwischen zwei Türbereichen je Meter Distanz in Form einer Sigmoid-Funktion von der Fahrgastdichte des Startbereichs abhängig angenommen werden (siehe Formel (18) auf Seite 222 im Anhang). Die Parameter der Funktion wurden mittels den Überlegungen der Proxemik (vgl. u.a. Hall et al. 1968) initial geschätzt und durch die Modellkalibrierung weiter angepasst (Werte siehe Tabelle 24 auf Seite 215 im Anhang). Abbildung 81 (siehe Seite 222) zeigt den Zusammenhang für verschiedene Türmittenabstände.

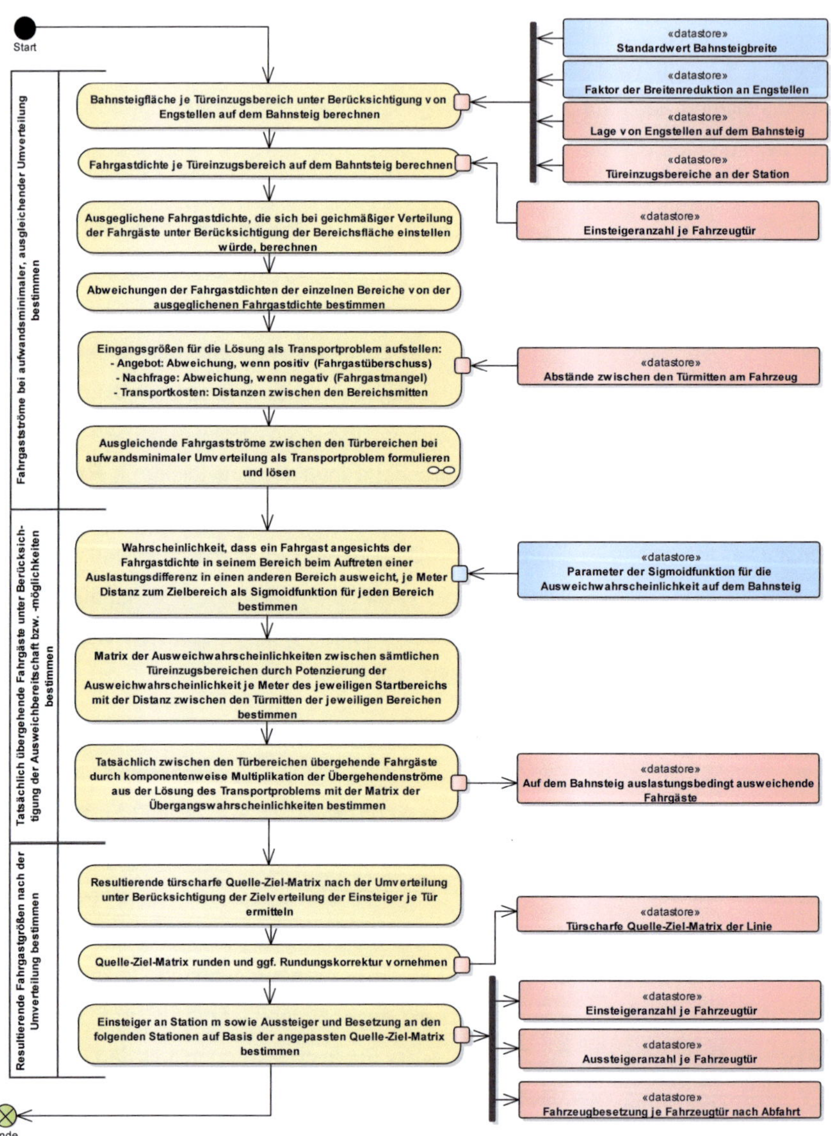

Abbildung 40: **Prozessablauf zur Berücksichtigung der Reaktion der Einsteiger auf die eventuell ungleiche Auslastung der Bahnsteigbereiche vor dem Einstieg (Quelle: Verfasser)**

Eine Multiplikation der Ausweichwahrscheinlichkeiten mit den aus der Lösung des Transportproblems stammenden, ausgleichenden Fahrgastströmen ergibt die Anzahl tatsächlich ausweichender Fahrgäste je Tür-Tür-Beziehung. Auf dieser Basis werden unter Berücksichtigung der Zielverteilung je Tür die türscharfe Quelle-Ziel-Matrix und damit die Einsteiger-, Aussteiger- und Besetzungsanzahlen neu bestimmt.

Der *zweite Umverteilungsschritt* modelliert das Ausweichen der Fahrgäste bei Erschöpfung der Fahrzeugkapazität an einzelnen Türbereichen (vgl. D'Acierno et al. 2017, S. 77). Dazu wird weitgehend analog zum ersten Schritt vorgegangen (siehe Abbildung 83 im Anhang auf Seite 223), weshalb nur auf die Abweichungen näher eingegangen werden soll. So werden beim Aufstellen des Transporttableaus die überzähligen Fahrgäste an den betroffenen Türen als Angebot und an den übrigen Türen die noch verfügbaren Platzkapazitäten als Nachfrage angenommen. Die als Ergebnis bestimmten Fahrgastströme werden anschließend direkt zur Anpassung der Quelle-Ziel-Matrix sowie der übrigen Fahrgastgrößen genutzt. Eine Berücksichtigung der Ausweichwahrscheinlichkeit erfolgt nicht, da die Fahrgäste in diesem Fall zwingend ausweichen müssen. Sollte die gesamte Zugkapazität ausgeschöpft sein, wird die Anzahl zurückgelassener Fahrgäste dokumentiert.

Als *dritter Umverteilungsschritt* wird mit vergleichbarem Vorgehen (siehe Abbildung 84 im Anhang auf Seite 224) abschließend die Reaktion der Fahrgäste auf Auslastungsdifferenzen im Zug nach dem Einstieg an der betrachteten Station modelliert (vgl. Abschnitt 2.2.2.9). Hierzu wird je Türbereich die Auslastung der dortigen Sitz- und Stehplätze mit der Auslastung verglichen, die sich bei gleichmäßiger Verteilung der Fahrgäste über den ganzen Zug einstellen würde. Anschließend wird ein entsprechendes Transporttableau aufgestellt, wobei das Angebot bei Fahrgastüberschuss zur Berücksichtigung der in Abschnitt 2.2.2.9 diskutierten Persistenz maximal auf die an dieser Station eingestiegenen Fahrgäste beschränkt bleibt.

Im Zug ist weniger die Bereitschaft zum Ausweichen auf geringer ausgelastete Bereiche der limitierende Faktor, sondern vielmehr dessen praktische Realisierbarkeit (Krstanoski 2014a, S. 457). Bei geringer Stehplatzauslastung kann daher von einer hohen Übergangswahrscheinlichkeit ausgegangen werden, die ab einer kritischen Dichte stehender Fahrgäste im betrachteten und benachbarten Türbereich allmählich auf null abfällt. Auch hierzu wurde ein funktionaler Zusammenhang in Form einer Sigmoid-Funktion angenommen (siehe Formel (19) sowie beispielhafte Darstellung des Zusammenhangs anhand verschiedener Türbreiten auf Abbildung 82 auf Seite 222 im Anhang). Weiterhin können auch Fahrzeugeigenschaften die Ausweichwahrscheinlichkeit einschränken bzw. vollständig auf null setzen (z.B. enge bzw. nicht vorhandene Wagenübergänge). Abschließend werden die türscharfe Quelle-Ziel-Matrix sowie die Besetzungs- und Aussteigeranzahlen neu berechnet. Eine Neuberechnung der Einsteigeranzahlen erfolgt nicht, da der Einstieg zum Zeitpunkt der Umverteilung bereits erfolgt ist.

Nach Abschluss der drei Anpassungsschritte ist die Modellierung der Fahrgastverteilung auf die Türen abgeschlossen und kann im nachfolgenden Schritt als Grundlage für die Bestimmung der Fahrgastwechselzeit herangezogen werden. Abbildung 41 verdeutlicht das Vorgehen im Rahmen der Umverteilungsschritte an einem Beispiel.

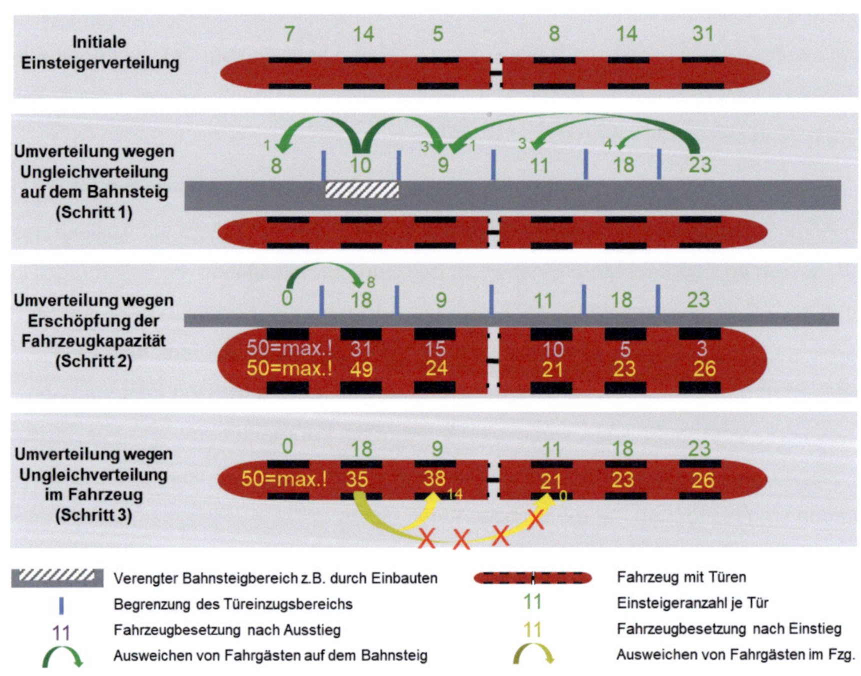

Abbildung 41: Beispielhafte Darstellung der drei Umverteilungsschritte (Quelle: Verfasser)

5.5 Modellierung der Verteilungsfunktionen der Haltezeit

Im dritten Teilschritt wird auf Basis der Ergebnisse der beiden vorangegangenen Berechnungsschritte die Verteilungsfunktion der Haltezeit an der betrachteten Station bestimmt. Ansätze, die auf Grundlage der Ein- und Aussteigerzahlen Aussagen zum Haltezeitbedarf ermöglichen, sind Bestandteil nahezu aller bestehenden Haltezeitmodelle (vgl. Kapitel 1). Einige Modelle erlauben dabei über die Schätzung des Erwartungswertes hinaus auch Aussagen zur Verteilungsfunktion der Haltezeit. Neben den simulativen Modellansätzen sei hierzu unter anderem auf die analytischen Ansätze nach Rüger (1978), Weidmann (1994) und Buchmüller et al. (2008) verwiesen.

Abbildung 42 verdeutlicht das an den Ergebnissen der in Abschnitt 2.1 dargestellten Prozessanalyse orientierte Vorgehen zur Ermittlung der Haltezeitverteilungsfunktion im hier entwickelten Modell. Dabei werden zunächst das situativ gewählte Türöffnungsverfahren und die damit in Verbindung stehenden Zeitbedarfe vor Beginn des Fahrgastwechsels geschätzt (siehe Abschnitt 5.5.1). Anschließend wird je Fahrzeugtür die Verteilungsfunktion der regulären Fahrgastwechseldauer bestimmt (siehe Abschnitt 5.5.2). Es folgt die Ermittlung der Zeitdauern der dem regulären Fahrgastwechsel nachgelagerten Prozesse, wobei die Berücksichtigung kurzfristig auf dem Bahnsteig eintreffender Einsteiger von besonderer Bedeutung ist. Aus diesem Grund wird zunächst das Nachzügleraufkommen je Tür geschätzt und auf dieser Basis das gewählte Türschließverfahren berücksichtigt. Dann folgt die Modellierung der Zeitbedarfe für das Einsteigen der Nachzügler, die Türschließung sowie die weiteren Prozesse bis zur Abfahrt (siehe Abschnitt 5.5.3).

5.5.1 Türfreigabe-, Öffnungsimpuls- und Türöffnungsdauer

Entsprechend der in Abschnitt 2.2.4.1 dargestellten Zusammenhänge werden zunächst die Verteilungsfunktionen der Zeitdauern der dem Fahrgastwechsel vorausgehenden Prozessschritte ermittelt. Die auf Zugebene zu bestimmende *Türfreigabedauer* wird, wie in Abbildung 85 auf Seite 225 im Anhang dargestellt, als gammaverteilt angenommen. Die Parameter der Verteilung hängen wesentlich davon ab, wie die Freigabe der Türen konkret realisiert ist (vgl. Janicki et al. 2020, 535ff).

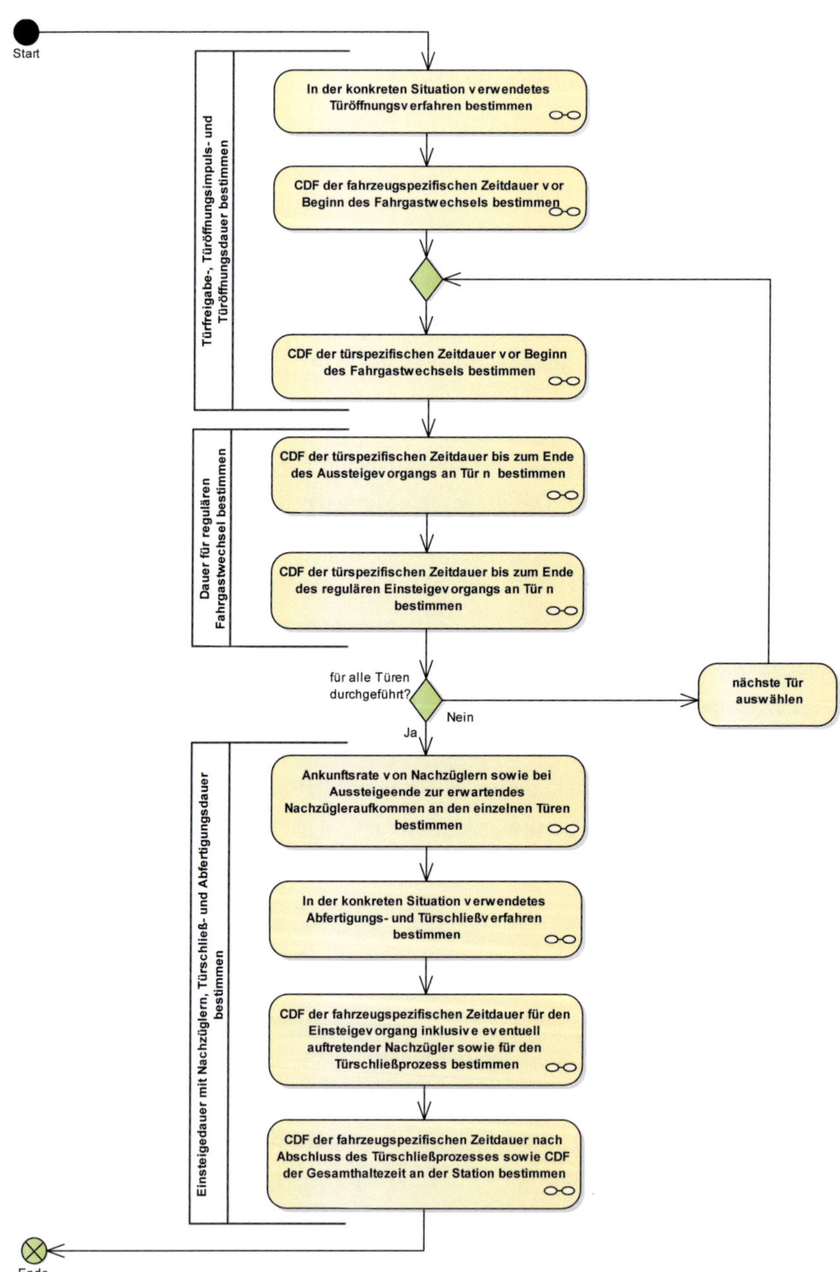

Abbildung 42:   Prozessablauf zur Bestimmung der Verteilungsfunktion (CDF) der Haltezeit (Quelle: Verfasser)

Hierbei und auch nachfolgend wird stets eine Gammaverteilung entsprechend der in Formel (20) (siehe Seite 225 im Anhang) angegebenen Parametrisierung verwendet. Bei den erforderlichen Angaben zu den Erwartungswerten und der Standardabweichung handelt es sich um vom Nutzer einzugebende Eingangsgrößen (insbesondere bei fahrzeugspezifischen Daten) bzw. um im Modell hinterlegte Simulationsparameter.

Nachfolgend wird, wie in Abbildung 86 (siehe Seite 226 im Anhang) dargestellt, das im konkreten Fall erwartungsgemäß verwendete Türöffnungsverfahren in Abhängigkeit von den fahrzeugtechnischen Möglichkeiten sowie der situativen Ankunftsverspätung (vgl. Tabelle 7 auf Seite 69) ermittelt. Darauf basierend wird, wie in Abbildung 43 dargestellt, die türspezifische Zeitdauer vor Beginn des Fahrgastwechsels bestimmt. Hierzu ist zunächst die *Öffnungsimpulsdauer* in Abhängigkeit vom Türöffnungsverfahren sowie dem Vorhandensein von Aussteigern je Fahrzeugtür zu bestimmen (vgl. Buchmüller et al. 2008, S. 109).

Auch die türspezifische *Türöffnungsdauer* ist vom gewählten Türöffnungsverfahren sowie definitionsgemäß vom Vorhandensein von Fahrgästen an der konkreten Fahrzeugtür abhängig. Wurde das dezentrale Türöffnen gewählt und sind keine Ein- bzw. Aussteiger an der Tür vorhanden, bleibt die Tür geschlossen und die Zeitdauer wird zu Null angenommen (vgl. Panzera & Rüger 2018, 72).

Abschließend werden die Verteilungen der Öffnungsimpulsdauer sowie der Türöffnungsdauer mittels der mathematischen Faltungsoperation zusammengefasst. Dadurch ergibt sich die Verteilungsfunktion der Zeitdauer zwischen Türfreigabe und Fahrgastwechselbeginn an der konkreten Tür.

5.5.2 Dauer des Aussteige- und regulären Einsteigeprozesses

Anschließend wird separat für jede Fahrzeugtür der Zeitbedarf für den Aus- und Einsteigeprozess bestimmt. Dabei werden die im Rahmen der Fahrgastverteilung auf die Türen ermittelten, türspezifischen Aus- und Einsteigeranzahlen zu Grunde gelegt. Einsteiger, die erst nach dem Halt des Zuges eintreffen, bleiben dabei zunächst unberücksichtigt. Deren Einfluss auf die Haltezeit wird erst im nachfolgenden Schritt berücksichtigt (siehe Abschnitt 5.5.3).

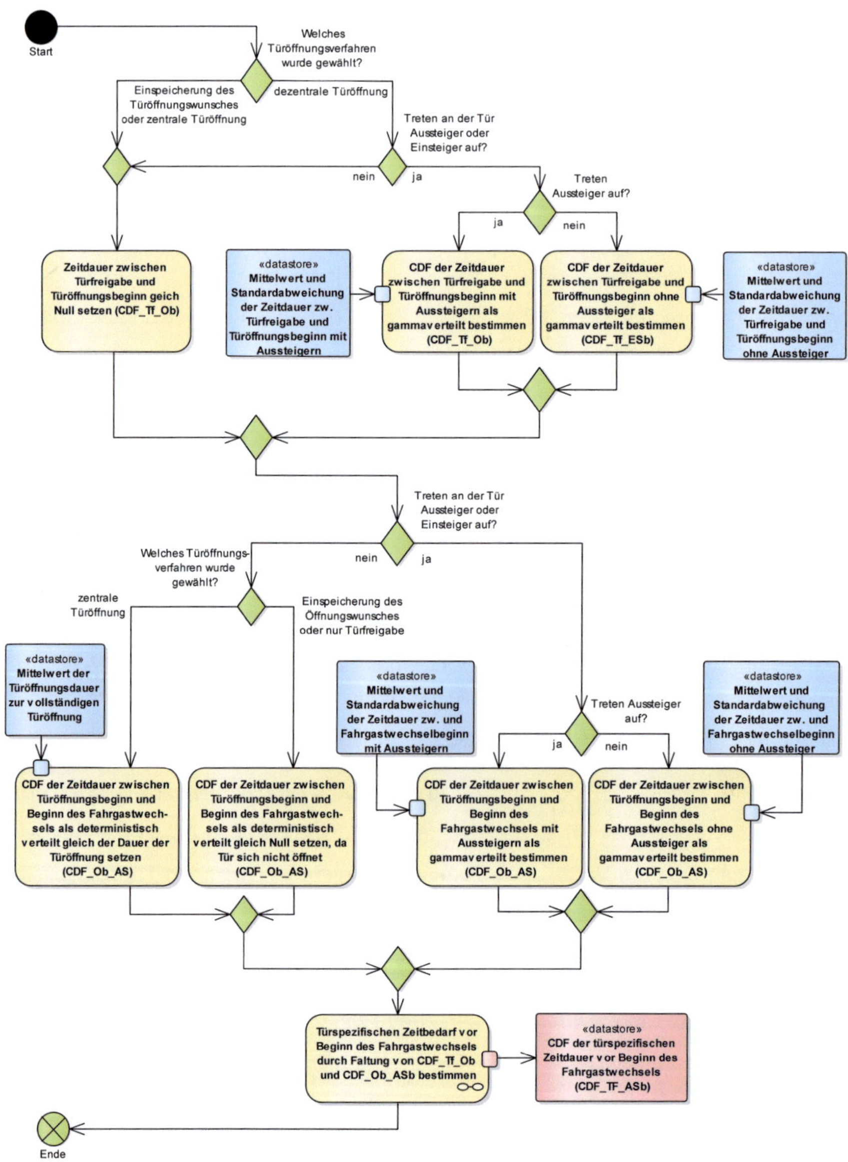

Abbildung 43: Prozessablauf zur Bestimmung der Verteilungsfunktion (CDF) der türspezifischen Zeitdauer vor Beginn des Fahrgastwechsels in Abhängigkeit vom Türöffnungsverfahren und dem Vorhandensein von Aussteigern (Quelle: Verfasser)

Die *bedienungstheoretische Modellierung von Fahrgastwechselprozessen* ohne Berücksichtigung kurzfristig eintreffender Fahrgäste wurde vom Verfasser bereits im Rahmen seiner Masterarbeit (vgl. Uhl 2018, 56ff) vertieft betrachtet. Den dortigen Erkenntnissen folgend sollen die aus- und einsteigewilligen Fahrgäste an einer Fahrzeugtür als Forderungsträger angesehen werden, wobei der konkrete Bedienungswunsch im Betreten beziehungsweise Verlassen des Zuges besteht (vgl. Zhang et al. 2010, S. 1456; Wang et al. 2014; Xu, Q. et al. 2014).

Entsprechend der Definition der Fahrgastwechseldauer (vgl. Abschnitt 1.1) besteht die Bedienung einer Forderung folglich aus dem Durchqueren des Türquerschnitts sowie dem Ablaufen der hierfür abstandsbedingt erforderlichen vor- und nachgelagerten Zeitdauern. Auf eine Unterteilung des Bedienknotens in mehrere Bedienungskanäle entsprechend der Türspuren soll verzichtet werden (vgl. Kraft 1975, S. 102). Stattdessen wird die Türbreite durch Anpassung der Bedienungsrate berücksichtigt (vgl. Daamen 2004, S. 176).

Unter der vereinfachenden Annahme, dass sich die Aus- bzw. Einsteiger bereits zu Beginn der Vorgänge vor der Tür versammelt haben, können beiden Prozesse jeweils als reiner, bedienungstheoretischer Todesprozess modelliert werden[5]. Abbildung 44 verdeutlicht am Beispiel des Einsteigevorgangs, dass eine Bedienung mit der Sterberate μ so lange erfolgt, bis alle N initial vorhandenen Forderungen abgearbeitet wurden.

---

[5] Zur Berechtigung der Annahme siehe u.a. Rüger & Tuna (2008a, S. 526). Soll auf diese Annahme verzichtet werden, kann der Zustromprozess zur Tür als Geburtsprozess aufgefasst und der Gesamtprozess damit als kombinierter, bedienungstheoretischer Geburts- und Todesprozess modelliert werden. Für den regulären Fahrgastwechselprozess hat sich dies in der Modellkalibrierung als verzichtbar erwiesen. Im Falle von Nachzügleraufkommen, wird dieser Ansatz jedoch verfolgt (siehe Abschnitt 5.5.3).

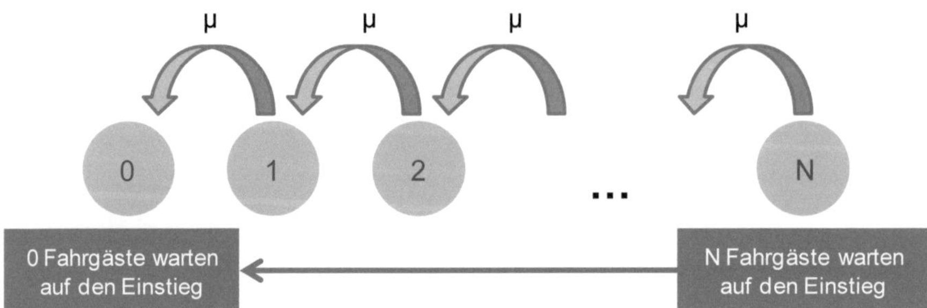

Abbildung 44: **Markov-Graph eines reinen, bedienungstheoretischen Todesprozesses am Beispiel des Einsteigevorgangs mit exponentialverteilter Einsteigedauer 1/µ (Quelle: Uhl 2018, S.57)**

Die zeitabhängige Zustandswahrscheinlichkeit des absorbierenden Zustandes „Null" - also die Wahrscheinlichkeit, dass alle N Einsteiger bedient wurden - entspricht damit der gesuchten Verteilungsfunktion der Einsteigedauer. Selbiges gilt analog für den Aussteigevorgang.

Der aus den erhobenen Daten abgeleitete Variationskoeffizient der mittleren fahrgastspezifischen Fahrgastwechseldauern liegt deutlich unter eins (siehe Tabelle 25 auf Seite 229 im Anhang). Die Bediendauern streuen daher weniger, als bei Annahme einer Exponentialverteilung vorausgesetzt würde. Folglich sollen *erlangverteilte Bediendauern* angenommen werden (vgl. Kraft 1975, S. 102). Abbildung 87 (auf Seite 227 im Anhang) visualisiert den daraus resultierenden Markov-Graphen. Formeln (21)–(27) (siehe Seite 226ff im Anhang) zeigen, dass sich die Lösung der damit verbundenen Differenzialgleichungssysteme auf eine Gammaverteilung zurückführen lässt. Daraus resultieren die nachfolgend in Formel (5) dargestellten, zeitabhängigen Zustandswahrscheinlichkeiten des Zustandes „Null" und damit die Verteilungsfunktionen der Aus- bzw. Einsteigedauern:

$$P(t, p, b) = \frac{b^p}{\Gamma(p)} \int_0^t x^{p-1} e^{-bx} \, dx$$

$$\text{wobei: } p = k \quad \text{und} \quad b = \frac{\mu * k}{N} \tag{5}$$

$$\text{damit beim Aussteigevorgang: } p = \frac{t_{AS,MW}^2}{t_{AS,Stabw}^2} \quad \text{und} \quad b = \frac{t_{AS,MW}}{n_{AS,Tür} \, t_{AS,Stabw}^2}$$

damit beim Einsteigevorgang: $\quad p = \dfrac{t_{ES,MW}^2}{t_{ES,Stabw}^2} \quad$ und $\quad b = \dfrac{t_{ES,MW}}{n_{ES,Tür} \; t_{ES,Stabw}^2}$

$P(t)$	Wert der Wahrscheinlichkeitsverteilungsfunktion an der Stelle t [-]
$\Gamma(x)$	Funktionswert der Gammafunktion an der Stelle x
e	Eulersche Zahl [-]
μ	Sterberate [1/sek]
k	k-Wert einer Erlang-Verteilung [-]
N	Ein- bzw. Aussteigeranzahl an der betrachteten Tür [Fahrgäste]
$t_{AS,MW}$	mittlere Aussteigedauer je Aussteiger [sek]
$n_{AS,Tür}$	Aussteigeranzahl an der betrachteten Tür [Fahrgäste]
$t_{AS,Stabw}$	Standardabweichung der mittleren Aussteigedauer je Aussteiger [sek]
$t_{ES,MW}$	mittlere Einsteigedauer je Einsteiger [sek]
$n_{ES,Tür}$	Einsteigeranzahl an der betrachteten Tür [Fahrgäste]
$t_{ES,Stabw}$	Standardabweichung der mittleren Einsteigedauer je Einsteiger [sek]

Es wird ersichtlich, dass sich die für die Modellierung erforderlichen *Parameter p und b* aus dem Erwartungswert sowie der Standardabweichung der mittleren Fahrgastwechselzeit je Fahrgast bestimmen lassen (siehe hierzu auch die methodische Anmerkung auf Seite 228 im Anhang). Auf Basis der Erkenntnisse in Abschnitt 2.2.3 können Mittelwert und Standardabweichung der mittleren fahrgastspezifischen Aus- bzw. Einsteigedauern jeweils auf Basis eines Grundwerts sowie mehrerer Zuschlagfaktoren, wie in Formel (6) am Beispiel des Aussteigevorgangs dargestellt, bestimmt werden. Die Ermittlung für den Einsteigevorgang erfolgt analog.

$$t_{AS,MW} = t_{AS,MW,Grundwert} \; t_{AS,MW,Zu,Gepäck} \; t_{AS,MW,Zu,Höhe} \; t_{AS,MW,Zu,Türbr}$$

$$t_{AS,Stabw} = t_{AS,Stabw,Grundwert} \; t_{AS,Stabw,Zu,Gepäck} \; t_{AS,Stabw,Zu,Höhe} \times$$
$$\times \; t_{AS,Stabw,Zu,Türbr}$$

(6)

$t_{AS,MW}$	mittlere Aussteigedauer je Aussteiger [sek]
$t_{AS,MW,Grundwert}$	Grundwert der mittleren Aussteigedauer je Aussteiger [sek]
$t_{AS,MW,Zu,Gepäck}$	Zuschlagfaktor zum Grundwert der mittleren Aussteigedauer je Aussteiger zur Berücksichtigung von Gepäckaufkommen [-]
$t_{AS,MW,Zu,Höhe}$	Zuschlagfaktor zum Grundwert der mittleren Aussteigedauer je Aussteiger zur Berücksichtigung einer vertikalen Distanz zwischen Fahrzeugboden- und Bahnsteighöhe [-]
$t_{AS,MW,Zu,Türbr}$	Zuschlagfaktor zum Grundwert der mittleren Aussteigedauer je Aussteiger zur Berücksichtigung einer Abweichung der Türbreite von der Standardtürbreite (1,3m) [-]
$t_{AS,Stabw}$	Standardabweichung der mittleren Aussteigedauer je Aussteiger [sek]

$t_{AS,Stabw,Grundwert}$	Grundwert der Standardabweichung der mittleren Aussteigedauer je Aussteiger [sek]
$t_{AS,Stabw,Zu,Gepäck}$	Zuschlagfaktor zum Grundwert der Standardabweichung der mittleren Aussteigedauer je Aussteiger zur Berücksichtigung von Gepäckaufkommen [-]
$t_{AS,Stabw,Zu,Höhe}$	Zuschlagfaktor zum Grundwert der Standardabweichung der mittleren Aussteigedauer je Aussteiger zur Berücksichtigung einer vertikalen Distanz zwischen Fahrzeugboden- und Bahnsteighöhe [-]
$t_{AS,Stabw,Zu,Türbr}$	Zuschlagfaktor zum Grundwert der Standardabweichung der mittleren Aussteigedauer je Aussteiger zur Berücksichtigung einer Abweichung der Türbreite von der Standardtürbreite (1,3m) [-]

Die Grundwerte werden in Abhängigkeit vom gesamten Aus- bzw. Einsteigeraufkommen an der betrachteten Tür geschätzt. Beim Einsteigeprozess wird zudem die Stehplatzbelegung im Fahrzeug berücksichtigt (siehe u.a. Formeln (1) und (2) auf Seite 61). Die Anzahl stehender Fahrgäste wird hierbei nach jedem Halt auf Basis der Besetzung und der Sitzplatzkapazität je Türbereich neu berechnet, um die dynamische Neubesetzung der von Aussteigern geräumten Sitzplätze zu berücksichtigen (vgl. Leurent 2008, S. 4). Die Zuschlagfaktoren werden in Abhängigkeit von dem Gepäckaufkommen, der Türbreite sowie der Höhendifferenz zwischen Fahrzeugbodenhöhe und Bahnsteighöhe geschätzt (siehe u.a. Formeln (9)–(14) auf Seite 202f).

Abbildung 45 verdeutlicht, dass die so ermittelte *Verteilungsfunktion der türspezifischen Aussteigedauer* anschließend durch Faltung mit der Verteilungsfunktion des Zeitbedarfs bis zum Aussteigebeginn an der Tür zum Zeitbedarf bis zum Abschluss des Aussteigevorgangs zusammengefasst wird. Treten an der betrachteten Tür keine Aussteiger auf, wird die Dauer des Aussteigevorgangs zu Null gesetzt.

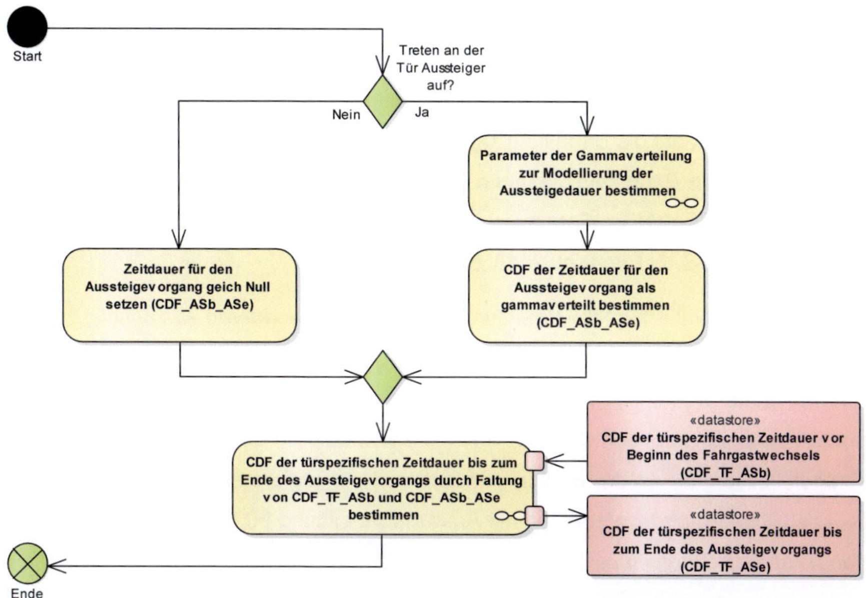

Abbildung 45: **Prozessablauf zur Bestimmung der Verteilungsfunktion (CDF) der türspezifischen Zeitdauer bis zum Ende des Aussteigevorgangs (Quelle: Verfasser)**

Abbildung 88 (siehe Seite 230 im Anhang) zeigt das diesbezügliche *Vorgehen beim Einsteigevorgang*. Ergänzend zum Aussteigevorgang erfolgt hier noch die Berücksichtigung der Zwischendauer zwischen Aus- und Einstieg, welche ebenfalls als gammaverteilt mit Parametern gemäß Abschnitt 2.2.4.1 angenommen werden soll (vgl. Seriani et al. 2017). Damit korrespondiert ein zusätzlicher Faltungsvorgang. Weiterhin werden abschließend konkrete Zahlenwerte für den türspezifischen Zeitbedarf bis zum Einsteigebeginn sowie bis zum Einsteigeende am aktuellen Auftretenswahrscheinlichkeitsschritt aus den Verteilungsfunktionen abgegriffen. Diese Zeitdauern werden anschließend unter anderem zur Ermittlung der bei Einsteigebeginn bereits eingetroffenen Nachzügleranzahl genutzt.

5.5.3 Dauer des Nachzüglereinsteigeprozesses sowie Türschließ- und der Abfertigungsdauer

Der Zeitbedarf für das Schließen der Fahrzeugtüren sowie für die Abfertigung ist, wie in Abschnitt 2.1.1 dargestellt, in engem Zusammenhang mit dem Einsteigevorgang kurzfristig eintreffender Einsteiger zu betrachten. Demzufolge wird das gesamte an der betrachteten Station auftretende *Nachzügleraufkommen* (zur Bestimmung siehe Abschnitt 5.3.2) *auf die Fahrzeugtüren verteilt.* Wie in Abbildung 89 (siehe Seite 231 im Anhang) dargestellt, wird das Gesamtaufkommen dazu zunächst auf Basis derer Nutzungsintensitäten auf die Bahnsteigzugänge verteilt. Anschließend erfolgt anhand der Distanzen zu den Bahnsteigzugängen, der Öffnungsdauern der Türen sowie der jeweiligen Restkapazität im Fahrzeug eine weitere Verteilung auf die Fahrzeugtüren (Fox et al. 2017, S. 5; Bär et al. 2019, S. 47).

Im nächsten Schritt erfolgt die *Ermittlung der situativ verwendeten Türschließ- und Abfertigungsverfahren.* Wie in den Abschnitten 2.1.1 und 2.2.4.2 dargestellt, hängt die Auswahl dabei wesentlich von den fahrzeugseitigen sowie personellen Verfügbarkeiten ab. Verbleibt demnach eine Wahlmöglichkeit bezüglich des Türschließverfahrens, so beeinflussen das an der Station vorhandene Nachzügleraufkommen sowie die voraussichtliche Abfahrtsverspätung die Auswahl. Abbildung 90 (siehe Seite 232 im Anhang) verdeutlicht das diesbezügliche Vorgehen.

Nachfolgend kann der für die *Türschließung erforderliche Zeitbedarf ermittelt* werden. Wie aus Abbildung 46 ersichtlich, ist hierbei vorrangig zu unterscheiden, ob die Fahrzeugtüren zentral oder dezentral geschlossen werden (vgl. Abschnitt 2.2.4.2 sowie Janicki et al. 2020, S. 539). Bei zentraler Schließung ist zunächst die Zeitdauer zu bestimmen, bis an allen Türen zugleich eine für das Einleiten der Türschließung ausreichend große Zeitlücke im Nachzüglerstrom auftritt.

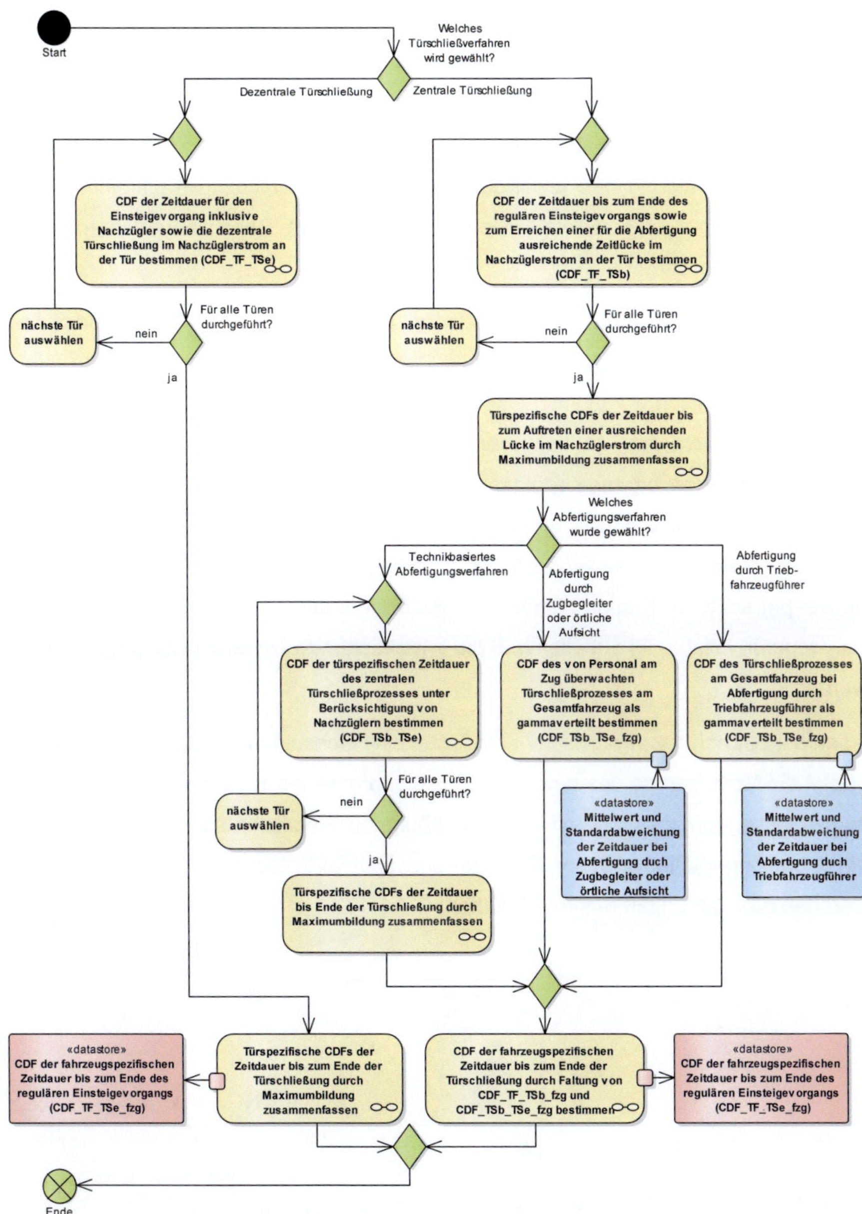

Abbildung 46: Prozessablauf zur Bestimmung der Verteilungsfunktion (CDF) der Zeitdauer für den Türschließprozess (Quelle: Verfasser)

Erst dann kann die eigentliche Türschließung erfolgen, wobei je nach angewandtem Abfertigungsverfahren Verzögerungen durch kurzfristig eintreffende Einsteiger möglich sind. Bei dezentraler Türschließung hingegen entfällt das Erfordernis einer an allen Fahrzeugtüren simultanen Zeitlücke. Alle Türen schließen unabhängig voneinander unter Berücksichtigung des jeweiligen türspezifischen Nachzügleraufkommens. Im Folgenden soll auf die konkrete Modellierung der beiden Türschließverfahren vertieft eingegangen werden.

Zur Ermittlung der Verteilungsfunktion der bis zum Abschluss der dezentralen Schließung an einer Fahrzeugtür erforderlichen Zeitdauer ist, wie aus Abbildung 48 (siehe Seite 127) ersichtlich, zu unterscheiden, ob die Tür von Nachzüglern genutzt wird oder nicht. Ist dies nicht der Fall, kann der Türschließprozess direkt nach Abschluss des regulären Einsteigevorgangs erfolgen. Da der Schließvorgang dann nicht durch Nachzügler unterbrochen wird, fällt lediglich der technisch erforderliche und daher deterministische Zeitbedarf für die Mindestoffen- und Türlaufzeit an. Wurde eine Tür beim Halt an der betrachteten Station bisher nicht geöffnet, kann die Türschließung an dieser Fahrzeugtür vollständig entfallen und die entsprechende Dauer zu Null angenommen werden.

Ist an der betrachteten Fahrzeugtür hingegen ein Nachzügleraufkommen zu erwarten, erfolgt die Modellierung des regulären Einsteigeprozesses zusammen mit dem Nachzüglereinsteigeprozess sowie der Türschließung als modifizierte Busy-Period-Analyse eines bedienungstheoretischen Geburts- und Todesprozesses. Abbildung 47 visualisiert den dazugehörigen Markov-Graphen.

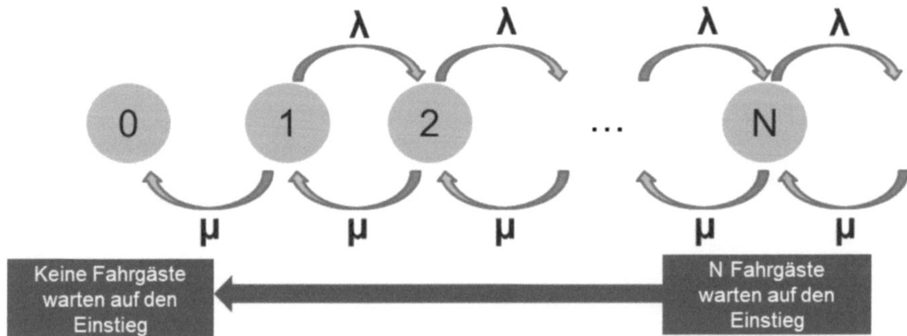

Abbildung 47: **Markov-Graph eines bedienungstheoretischen Geburts- und Todesprozesses mit Annahme exponentialverteilter Geburts- und Sterberaten bei Busy-Period-Betrachtung zur Modellierung des Einsteigevorgangs mit Nachzüglern (Quelle: Verfasser)**

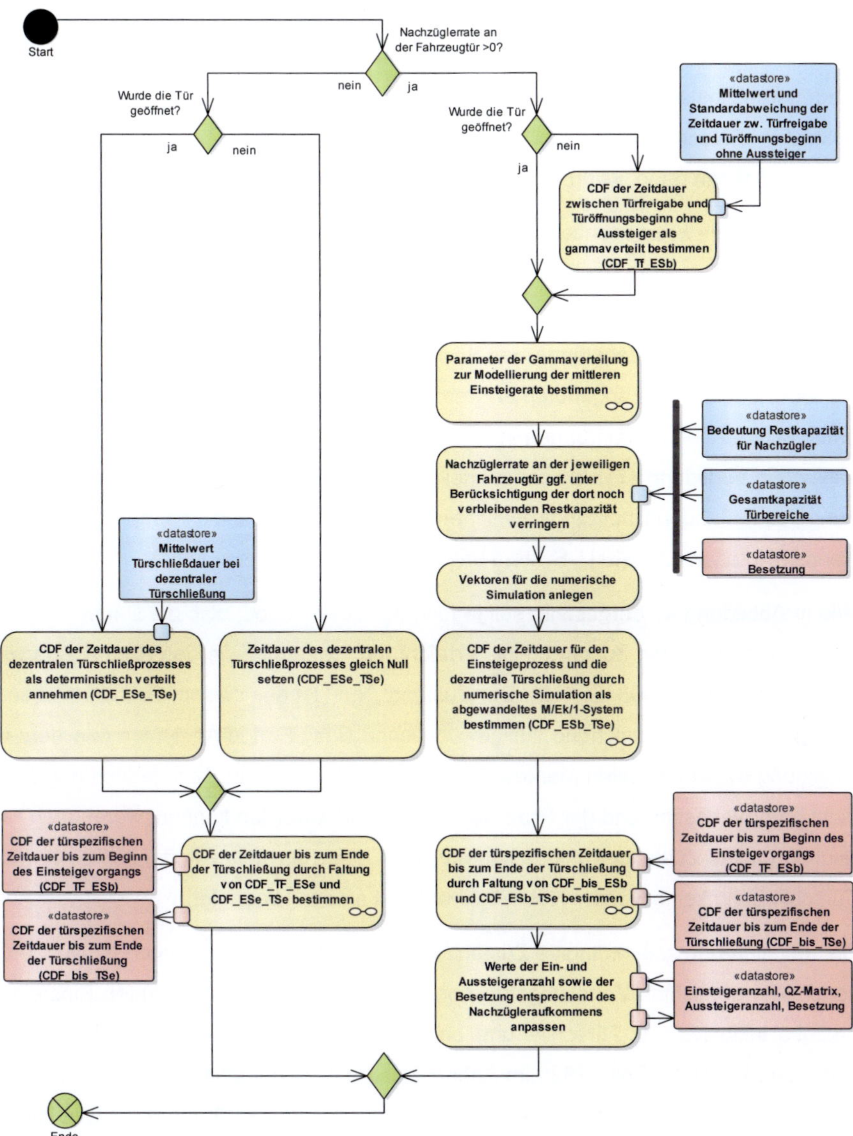

Abbildung 48: **Prozessablauf zur Bestimmung der Verteilungsfunktion (CDF) des für die dezentrale Türschließung erforderlichen Zeitbedarfs an einer Fahrzeugtür (Quelle: Verfasser)**

Der Prozess beginnt im Zustand N, der das initiale Einsteigeraufkommen an der Tür repräsentiert. Dieses bestimmt sich als Summe der türspezifischen, regulären Einsteigeranzahl sowie der Nachzügleranzahl, die bis zum Ende des Aussteigeprozesses an der Tür eingetroffen ist. Aufgrund des simultan ablaufenden Geburts- und Todesprozesses ist von einem Zustand i > 0 aus ein Übergang zum nächsthöheren und nächstniedrigeren Zustand möglich. Ein Übergang zum Zustand i+1 tritt dann ein, wenn ein zusätzlicher Nachzügler vor der Fahrzeugtür eintrifft. Ein Übergang zum Zustand i-1 erfolgt hingegen dann, wenn ein vor der Tür wartender Einsteiger einsteigt.

Die Geburtsrate λ repräsentiert dabei die Rate, mit der Nachzügler an der betrachteten Fahrzeugtür eintreffen. Die Sterberate μ hingegen entspricht dem Kehrwert der mittleren Einsteigedauer je Fahrgast und berechnet sich nach Formel (6) (siehe Seite 121). Während die Ankunftsabstände der Nachzügler, wie in Abschnitt 5.3.2.2 dargestellt, als exponentialverteilt angenommen werden, sollen die Einsteigedauern je Einsteiger entsprechend den Ausführungen in Abschnitt 5.5.2 (entgegen der vereinfachten Darstellung in Abbildung 47) als erlangverteilt angenommen werden. Unter Vernachlässigung des fehlenden Übergangs zwischen den Zuständen 0 und 1 würde folglich nach Kendall-Notation ein $M|E_K|1$-System unterstellt (vgl. Zhang et al. 2009).

Wie in Abbildung 47 dargestellt, soll jedoch die Busy-Period, also die Dauer, bis das System erstmalig den Zustand „Null" erreicht hat, betrachtet werden (Sen & Agarwal 1997; Gross et al. 2008, S. 102). Der Zustand „Null" ist aus diesem Grund als absorbierend definiert. Abweichend zur gewöhnlichen Busy-Period-Analyse sowie dem in Abbildung 47 dargestellten Markov-Graphen, soll der Zustand „Null" jedoch nur dann nicht mehr verlassen und der Prozess damit beendet werden können, wenn nach Erreichen dieses Zustandes mindestens für die Dauer der Mindestoffenzeit sowie der Türschließung keine weitere Nachzüglerankunft an der Tür erfolgt.

Die resultierende zeitabhängige Zustandswahrscheinlichkeit des Zustands „Null" entspricht der gesuchten Verteilungsfunktion der Zeitdauer für den gesamten Einsteigeprozess inklusive der Türschließung an der Tür. Sie wird, wie in Abbildung 91–Abbildung 94 (siehe Seite 233ff im Anhang) dargestellt, numerisch bestimmt. Hierbei wird deutlich, dass hinsichtlich der anzusetzenden Zeitdauer für die erneute Öffnung der Tür zu unterscheiden ist, ob ein Nachzügler während der Mindestoffenzeit oder während der Türschließung eintrifft (vgl. Weidmann 1994, S. 144; Buchmüller et al. 2008, S. 112).

Zur *Ermittlung der Verteilungsfunktion der bis zum Abschluss der zentralen Schließung erforderlichen Zeitdauer* wird zunächst ermittelt, wann eine hinreichend lange Zeitlücke im Nachzüglerstrom aller Türen besteht, um die Türschließung einzuleiten (Janicki et al. 2020, S. 539). Abbildung 95 (siehe Seite 237 im Anhang) zeigt, dass hierzu weitgehend auf das Vorgehen zur Modellierung der dezentralen Türschließung zurückgegriffen wird. Wesentliche Abweichung ist, dass anstatt des für die Türschließung erforderlichen Zeitbedarfs lediglich der für die Zeitlücke erforderliche Zeitbedarf anzusetzen ist. Anschließend wird durch Multiplikation der Verteilungsfunktionen vereinfachend die maximale Zeitdauer für alle Fahrzeugtüren bis zum erstmaligen Erreichen einer entsprechenden Zeitlücke bestimmt.

Nun folgt eine Abschätzung des Zeitbedarfs der eigentlichen Türschließung. Dabei ist, wie Abbildung 46 (siehe Seite 125) verdeutlicht, eine Unterscheidung hinsichtlich des genutzten Abfertigungsverfahrens zu treffen. Kommt ein technikbasiertes Abfertigungsverfahren zum Einsatz, ist aufgrund des dann zwingend erforderlichen Einklemmschutzes auch bei der zentralen Türschließung eine Beeinflussung durch Nachzügler möglich (Europäische Kommission 2014c, 4.2.5.5.3(5), vgl. auch Abschnitt 2.1.1). Da im Gegensatz zur dezentralen Türschließung jedoch kein initial wartendes Einsteigeraufkommen an der Tür vorhanden ist, soll zur Modellierung vereinfachend lediglich das Auftreten der Nachzügler an der Tür mittels eines abgewandelten, reinen Geburtsprozesses numerisch modelliert werden (siehe hierzu Abbildung 96 und Abbildung 97 auf Seite 238f im Anhang). Dabei ist anzunehmen, dass nicht alle Nachzügler bereit sind, die aufgrund der Inaktivität der Lichtgitter erforderliche physische Kraft zur Blockierung der Türschließung aufzubringen. Daher wird ein verringertes Nachzügleraufkommen angenommen.

Kommt kein technikbasiertes Abfertigungsverfahren zum Einsatz, soll eine Beeinflussung des Türschließprozesses durch Nachzügler vernachlässigt werden. Die Dauer für die zentrale Türschließung wird in diesem Fall als auf Zugebene deterministisch angesehen. Allerdings ist die erforderliche Zeitlücke in den Nachzüglerströmen sämtlicher Türen in diesem Fall größer anzusetzen, da das Abfertigungspersonal sicherstellen muss, dass durch die Türschließung keine Fahrgäste gefährdet werden.

Die *Abfertigungsdauer* schließlich soll als gammaverteilt angenommen werden, wobei die Parameter entsprechend Abschnitt 2.2.4.2 in Abhängigkeit von der Abfertigungsart zu unterscheiden sind (siehe hierzu Abbildung 98 auf Seite 240).

5.5.4   Zusammenfassung der Bestandteile zur reinen Haltezeit

Wie in den schematischen Darstellungen jeweils angegeben, werden die einzelnen Verteilungsfunktionen der Haltezeitbestandteile für jede Fahrzeugtür durch Faltung zusammengefasst. Soll hingegen bei parallel an mehreren Fahrzeugtüren ablaufenden Prozessen die Verteilung der Zeitdauer bis zum Abschluss an der letzten Fahrzeugtür ermittelt werden, erfolgt dies durch Maximumbildung. Hierzu werden die Verteilungen der einzelnen Fahrzeugtüren unter der Annahme der stochastischen Unabhängigkeit der Prozesse an den Einzeltüren sowie des näherungsweise zeitgleichen Beginns multipliziert (Weidmann 1995a, S. 65).

Entsprechend Abbildung 42 (siehe Seite 116) ergibt sich so abschließend die gesuchte Verteilungsfunktion der reinen Haltezeit.

6 Kalibrierung, Validierung sowie prototypische Anwendungen des Modells

Nachfolgend soll auf die Kalibrierung des entwickelten Ansatzes eingegangen werden. Weiterhin werden die Ergebnisse bereits erfolgter Modellvalidierungen sowie erste prototypische Anwendungen dargestellt.

6.1 Modellkalibrierung

Die Kalibrierung des Modells basiert im Wesentlichen auf den in Kapitel 2 dargestellten und aus Erhebungsdaten abgeleiteten quantitativen Zusammenhängen. Da automatisiert erhobene Datensätze mit großem Stichprobenumfang nur eingeschränkt und erst in einer späten Phase der Bearbeitung zur Verfügung standen, wurde zur Ableitung dieser Zusammenhänge überwiegend auf selbst erhobene Datensätze zurückgegriffen. Die dafür erforderlichen Erhebungen wurden teilweise durch die Beschränkungen der Covid-19-Pandemie behindert. Die in Abschnitt 6.2 dargestellten Validierungsergebnisse deuten jedoch auf eine dennoch zufriedenstellende Kalibrierung hin.

Die Kalibrierung des Teilmodells zur Berücksichtigung des Fahrgastankunftsverhaltens beruht auf den in Abschnitt 2.2.1 dargestellten Erhebungen sowie auf Erkenntnissen bestehender Forschungsarbeiten. Die damit bestimmten quantitativen Zusammenhänge deuten auf Basis der im Großraum Stuttgart in der morgendlichen Hauptverkehrszeit erhobenen Messwerte mit einer mittleren Absolutabweichung zwischen der geschätzten und gemessenen Medianwartezeit von 0,4 Minuten auf eine gute Passgenauigkeit (vgl. auch Abbildung 56 auf Seite 192 im Anhang). Weitere Erhebungen nach Ende der Covid-19-Pandemie zu anderen Verkehrszeiten könnten auch die diesbezügliche Übertragbarkeit validieren.

Das Teilmodell bezüglich der Verteilung der Fahrgäste auf die Fahrzeugtüren wurde mangels automatisiert erhobener Daten zunächst auf Basis der manuell im Großraum Stuttgart erhobenen Daten spezifiziert und kalibriert. Als entsprechende Fahrgastzähldaten zu einem späten Zeitpunkt der Bearbeitung zur Verfügung standen, erfolgten weitere Validierungsläufe. Wenngleich die grundsätzliche Funktionsweise des Ansatzes bestätigt werden konnte, deuten die teilweise divergierenden Kalibrierungsergebnisse in Tabelle 24 (siehe Seite 215 im Anhang) auf weiteren Forschungsbedarf hin.

In Anbetracht der Neuartigkeit eines derartigeren Ansatzes kann die mittlere Abweichung von rund einem Drittel unzutreffend zugeordneter Fahrgäste dennoch als zufriedenstellend betrachtet werden. Abbildung 49 zeigt für unterschiedlich frequentierte Stadtbahnstationen die in situ gemessenen und prognostizierten Einsteigerverteilungen.

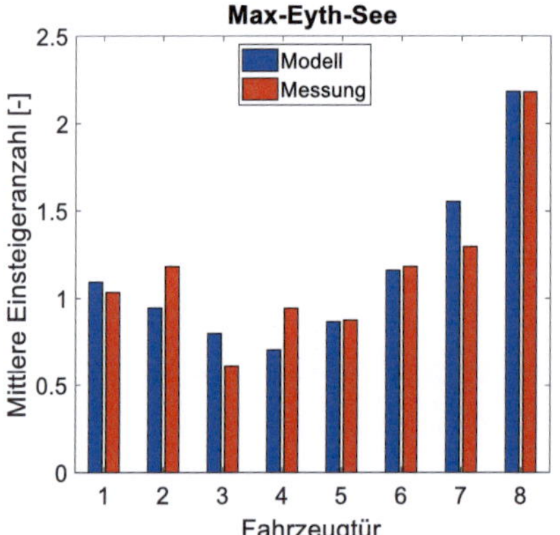

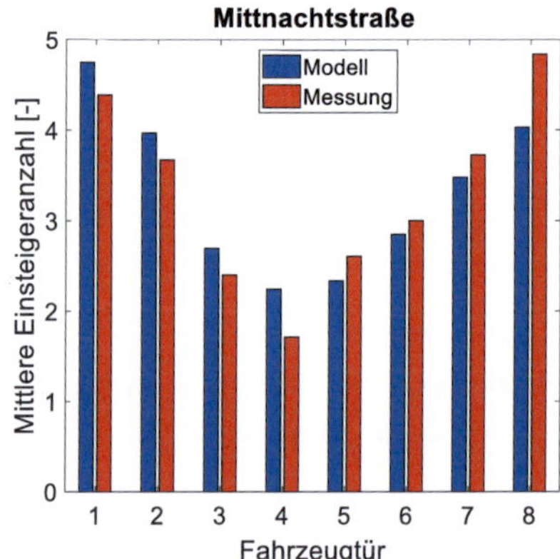

Abbildung 49: **Gegenüberstellung der automatisch in situ gemessenen und der prognostizierten Einsteigerverteilungen für zwei Station der Stuttgarter Stadtbahnlinie U12 (Fahrtrichtung Remseck–Dürrlewang, Datenquelle: SSB AG, Darstellung: Verfasser)**

Die Parameterkalibrierung des Ansatzes zur Bestimmung der fahrgastspezifischen Fahrgastwechseldauern erfolgte auf Basis der in Abschnitt 2.2.3 beschriebenen, manuell im Großraum Stuttgart erhobenen Datensätze sowie der Erkenntnisse bestehender Forschungsarbeiten. Abbildung 99 sowie Abbildung 100 (ab Seite 241 im Anhang) verdeutlichen die angesichts einer mittleren Absolutabweichung zwischen gemessener und modellierter Fahrgastwechseldauer von 0,5 Sekunden beim 50%-Quantil gute Passgenauigkeit der Ansätze. Zugleich sind weitere Erhebungen für umfangreiche Fahrgastwechsel empfehlenswert. Die Kalibrierung der Parameter weiterer Zeitanteile erfolgte wie in Abschnitt 2.2.4 beschrieben.

6.2 Modellvalidierung

Neben ersten Erprobungen des entwickelten Modells im Rahmen der vorliegenden Arbeit ist die vertiefte Modellvalidierung Bestandteil eines parallel im Auftrag der DB Netz AG am Institut für Eisenbahn- und Verkehrswesen der Universität Stuttgart laufenden Projektes (Martin et al. 2021; Uhl et al. 2021). Nachfolgend werden die wesentlichen Ergebnisse dargestellt.

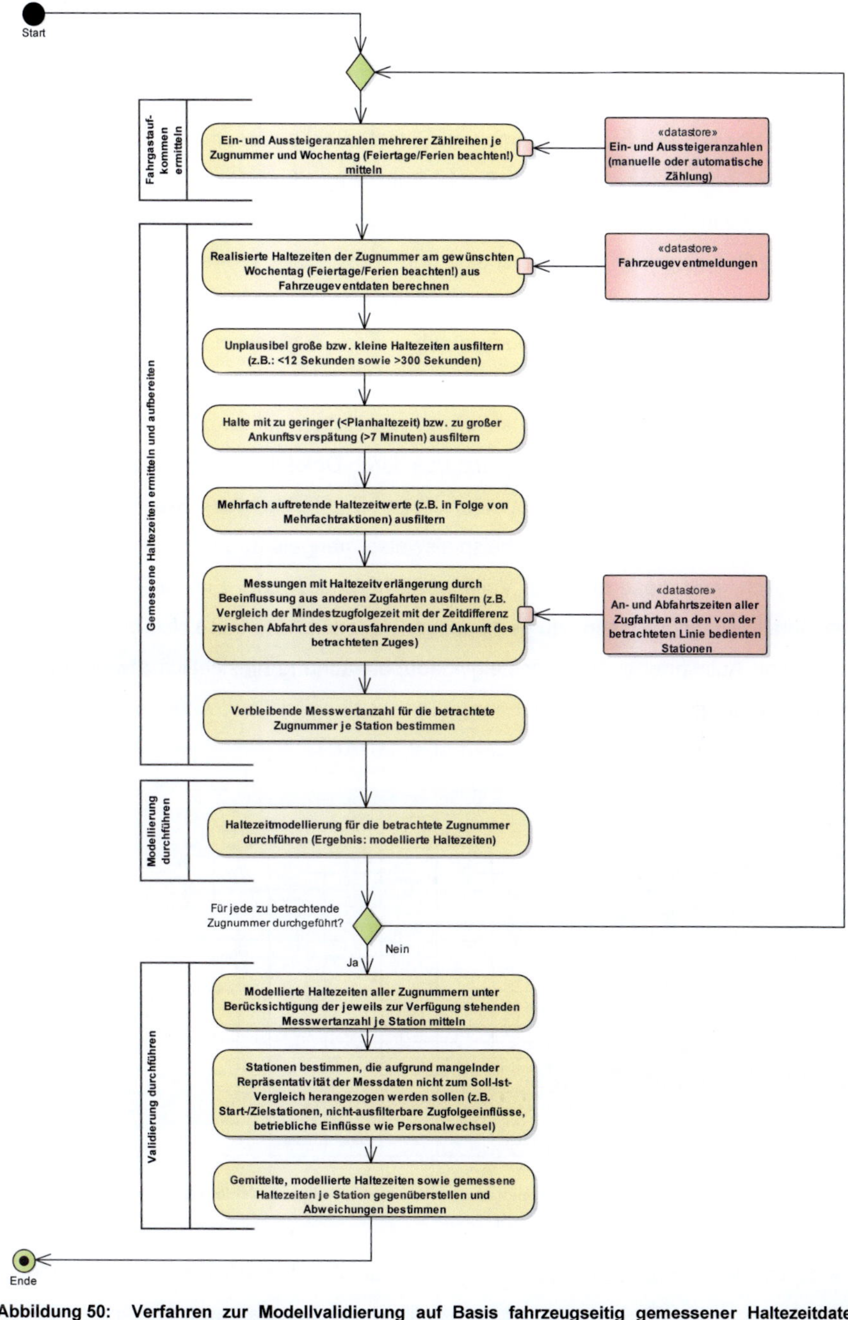

Abbildung 50: **Verfahren zur Modellvalidierung auf Basis fahrzeugseitig gemessener Haltezeitdaten (Quelle: Verfasser)**

Zur Ermittlung der realisierten reinen Haltezeiten aus den fahrzeugseitig ermittelten Haltezeitmesswerten wurde das in Abbildung 50 dargestellte Verfahren angewandt. Wie in Abschnitt 1.1 erläutert, ist eine Ermittlung aus infrastrukturseitig erfassten Daten aufgrund der aus der Rückrechnung von Signalhaltfällen resultierenden Fehler nicht zielführend (vgl. Büker et al. 2019, S. 11). Fahrzeugseitig erfasste Daten sind jedoch insbesondere im SPNV nur eingeschränkt verfügbar und müssen umfangreich gefiltert werden (z.B. hinsichtlich der Zeitscheibe und unplausibler Werte). Zur Ermittlung der reinen Haltezeit sind weiterhin Einflüsse aufgrund des Abwartens der Planabfahrtszeit sowie aufgrund von Beeinflussungen durch andere Zugfahrten (Zugfolge- und Kreuzungssituationen, Anschlussaufnahme) auszuschließen (vgl. Longo & Medeossi 2012, 467). Ersteres kann durch die Ausfilterung von Halten mit zu geringer Ankunftsverspätung je Station erreicht werden, letzteres durch Detektieren entsprechender Situationen mittels Auswertung infrastrukturseitiger Zugmeldedaten. War eine entsprechende Filterung an einer Station beispielsweise mangels Zugmeldedaten nicht sinnvoll möglich, wird diese nicht zur Validierung herangezogen. Eine weitere Erhöhung des Detaillierungsgrades in situ gemessener Haltezeitwerte ließe sich beispielsweise durch eine Auswertung der Bahnsteigvideoüberwachung hinsichtlich etwaiger Divergenzen zwischen Halteruck und Fahrgastwechselbeginn bzw. Anfahrruck und Fahrgastwechselende erreichen (vgl. Collart et al. 2015).

System	Linie	Stadt	mittlere Absolutabweichung aller betrachteten Stationen						validierbare Stationen	Ø HZ-Messwertanzahl je Station	Anmerkungen
			bzgl. 20%-Quantil		bzgl. 50%-Quantil		bzgl. 80%-Quantil				
			absolut [sek]	relativ [%]	absolut [sek]	relativ [%]	absolut [sek]	relativ [%]			
S-Bahn	S1 Kirchheim - Herrenberg	Stutt-gart	1,0	3,7%	1,1	3,5%	2,3	6,1%	26	505	-
	S1 Herrenberg - Kirchheim		1,3	4,4%	1,6	4,6%	2,6	6,3%	24	539	
	S1 Neufahrn - Ostbahnhof	Mün-chen	1,8	7,6%	2,3	7,8%	3,6	9,4%	9	563	Fahrgastaufkommen aus Hochrechnung
	S1 Ostbahnhof - Neufahrn		0,4	1,6%	1,3	4,5%	3,3	9,0%	11	675	
	S3 Bad Soden - Darmstadt	Frank-furt	1,0	4,5%	1,1	3,9%	2,4	7,1%	18	700	-
	S3 Darmstadt - Bad Soden		0,8	3,5%	1,0	3,7%	2,4	7,4%	18	859	
	S4 Kronberg - Langen		0,9	3,9%	1,6	5,7%	3,1	8,0%	11	533	-
	S4 Langen - Kronberg		0,8	3,5%	1,7	6,1%	3,2	9,2%	12	654	
SPNV	RB Ulm - Weißenhorn	-	2,3	13,2%	1,3	6,0%	1,3	4,8%	4	252	Zeitpunkt Anfahrrucks aus erster Fahrtmeldung geschätzt
	RB Weißenhorn - Ulm		3,1	19,6%	2,1	10,5%	3,2	10,7%	5	239	
	RE Nürnberg - Sonneberg	-	1,4	4,2%	3,6	8,3%	3,9	8,0%	6	19	qual. Einschränkungen der Fahrzeugeventdaten
	RE Sonneberg - Nürnberg		2,4	6,3%	1,6	4,0%	4,2	8,5%	5	10	
Stadt-bahn	U12 Remseck - Dürrlewang	Stutt-gart	keine Messdaten verfügbar		2,5	15,1%	keine Messdaten verfügbar		31	166	Haltezeitende aus Türfreigaberücknahme geschätzt
	U12 Dürrlewang - Remseck				1,1	7,9%			30	158	
Mittelwerte für S-Bahn, SPNV und Stadtbahn			1,2	4,9%	1,6	6,9%	2,8	7,5%	-	-	-
SPFV	ICE München - Dortmund	-	13,9	10,0%	17,6	11,0%	13,5	7,9%	7	11	SPFV nicht Teil des Modellanwendungsbereichs

Tabelle 10:   Ergebnisse der Modellvalidierungen als mittlerer Absolutfehler über alle je Linie betrachteten Stationen (Quelle: Verfasser)

Die so ermittelten Haltezeitmesswerte wurden zum Zweck der Validierung den modellseitig bestimmten Werten gegenübergestellt, wobei der Zeitraum November 2019–

Februar 2020 betrachtet wurde. Hierbei wurden alle Zugfahrten eines Werktages (Dienstag bis Donnerstag außerhalb von Schulferien) je Fahrtrichtung mit ihrem spezifischen Fahrgastaufkommen sowie der jeweiligen Traktionsstärke separat modelliert und unter Berücksichtigung der jeweils vorliegenden Messwertanzahl zu einer ganztägigen Verteilungsfunktion durch Mittelung aggregiert. Auf dieser Basis wurde der in Tabelle 10 dargestellte mittlere Absolutfehler für unterschiedliche Quantile bestimmt.

Zur Modellvalidierung wurden verschiedene Verkehrssysteme und Linien betrachtet, wobei die geeignetsten Messwerte fahrzeugbedingt bei *S-Bahnsystemen* zur Verfügung standen. Im Fall der Stuttgarter Durchmesserlinie S1 waren sogar für alle 27 Zwischenhalte in situ ermittelte Haltezeitdaten verfügbar. Da bei dieser Linie zudem nur äußerst wenige Stationen aufgrund nicht ausfilterbarer Zugfolgeeinflüsse oder betrieblicher Zeitbedarfe (z.B. Personalwechsel) vom Soll-Ist-Vergleich auszuschließen waren, ergibt sich ein umfassendes Bild der Modellierungsgüte auf der Linie. Abgesehen von wenigen Einschränkungen bei typischerweise von Schülern genutzten Zugfahrten, die sich auf Abweichungen in den auf manuellen Reisendenzählungen basierenden Ein- und Aussteigerzahlen zurückführen lassen, zeigt sich über alle Stationen hinweg eine hohe Passgenauigkeit. Abbildung 51 verdeutlicht die Gegenüberstellung von Modell- und gefilterten Messwerten für zwei beispielhafte Stationen.

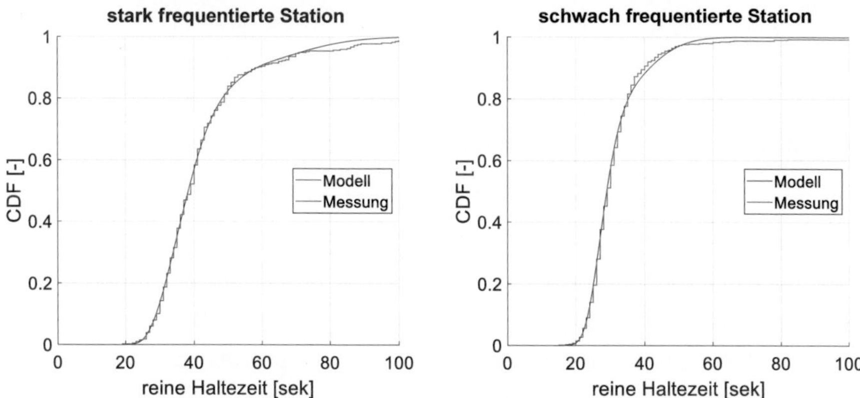

Abbildung 51: Verteilungsfunktionen der gemessenen und modellierten Haltezeiten für zwei unterschiedlich stark frequentierte Stationen einer deutschen S-Bahnlinie (Quelle: Verfasser)

Weitere Validierungen erfolgten für zwei Frankfurter S-Bahnlinien, wobei eine hohe Anzahl automatischer Fahrgastzählungen eine detailliertere Abbildung des Fahrgastaufkommens ermöglichten. Leider standen jedoch für die unterirdischen Stationen fahrzeugbedingt keine Haltezeitmessdaten zur Verfügung. Weitere Stationen mussten wegen nicht-ausfilterbarer Zugfolgeeinflüsse unberücksichtigt bleiben. Dennoch lag der mittlere Absolutfehler auf allen Linien für das 50%-Quantil unter zwei Sekunden, wobei die nur ganzzahlige Auflösung der Haltezeitmessdaten zu berücksichtigen ist. Auch die Validierung am Beispiel der Münchner S-Bahnlinie 1 ergab eine zufriedenstellende Modellierungsgüte. Hierbei wurde das Ein- und Aussteigeraufkommen auf Basis mehrerer Jahre alter Fahrgastzählungen geschätzt und entsprechend einer angenommenen Zunahme des Fahrgastaufkommens hochgerechnet. Dies deutet darauf hin, dass die Anforderungen an die Ein- und Aussteigerzahlen im für die Fahrplanerstellung relevanten Präzisierungsgrad mit vertretbarem Aufwand erreichbar sind.

Weitere Validierungen erfolgten für zwei Linien des Schienenpersonennahverkehrs. Die untersuchte Regionalbahnlinie Ulm–Weißenhorn wird im Stundentakt von Dieseltriebzügen befahren, wobei die im Betrachtungszeitraum eingesetzten Fahrzeugtypen und Traktionsstärken erheblichen Variationen unterworfen waren. Die verkehrenden Fahrzeuge generieren zudem keine Abfahrtsmeldungen, sodass der Zeitpunkt des Anfahrrucks regressiv aus der ersten Fahrtmeldung zu ermitteln war. Weiterhin wurde der Ansatz am Beispiel der mit Doppelstockzügen befahrenen Regionalexpresslinie Nürnberg–Sonneberg validiert, wobei die Messwertverfügbarkeit jedoch erheblich limitiert war. Insgesamt lag der mittlere Absolutfehler bezüglich des 50%-Quantils bei den betrachteten SPNV-Linien stets unter vier Sekunden. Die beschriebenen Einschränkungen der Qualität und Verfügbarkeit in situ gemessener Haltezeitdaten unterstreichen die Bedeutung von Prognosemodellen bei der Ermittlung des Haltezeitbedarfs.

Eine weitere Validierung erfolgte am Beispiel der Linie U12 der Stadtbahn Stuttgart. Hierbei ist zu berücksichtigen, dass sich die zur Verfügung gestellten Haltezeitmesswerte auf den Zeitraum zwischen der Erteilung und Rücknahme der Türfreigabe beziehen. Da für letzteren Zeitpunkt kein konkretes Pendant im Modell verfügbar ist, wurde der Abfertigungsbeginn zur Gegenüberstellung herangezogen. Trotz dieser Einschränkung wird eine zufriedenstellende Modellierungsgüte erreicht.

Am Beispiel einer spezifischen ICE-Zugfahrt konnte zudem auch die Übertragbarkeit des Modellansatzes auf den Schienenpersonenfernverkehr bestätigt werden. Zur Beurteilung der Modellierungsgüte empfiehlt sich angesichts der deutlich längeren Haltezeiten auch der Blick auf die Relativwerte des Fehlers. Anpassungsbedarfe am Modell ließen sich dabei im Wesentlichen hinsichtlich der Fahrgastverteilung auf dem Bahnsteig sowie des Erfordernisses stationsspezifischer Abfertigungszeiten erkennen.

6.3 Prototypische Anwendung des Modells in Praxisfällen

Parallel zur Modellentwicklung erfolgten bereits verschiedenartige prototypische Anwendungen des Ansatzes. Dabei stand neben der Untersuchung konkreter Fragestellungen auch die Ableitung eventueller Anpassungsbedarfe im Fokus.

Eine erste Anwendung des Modellansatzes erfolgte im Rahmen der studentischen Arbeit von Wickenheisser (2018) zur Untersuchung des haltezeitseitigen Optimierungspotenzials einer *selektiven Nutzung der Fahrzeugtüren durch Ein- und Aussteiger* am Beispiel einer S-Bahnlinie. Dabei konnte die bei anderen Untersuchungen (u.a. Perkins et al. 2015; Yu, J. et al. 2019) ermittelte Wirkungsfähigkeit bestätigt werden. Mohr (2020) zeigte am Beispiel einer *Stuttgarter Stadtbuslinie* die prinzipielle Übertragbarkeit des im Rahmen dieser Arbeit entwickelten Modells auf den Busverkehr und leitete entsprechende Anpassungsbedarfe ab. Steiner (2019) verdeutlichte am Beispiel einer Stuttgarter S-Bahnlinie die Potenziale bei Verwendung der Ergebnisse des Haltezeitmodells zur *Dimensionierung der Haltezeitstörungen bei Betriebssimulationen*.

Auch in Kooperation mit der DB Netz AG sowie den regionalen SPNV-Aufgabenträgern erfolgten bereits mehrere Praxiseinsätze des Modells. So wurden beispielsweise die Auswirkungen verschiedener Entwicklungen (z.B. Erhöhung des Fahrgastaufkommens, geänderter Fahrzeugeinsatz) auf *Zulaufstrecken des Knotens Stuttgart* modelliert. Im Rahmen einer Fahrplananalyse erfolgte zudem eine Untersuchung der Haltezeitbedarfe im Regionalverkehr auf den *Strecken Osnabrück–Oldenburg sowie Osnabrück–Bremen*, wobei neben fahrplanseitigen Anpassungsbedarfen auch verschiedene Optimierungspotenziale (Anpassung der Traktionsstärke einzelner Zugfahrten, Veränderung der Haltepositionen) abgeleitet werden konnten. Eine weitere Modellanwendung hatte die Untersuchung der haltezeitseitigen Auswirkungen von SPNV-Liniendurchbindungen im *Hamburger Hauptbahnhof* zum Ziel. Hierbei konnte durch den Modelleinsatz auch eine Betrachtung des maximal erforderlichen Haltezeitbedarfs sowie dessen Sensitivität mit Fokus auf die Fahrplanstabilität ermöglicht werden.

Diese Praxiseinsätze ermöglichten auch ein Abschätzen der für die Arbeitsschritte zur Modellierung einer Linie erforderlichen *Zeitbedarfe*. Diese konnten durch den Verzicht auf aufwendig zu ermittelnden Größen sowie die in Abschnitt 4.2.1 beschriebenen Hilfsprogramme auf ein praxistaugliches Niveau begrenzt werden (siehe Seite 243 im Anhang).

7 Zusammenfassung und Ausblick

Nachfolgend sollen die eingangs aufgeworfene Forschungsfrage beantwortet und Anknüpfungspunkte für eine Weiterentwicklung des Verfahrens aufgezeigt werden. Abschließend werden die wesentlichen Potenziale des entwickelten Verfahrens zusammengefasst.

7.1 Beantwortung der Forschungsfrage und Ableitung weiteren Forschungsbedarfs

Im Rahmen der vorliegenden Arbeit konnte ein Algorithmus abgeleitet werden, der eine linienbezogene Modellierung des fahrgastwechselseitig erforderlichen Haltezeitbedarfs auf Basis praktisch verfügbarer Eingangsgrößen ermöglicht. Der Ansatz weist zudem einen breiten Einsatzbereich sowie eine hohe Übertragbarkeit innerhalb des spurgeführten Personennahverkehrs auf.

Zur Modellierung wird die Haltezeit zunächst in *Teilprozesse* unterteilt. Hierbei werden Türfreigabe, Türöffnungsimpuls, Türöffnung, Ausstieg, regulärer Einstieg, Einstieg kurzfristig eingetroffener Fahrgäste sowie Türschließung unterschieden. Deren jeweilige Zeitbedarfe werden anschließend entsprechend ihrer Einflussgrößen und Wirkungszusammenhänge modelliert. Während die Mehrzahl der Prozesse ganz oder teilweise in Abhängigkeit von der Fahrzeugtechnik sowie vom situativ angewandten Betriebsverfahren steht, erfordert insbesondere die Modellierung der Fahrgastwechselprozesse eine vertiefte Betrachtung sowie vorbereitend – zur Sicherstellung der Praktikabilität des Ansatzes – eine modellimmanente Ermittlung der sie prägenden Einflussgrößen.

Diesbezüglich erfolgt im ersten Schritt eine *Abschätzung des situativ an einer Station zu erwartenden Einsteigeraufkommens*. Dabei ist zunächst zu berücksichtigen, inwiefern das Eintreffen der Fahrgäste an der Station am Fahrplan orientiert ist. Die hierzu bisher forschungsseitig angenommene Abhängigkeit von der planmäßigen Zugfolgezeit konnte durch eigene Erhebungen bestätigt und darüber hinaus quantitativ beschrieben werden. Aufbauend auf den ebenfalls zu modellierenden, situativen Zugfolgezeiten kann anschließend auf das an einer Station zu erwartende Fahrgastaufkommen geschlossen werden. Die diesbezüglich angenommenen Zusammenhänge ermöglichen prinzipiell auch die Berücksichtigung des Aufschaukelns von Verspätungen auf einem hochfrequentierten Linienabschnitt, wobei beim postulierten Ansatz die Betrachtung einer spezifischen Linienfahrt im Fokus steht. Bei einer Fortentwicklung könnte eine iterative Modellierung der Haltezeitbedarfe aufeinanderfolgender Fahrten (ggf. sogar linienübergreifend) realisiert werden. Dies würde eine präzise Abbildung des Störgeschehens hochbelasteter Linienabschnitte ermöglichen, auf denen Urverspätungen überwiegend auf Haltezeitverlängerungen beruhen. Weiterhin wären zusätzliche Erhebungen in der Nebenverkehrszeit sowie der abendlichen Hauptverkehrszeit nach dem Ende der Covid-19-Pandemie empfehlenswert, um die diesbezügliche Übertragbarkeit des für den Grad der Fahrplanorientierung unterstellten Zusammenhangs zu validieren.

Im zweiten Berechnungsschritt ist das *Einsteigeraufkommen an einer Station auf die Fahrzeugtüren zu verteilen*. Ebenso sind durch Berücksichtigung der Zusammenhänge zwischen den Stationen sowie auslastungsbedingter Umverteilungen Aussagen zur Verteilung der Aussteiger sowie der Fahrzeugbesetzung zu treffen. Hierzu konnte ein Algorithmus abgeleitet werden, der eine geschlossene, analytische Ermittlung der türbezogenen Ein- und Aussteigeranzahlen auf Basis der Gegebenheiten an den Stationen ermöglicht. Dieser kann über die Haltezeitmodellierung hinaus auch beispielsweise bei der Optimierung der Bahnsteiggestaltung Anwendung finden.

Im Rahmen einer Weiterentwicklung könnten diesbezüglich zunächst die für die einzelnen Einflussfaktoren angenommenen Zusammenhänge weiter detailliert werden. So wäre etwa bei der Abbildung des erwarteten Haltebereichs bei variierenden Zuglängen an einer Station ergänzend zum bisher genutzten Schwerpunkt der Bahnsteigausrüstung auch der von allen eingesetzten Zuglängen genutzte Haltebereich zu berücksichtigen. Hinsichtlich der am tatsächlichen Haltebereich orientierten Fahrgäste wäre eine detailliertere Abbildung der diesbezüglich besonders attraktiven Bahnsteigbereiche denkbar. Die bisher zur Modellierung des Einflusses der Bahnsteigzu- und Bahnsteigabgänge herangezogene Normalverteilung könnte durch eine Verteilung mit variabler Schiefe ersetzt werden, um eine entsprechende Berücksichtigung der Einmündungsrichtungen zu ermöglichen. Darüber hinaus wären weitere Beobachtungen oder spezifische Befragungen bezüglich des Einflusses der Sitzgelegenheiten auf die Fahrgastverteilung empfehlenswert. Auch die Abhängigkeiten der Faktorgewichtungen (z.B. von der Zugfolgezeit) sowie das Türwahlverhalten bei bereits an der Station stehendem Zug könnten durch erweiterte Stichprobenumfänge vertiefte Berücksichtigung finden. Weitere Erhebungen wären nach dem Ende der Covid-19-Pandemie insbesondere auch hinsichtlich des auslastungsbedingten Ausweichverhaltens der Fahrgäste im Zug empfehlenswert.

Bei einer Erweiterung des Teilmodells der Fahrgastverteilung auf die Fahrzeugtüren könnte auch das Mitlaufen der Fahrgäste bei der Zugeinfahrt abgebildet werden. Ebenso könnte berücksichtigt werden, dass sich systemerfahrene Fahrgäste noch nach dem Einstieg bzw. kurz vor dem Ausstieg durch den Zug bewegen, um den Abstand zum angestrebten Bahnsteigabgang an der Zielstation zu minimieren. Die bereits vorhandene Betrachtung mittels türspezifischer Quelle-Ziel-Matrizen würde eine derartige Implementierung prinzipiell ermöglichen. Abschließend könnten erforderliche Anpassungen abgeleitet werden, um auch eine Abbildung der Verhältnisse im Schienenpersonenfernverkehr (z.B. hinsichtlich Sitzplatzreservierungen) zu ermöglichen.

Im dritten Modellierungsschritt ist dann auf Basis der Aus- und Einsteigeranzahlen je Fahrzeugtür der *dortige Zeitbedarf für den Fahrgastwechsel sowie die weiteren Zeitdauern* zu bestimmen. Hierzu werden zunächst anhand der situativen Gegebenheiten die Aus- und Einsteigedauern je Fahrgast geschätzt. Die Gesamtdauern des Aussteigevorgangs sowie des regulären Einsteigevorgangs werden anschließend als bedienungstheoretischer, reiner Todesprozess modelliert. Treffen an einer Tür jedoch laufend weitere Einsteiger ein (z.B. direkt an einem Bahnsteigzugang), erfolgt die Modellierung des Einsteigeprozesses der bereits wartenden sowie der kurzfristig eintreffenden Fahrgäste gemeinsam mit dem Türschließprozess als abgewandelte Busy-Period-Analyse eines bedienungstheoretischen Geburts- und Todesprozesses. Dies ermöglicht eine Abbildung der teils erheblichen Verzögerungen durch die nachzüglerseitige Behinderung der Türschließung. Entsprechend der situativen Gegebenheiten werden auch die Zeitbedarfe für die Türfreigabe, den Türöffnungsimpuls, die eigentliche Türöffnung sowie die Türschließung an Türen ohne Nachzügleraufkommen und die Abfertigung modelliert. Durch Zusammenfassung der Werte unter Berücksichtigung auftretender Parallelitäten lässt sich abschließend der Haltezeitbedarf an einer Station ermitteln.

Im Rahmen einer Weiterentwicklung dieses Berechnungsschrittes wäre eine detailliertere Berücksichtigung der Fahrzeugauslastung zu prüfen. Diese könnte beispielsweise durch eine zustandsabhängige Wahl der Sterberate des reinen Todesprozesses be-rücksichtigt werden (vgl. Shoukry 1988). Wenngleich sich dies für den regulären Ein-steigevorgang als vernachlässigbar erwiesen hat (vgl. Uhl 2018, S. 59), könnte dadurch die Modellierung der Interaktion mit dem Türschließprozess beim Einsteiger-vorgang mit Nachzüglern weiter präzisiert werden. Auch bezüglich der Auswirkungen hoher Stehplatzauslastungen auf aussteigende Fahrgäste wären nach Ende der Co-vid-19-Pandemie weitere Erhebungen zu empfehlen. Weiterhin wäre eine Berücksich-tigung stochastischer Einzelereignisse wie etwa des Ein- und Ausstiegs von Rollstuhl-fahrern oder großer Fahrradgruppen denkbar.

Insgesamt ermöglicht die dargestellte Vorgehensweise eine objektive Bestimmung der reinen Haltezeiten entlang einer Linie auf Basis niederschwelliger Eingangsgrößen ohne vertiefte Fachkenntnis seitens des Nutzers. Die Validierungsergebnisse deuten zudem auf eine hohe Prognosegüte des Ansatzes hin.

7.2 Schlussbetrachtung

Die Berechnung der zwischen den Stationshalten erforderlichen Fahrzeiten bildet seit langer Zeit die zentrale Grundlage der Fahrplanerstellung sowie sämtlicher darauf auf-bauender Planungsschritte im Bereich des spurgeführten öffentlichen Verkehrs. Die für die Stationshalte anzunehmenden Zeitbedarfe werden in der Regel jedoch bis heute mittels gering differenzierter Richtlinienwerte berücksichtigt – obwohl der Anteil der Haltezeiten an der Gesamtbeförderungszeit wie auch deren Varianz gerade bei städtischem sowie regionalem Schienenpersonennahverkehr von signifikantem Aus-maß sind und zunehmend mit der technischen Entwicklung zum dominanten Kriterium für die Mindestzugfolgezeit werden.

Verschiedenartige Entwicklungen im Bereich des öffentlichen Verkehrs stellen dieses bisherige Vorgehen jedoch zunehmend infrage. So resultieren aus den mitunter wenig präzisen Haltezeitenannahmen in Folge steigender Netzauslastung vermehrt Fahr-planabweichung oder Defizite hinsichtlich der effizienten Nutzung der vorhandenen Infrastrukturkapazitäten. Diese Effekte werden durch die Zunahme des Fahrgastauf-kommens und den damit verbundenen Auswirkungen auf die Haltezeiten weiter ver-stärkt. Auch die derzeitigen Tendenzen im Bereich der Leit- und Sicherungstechnik bezüglich einer Verkürzung der technisch möglichen Zugfolgezeiten lassen erwarten, dass die Bedeutung der Haltezeitthematik für die technische Systemgestaltung sowie den Systembetrieb zukünftig weiter steigen wird.

Der im Rahmen der Arbeit entwickelte Ansatz ermöglicht eine valide sowie zugleich praxistaugliche Prognose der reinen Haltezeiten einer Linie des spurgeführten Personennahverkehrs, wobei verschiedenartige Einsatzbereiche denkbar sind. So kann das Modell in der Betriebsplanung eine frühzeitige Berücksichtigung der zu erwartenden Haltezeitbedarfe ermöglichen und eventuelle diesbezügliche Zielkonflikte zwischen Infrastruktur- und Verkehrsunternehmen mildern. Auch ist der Ansatz dazu geeignet, den Kalibrierungsaufwand bei Leistungsfähigkeits- und Betriebsqualitätsuntersuchungen zu verringern sowie deren Modellierungsgüte weiter zu steigern. Weiterhin wären Anwendungsfelder im Bereich der Betriebssteuerung denkbar, wie beispielsweise eine Unterstützung der Disposition sowie eine energie- und kapazitätsoptimierte Führung der Züge bei automatisiertem Fahrbetrieb. Zuletzt könnten haltezeitspezifische Optimierungspotenziale zum Beispiel seitens der Bahnsteig- oder Fahrzeuggestaltung betrachtet und bewertet werden.

Eine vertiefte Literaturrecherche sowie zahlreiche Erhebungen verschiedener möglicher Einflussfaktoren im Großraum Stuttgart ermöglichten eine Kalibrierung des entwickelten Algorithmus. Im Rahmen eines gemeinsamen Projektes zwischen dem Institut für Eisenbahn- und Verkehrswesen der Universität Stuttgart und der DB Netz AG konnten die Anwendungsmöglichkeiten des in der vorliegenden Arbeit postulierten Ansatzes zudem vertieft spezifiziert und die Prognosegüte durch die Gegenüberstellung mit in situ gemessenen Werten bestätigt werden.

Die in den vergangenen Jahren stetig gestiegenen Fahrgastzahlen offenbarten im Bereich des spurgeführten Verkehrs die bestehenden Defizite bei der Berücksichtigung der Haltezeiten. Aus dem eigentlich zu begrüßenden Nachfragewachstum im öffentlichen Schienenpersonenverkehr resultierten zunehmend Verspätungen und Kapazitätsprobleme. Die detaillierte Modellierung der erforderlichen Haltezeitbedarfe könnte folglich einen Beitrag dazu leisten, dass der öffentliche Verkehr zukünftig weniger zum Opfer seines eigenen Erfolgs wird.

Glossar

Bahnsteigbereich	In Bahnsteiglängsrichtung abgegrenzter Abschnitt eines Bahnsteigs. Im Rahmen der Erhebung der Fahrgastverteilung über die Bahnsteiglänge wurden markante Bahnsteigeigenschaften zur Abgrenzung der Bereiche herangezogen. Im Rahmen der Modellierung erfolgt die Abgrenzung entsprechend der Definition der Türeinzugsbereiche
fahrgastspezifische Aussteigedauer	Quotient aus der gesamten, türbezogenen Aussteigedauer und der Aussteigeranzahl
fahrgastspezifische Einsteigedauer	Quotient aus der gesamten, türbezogenen Einsteigedauer und der Summe der Einsteigeranzahl
fahrgastspezifische Fahrgastwechseldauer	Quotient aus der gesamten, türbezogenen Fahrgastwechselzeit und der Summe der Ein- und Aussteiger
Fahrgastwechsel	Ein- und Aussteigen der Fahrgäste an einer Station
Haltezeit	Zeitintervall, in dem der Zug unbewegt in der Station steht, wobei das Anhalten zum Zweck des Fahrgastwechsels erfolgt ist. Die Haltezeit beginnt mit dem Zeitpunkt des vollständigen Anhaltens und endet mit dem Zeitpunkt des Anfahrens.
Kurzzug	Einfachtraktion von S-Bahn-Triebzügen (Zuglänge 68 m)
Langzug	Dreifachtraktion von S-Bahn-Triebzügen (Zuglänge 205 m)
Nachzügler	Nach Abschluss des Aussteigevorgangs eintreffender Einsteiger
regulärer Einsteigevorgang	Einsteigevorgang der spätestens bis zum Ende des Aussteigevorgangs an einer Tür angekommenen Einsteiger
reine Haltezeit	Teil der Haltezeit, der für die Abwicklung des Fahrgastwechsels sowie die dafür erforderlichen vor- und nachgelagerten technischen und betrieblichen Prozesse erforderlich ist

Türeinzugsbereich bzw. Türbereich	Bereich entlang der Bahnsteig- bzw. Zuglänge, innerhalb dessen die sich dort aufhaltenden Fahrgäste eine bestimmte Fahrzeugtür zum Ein- bzw. Ausstieg nutzen. Die Einzugsbereiche sind dabei jeweils durch die Mittelpunkte zwischen zwei Fahrzeugtüren sowie bei Randtüren durch das entsprechende Bahnsteig- bzw. Zugende begrenzt.
Türspur	Gehspurbreite beim Türdurchtritt eines Fahrgastes
Verkehrshalt	Anhalten zum Zweck des Fahrgastwechsels in einer Station
Vollzug	Zweifachtraktion von S-Bahn-Triebzügen (Zuglänge 137 m)

Literaturverzeichnis

AASHTIANI, H. & IRAVANI, H. (2002): Application of Dwell Time Functions in Transit Assignment Model. In: Transportation Research Record: Journal of the Transportation Research Board 1817 (1), S. 88–92.

ADACHI, S.; HARATA, N.; TAKATORI, Y. & KORESAWA, M. (2016): Research on Train Operation Stability by the Installation of Platform Doors. In: BREBBIA, C. A.; TOMII, N.; TZIEROPOULOS, P.; MERA, J. M. & NING, B. (HRSG.): Computers in Railways XV: Railway Engineering Design and Operation (COMPRAIL 2016), S. 1–10.

ADACHI, S.; KORESAWA, M.; PARADY, G.; TAKAMI, K. & HARATA, N. (2019): A Study on Train Travel Time Simulation Focused on Detailed Dwell Time Structure and On-Site Inspections. In: PETERSON, A.; JOBORN, M. & BOHLIN, M. (HRSG.): Proceedings of the 8th International Conference on Railway Operations Modelling and Analysis, S. 17–30.

AHN, S. H.; KIM, J.; BEKTI, A.; CHENG, L.-C.; CLARK, E.; ROBERTSON, M. & SALITA, R. (2016): Real-time Information System for Spreading Rail Passengers across Train Carriages. Agent-based Simulation Study. In: Proceedings of the 38th Australasian Transport Research Forum (ATRF).

ALWADOOD, Z.; SHUIB, A. & HAMID, N. A. (2012): Rail Passenger Service Delays. An Overview. In: Proceedings of the IEEE Business, Engineering and Industrial Applications Colloquium, S. 449–454.

ANA RODRÍGUEZ, G.; SERIANI, S. & HOLLOWAY, C. (2016): Impact of Platform Edge Doors on Passengers' Boarding and Alighting Time and Platform Behavior. In: Transportation Research Record: Journal of the Transportation Research Board 2540, S. 102–110.

ARIO, O. & SCHÜTZE, P. (1984): Maße für die Regelmäßigkeit und Pünktlichkeit öffentlicher Verkehrsmittel - Wartezeiten und Verspätungen an Haltestellen. In: Der Nahverkehr 2 (3), S. 74–81.

BAEE, S.; ESHGHI, F.; HASHEMI, S. M. & MOIENFAR, R. (2012): Passenger Boarding/Alighting Management in Urban Rail Transportation. In: Proceedings of the ASME Joint Rail Conference 2012, S. 823–829.

BÄR, M.; DUTSCH, S.; FIEBAG, T.; GÖDDE, M.; JIN, S. & THIEME, K. (2018): Optimierung von Fahrgastwechselzeiten. Analyse von Haltezeiten und Fahrgastwechsel zur Optimierung der Betriebsstabilität bei der S-Bahn München. In: Der Nahverkehr 36 (5), S. 37–43.

BÄR, M.; DUTSCH, S.; FIEBAG, T.; GÖDDE, M.; JIN, S. & THIEME, K. (2019): Optimierung von Fahrgastwechselzeiten. Systematisierung von Maßnahmen zur Senkung und Stabilisierung der Fahrgastwechsel- und Haltezeiten in Schnellbahnsystemen. In: Der Nahverkehr 37 (12), S. 41–49.

BAUER, W. (1968): Studie über den Fahrgastwechsel im Eisenbahn-Nahverkehr. In: Eisenbahntechnische Rundschau 17 (8), S. 320–330.

BECK, H. (1965): Kriterien zur Kennzeichnung der Betriebsgüte und der praktischen Leistungsfähigkeit von Straßenbahnnetzen. Störmaßstäbe für spezielle Streckenabschnitte und Knoten - ein Beitrag zur Verkehrsplanung im öffentlichen Nahverkehrswesen. In: VDI-Zeitschrift 12 (5), S. 70–89.

BECKER, M. & SCHRECKENBERG, M. (2018): Case Study: Influence of Stochastic Dwell Times on Railway Traffic Simulations. In: Proceedings of the 21st IEEE Intelligent Transportation Systems Conference, S. 1227–1233.

BEN-AKIVA, M.; MACKE, P. & HSU, P. S. (1985): Alternative Methods to Estimate Route-Level Trip Tables and Expand On-Board Surveys. In: Transportation Research Record: Journal of the Transportation Research Board 1037.

BERA, S. & RAO, K. (2011): Estimation of Origin-Destination Matrix from Traffic Counts: the State of the Art. In: European Transport Research Review 49, S. 3–23.

BERBEY, A.; GALAN, R.; BOBI, J. D. S. & CABALLERO, R. (2012): A Fuzzy Logic Approach to Modelling the Passengers' Flow and Dwelling Time. In: LONGHURST, J.W.S. & BREBBIA, C. A. (HRSG.): Urban Transport XVIII, S. 359–369.

BERG, W. (1981): Innerbetriebliche Gesetzmäßigkeiten des öffentlichen Linienbetriebes. Zürich.

BIECHELE, M. (2018): Modellierung der Fahrgastströme zwischen den Stationen öffentlicher Verkehrsmittel sowie des Ankunftsverhaltens von Fahrgästen an Bahnsteigen. Masterseminararbeit. Stuttgart.

BÖHLER, A. & BÜRGI, D. (2014): Kürzerer Fahrgastwechselzeiten für die "Zürcher S-Bahn 2G". Bachelorarbeit. Zürich.

BOSINA, E.; BRITSCHGI, S.; MEEDER, M. & WEIDMANN, U. (2015): Distribution of Passengers on Railway Platforms. In: Proceedings of the 15th Swiss Transport Research Conference.

BOSINA, E.; MEEDER, M. & WEIDMANN, U. (2017): Pedestrian Flows on Railway Platforms. In: Proceedings of the 17th Swiss Transport Research Conference.

BOWMAN, L. & TURNQUIST, M. (1981): Service Frequency, Schedule Reliability and Passenger Wait Times at Transit Stops. In: Transportation Research Part A: General 15 (6), S. 465–471.

BRANDENBURG, D. (2017): Effiziente Analyse von Fahrgastströmen. In: Eisenbahntechnische Rundschau 67 (12), S. 44–47.

BRÄNDLI, H. & BERG, W. (1979): Einfluss von neuen Bahnhofszugängen auf das Fahrgastverhalten. In: Verkehr und Technik 32 (2), S. 35–42.

BRÄNDLI, H. & MÜLLER, H. (1981): Fahrplanabhängigkeit des Fahrgastzuflusses zu Haltestellen. Schriftenreihe des Instituts für Verkehrsplanung und Transportsysteme der ETH Zürich Nr. 81/5. Zürich.

BREGMAN, L. (1967): Proof of the Convergence of Sheleikhovskii's Method for a Problem with Transportation Constraints. In: USSR Computational Mathematics and Mathematical Physics 7 (1), S. 191–204.

BREUSEGEM, V.; CAMPION, G. & BASTIN, G. (1991): Traffic Modeling and State Feedback Control for Metro Lines. In: IEEE Transactions on Automatic Control 36 (7), S. 770–784.

BUCHMÜLLER, S. (2005): Planung von Umsteigeanlagen. Diplomarbeit. Zürich.

BUCHMÜLLER, S.; WEIDMANN, U. & NASH, A. (2008): Development of a Dwell Time Calculation Model for Timetable Planning. In: ALLAN, J. E. A. (HRSG.): Computers in Railways XI. Southampton, S. 105–114.

BÜKER, T.; GÜDELHÖFER, C.; MALDONADO, J. & ULLRICH, L. (2019): Haltezeiten – Analyse und Optimierung. In: Proceedings of the 2nd International Railway Symposium Aachen.

CAMPION, G.; VAN BREUSEGEM, V.; PINSON, P. & BASTIN, G. (1985): Traffic Regulation of an Underground Railway Transportation System by State Feedback. In: Optimal Control Applications and Methods 6 (4), S. 385–402.

CANCAR, V. (2019): Einfluss der Türbreite sowie der Höhendifferenz zwischen Zug und Bahnsteigkante auf die Dauer des Fahrgastwechsels im Schienenverkehr. Masterseminararbeit. Stuttgart.

CASCETTA, E. & CARTENÌ, A. (2014): The Hedonic Value of Railway Terminals. A Quantitative Analysis of the Impact of Stations Quality on Travellers Behaviour. In: Transportation Research Part A: Policy and Practice 61, S. 41–52.

CHEUNG, C. & LAM, W. (1998): Pedestrian Route Choices between Escalator and Stairway in MTR Stations. In: Journal of Transportation Engineering 124 (3), S. 277–285.

CHRISTOFOROU, Z.; CHANDAKAS, E. & KAPARIAS, I. (2017): An Investigation of Dwell Time Patterns in Urban Public Transport Systems. The Case of the Nantes Tramway. In: Proceedings of the 8th International Congress on Transport Research in Greece.

CHU, W.-J.; ZHANG, X.-C.; CHEN, J.-H. & XU, B. (2015): An ELM-Based Approach for Estimating Train Dwell Time in Urban Rail Traffic. In: Mathematical Problems in Engineering (1971), S. 1–9.

CIS, P. & RÜGER, B. (2010): Auslastung in Eisenbahnwagen. Kapazität abhängig vom Verhalten des Fahrgastes. In: Eisenbahntechnische Rundschau 59 (3), S. 134–137.

COLLART, J.; KIRCHNER, N.; ALEMPIJEVIC, A. & ZEIBOTS, M. (2015): Foundation Technology for Developing an Autonomous Complex Dwell-Time Diagnostics (CDD) Tool. In: Proceedings of the Australasian Transport Research Forum.

CORNET, S.; BUISSON, C.; RAMOND, F.; BOUVAREL, P. & RODRIGUEZ, J. (2019): Methods for Quantitative Assessment of Passenger Flow Influence on Train Dwell Time in Dense Traffic Areas (hal-01909708).

COXON, S.; BURNS, K. & BONO, A. (2010): Design Strategies for Mitigating Passenger Door Holding Behavior on Suburban Trains in Paris. In: Proceedings of the Australasian Transport Research Forum.

COXON, S.; CHANDLER, T. & WILSON, E. (2015): Testing the Efficacy of Platform and Train Passenger Boarding, Alighting and Dispersal Through Innovative 3D Agent-Based Modelling Techniques. In: Urban Rail Transit 1 (2), S. 87–94.

COXON, S.; SARVI, M.; NAPPER, R. & BONO, A. (2013): An Innovative Approach to Metropolitan Train Carriage Interior Configuration to Improve Boarding, Alighting, Dwell Time Stability and Passenger Experience. In: FILHO, R. & MACARIO, R. (HRSG.): Selected Proceedings of the WCTR World Conference on Transport Research, S. 1–25.

CRESPO, A. & OETTING, A. (2018a): Model for Estimating the Residual Transport Capacity during Passenger Deviation. In: SCHÖNBERGER, J. & NERLICH, S. (HRSG.): Tagungsband der 26. Verkehrswissenschaftliche Tage. Dresden, S. 101–122.

CRESPO, A. & OETTING, A. (2018b): Public Transport Capacity Limitations - Means for a Prompt Occupacy Evaluation. In: Internationales Verkehrswesen 70 (3), S. 84–87.

CUI, A. (2006): Bus Passenger Origin-Destination Matrix Estimation Using Automated Data Collection Systems. Massachusetts Institute of Technology.

CUI, Y.; MARTIN, U. & ZHAO, W. (2016): Calibration of Disturbance Parameters in Railway Operational Simulation based on Reinforcement Learning. In: Journal of Rail Transport Planning & Management 6 (1), S. 1–12.

CUI, Y.; MARTIN, U.; ZHAO, W. & CAO, N. (2014): Entwicklung eines Algorithmus für die Kalibrierung von Modellen zur Betriebssimulation in spurgeführten Verkehrssystemen unter Berücksichtigung stochastischer Bedingungen. Stuttgart.

DAAMEN, W. (2002): A Quantitative Assessment on the Design of a Railway Station. In: ALLAN, J. & SAKELLARIS, J. (HRSG.): Computers in Railways VIII. Southampton, S. 191–200.

DAAMEN, W. (2004): Modelling Passenger Flows in Public Transport Facilities. Delft.

DAAMEN, W.; LEE, Y.-C. & WIGGENRAAD, P. (2008): Boarding and Alighting Experiments. Overview of Setup and Performance and Some Preliminary Results. In: Transportation Research Record: Journal of the Transportation Research Board 2042, S. 71–81.

D'ACIERNO, L.; BOTTE, M.; PLACIDO, A.; CAROPRESO, C. & MONTELLA, B. (2017): Methodology for Determining Dwell Times Consistent with Passenger Flows in the Case of Metro Services. In: Urban Rail Transit 3 (2), S. 73–89.

D'ACIERNO, L.; GALLO, M.; MONTELLA, B. & PLACIDO, A. (2012): Analysis of the Interaction between Travel Demand and Rail Capacity Constraints. In: LONGHURST, J.W.S. & BREBBIA, C. A. (HRSG.): Urban Transport XVIII, S. 197–207.

D'ACIERNO, L.; GALLO, M.; MONTELLA, B. & PLACIDO, A. (2013): The Definition of a Model Framework for Managing Rail Systems in the Case of Breakdowns. In: Proceedings of the 16th International IEEE Conference on Intelligent Transportation Systems (ITSC 2013), S. 1059–1064.

D'ACIERNO, L.; PLACIDO, A.; BOTTE, M. & MONTELLA, B. (2016): A Methodological Approach for Managing Rail Disruptions with Different Perspectives. In: International Journal of Mathematical Models and Methods in Applied Sciences 10, S. 80–86.

DANIEL, J.; ROTTER, N. & NICHNADOWICZ, V. (2009): Customer Behavior Relative to Gap between Platform and Train. New Jersey.

DANTZIG, G. (1966): Lineare Programmierung und Erweiterungen. In: KRELLE, W. & KÜNZI, H. (HRSG.): Economics and Operation Research. Heidelberg.

DB STATION&SERVICE AG (2020): Bahnsteigdaten. Bahnsteigdaten mit Informationen über Bahnsteighöhe und -länge. https://data.deutschebahn.com/dataset/data-bahnsteig, zuletzt geprüft am 07.12.2020.

DELAC, M. (2014): Fahrgastverteilung auf dem Bahnsteig. Bachelorthesis. St. Pölten.

DELL'ASIN, G. & HOOL, J. (2018): Pedestrian Patterns at Railway Platforms during Boarding: Evidence from a Case Study in Switzerland. In: Journal of Advanced Transportation.

DEUTSCHE BAHN AG (2017): Leuchtender Bahnsteig. Ob ihr wirklich richtig steht, seht ihr wenn das Licht angeht! http://www.deutschebahn.com/de/Digitalisie-rung/DB_Digital/digitale_produkte/15622960/bahnsteigkante.html, zuletzt geprüft am 22.11.2017.

DIRMEIER, W. (1978): Die Bedeutung der Haltezeit im Stadtschnellbahnbetrieb. In: Eisenbahntechnische Rundschau 27 (5), S. 273–276.

DOMSCHKE, W. (2007): Logistik: Transport. Grundlagen, lineare Transport- und Umladeprobleme. München.

DONG, H.; CHEN, JING, YAO, XIUMING & YANG, X. (2016): Modeling and Simulation of Passenger Boarding and Alighting Behaviours in Subway Stations. In: SONG, W.; MA, J. & FU, L. (HRSG.): Proceedings of Pedestrian and Evacuation Dynamics 2016, S. 397–398.

DONOVAN, S. (2017): Dwelling on Dwell-Times. Estimating the Economic Benefits of Speeding up Auckland's Trains. https://www.greaterauck-land.org.nz/2017/01/23/what-are-the-benefits-of-shorter-dwell-times-on-aucklands-trains/, zuletzt geprüft am 04.10.2019.

DOUGLAS, N. (2012): Modelling Train and Passenger Capacity. Report to Transport for NSW. Wellington.

EIGNER, T. (2014): Fahrgastverteilung im U-Bahn-Verkehr. Bachelorthesis. St. Pölten.

EILMES, H. (1975): Beitrag zur Gestaltung und Bemessung von Fußgängerverkehrsanlagen bei Haltestellen des schienengebundenen Nahverkehrs.

ELLEUCH, F. (2019): Transférabilité d'une modélisation-simulation multi-agents. Le comportement inter-gares des voyageurs de la SNCF lors des échanges quai-train. Paris, France.

ELLEUCH, F.; DONNET, S.; BUENDIA, A.; NATKIN, S. & TIJUS, C. (2018): How to Collect Data to Simulate the Dynamic of Trains-Passengers' Interaction. In: CHARLES KALISH; MARTINA RAU; JERRY ZHU & TIMOTHY ROGERS (HRSG.): Proceedings of the 40th Annual Cognitive Science Society Meeting, S. 1645–1650.

ENDLICH, D.; WARTHON, K.; ETZEL, T.; WITTLINGER, M. & SCHROTT, J. (2019): Ankunftsverhalten von Fahrgästen. Bachelorseminararbeit. Stuttgart.

ENGEL, A. (1976): Wahrscheinlichkeitsrechnung und Statistik. Band 2. Stuttgart.

ENGEL, R. (2005): Barrierefreiheit an der Bahnsteigkante? Kritische Bestandsaufnahme und kritische Fragen. In: Der Fahrgast 9 (4), S. 27–38.

ENGELBRECHT, P. (1975): Fahrgast- und verkehrsgerechte Haltestellen des öffentlichen Personennahverkehrs. In: Verkehr und Technik 28 (8), S. 305–311.

ENGELBRECHT, P. & AMPENBERGER, K. (1968): Beziehungen zwischen Besetzungsgrad, Aussteigezeiten, Signalsystem und Streckenleistung einer U-Bahn. In: Verkehr und Technik 21 (3. Sonderheft), S. 69–74.

ERLANG, A. (1909): The Theory of Probabilities and Telephone Conversations. In: Nyt Tidsskrift for Matematik B 20 (9).

EUROPÄISCHE KOMMISSION (2014a): Verordnung (EU) Nr. 1299/2014 der Kommission vom 18. November 2014 über die technische Spezifikation für die Interoperabilität des Teilsystems „Infrastruktur" des Eisenbahnsystems in der Europäischen Union. VO 1299/2014/EU - TSI INF.

EUROPÄISCHE KOMMISSION (2014b): Verordnung (EU) Nr. 1300/2014 der Kommission vom 18. November 2014 über die technischen Spezifikationen für die Interoperabilität bezüglich der Zugänglichkeit des Eisenbahnsystems der Union für Menschen mit Behinderungen und Menschen mit eingeschränkter Mobilität. VO 1300/2014/EU - TSI PRM.

EUROPÄISCHE KOMMISSION (2014c): Verordnung (EU) Nr. 1302/2014 der Kommission vom 18. November 2014 über eine technische Spezifikation für die Interoperabilität des Teilsystems „Fahrzeuge — Lokomotiven und Personenwagen" des Eisenbahnsystems in der Europäischen Union. VO 1302/2014/EU - TSI LOC&PAS.

EVANS, G. & WENER, R. (2007): Crowding and Personal Space Invasion on the Train. Please Don't Make Me Sit in the Middle. In: Journal of Environmental Psychology 27 (1), S. 90–94.

FAN, W. & MACHEMEHL, R. (2002): Characterizing Bus Transit Passenger Waiting Times. In: Proceedings of the 2nd Material Speciality Conference of the Canadian Society for Civil Engineering, S. 1–10.

FAN, W. & MACHEMEHL, R. (2009): Do Transit Users Just Wait for Buses or Wait with Strategies? In: Transportation Research Record: Journal of the Transportation Research Board 2111 (1), S. 169–176.

FAN, Y.; GUTHRIE, A. & LEVINSON, D. (2016): Waiting Time Perceptions at Transit Stops and Stations. Effects of Basic Amenities, Gender, and Security. In: Transportation Research Part A: Policy and Practice 88, S. 251–264.

FANG, J.; FUJIYAMA, T. & WONG, H. (2019): Modelling Passenger Distribution on Metro Platforms Based on Passengers' Choices for Boarding Cars. In: Transportation Planning and Technology 42 (5), S. 442–458.

FANG, J.; WONG, H.; CHEN XIN & FUJIYAMA, T. (2019): A Model of Passenger Distribution on Metro Platforms Based on Passengers' Boarding Strategies. In: PETERSON, A.; JOBORN, M. & BOHLIN, M. (HRSG.): Proceedings of the 8th International Conference on Railway Operations Modelling and Analysis, S. 426–445.

FERNÁNDEZ, A.; CUCALA, A. P.; VITORIANO, B. & CUADRA, F. (2006): Predictive Traffic Regulation for Metro Loop Lines Based on Quadratic Programming. In: Proceedings of the Institution of Mechanical Engineers, Part F: Journal of Rail and Rapid Transit 220 (2), S. 79–89.

FERNÁNDEZ, R. (2010): Modelling Public Transport Stops by Microscopic Simulation. In: Transportation Research Part C: Emerging Technologies 18 (6), S. 856–868.

FERNÁNDEZ, R. (2011): Experimental Study of Bus Boarding and Alighting Times. In: Proceedings of the European Transport Conference of the Association for European Transport.

FERNÁNDEZ, R.; DEL CAMPO, M. & SWETT, C. (2008): Data Collection and Calibration of Passenger Service Time Models for the Transantiago System. In: Proceedings of the European Transport Conference.

FERNÁNDEZ, R.; VALENCIA, A. & SERIANI, S. (2015a): In Search of Passenger Saturation Flows through Transit Doors. In: Proceedings of 13th Conference on Advanced Systems in Public Transport (CASPT).

FERNÁNDEZ, R.; VALENCIA, A. & SERIANI, S. (2015b): On Passenger Saturation Flow in Public Transport Doors. In: Transportation Research Part A: Policy and Practice 78, S. 102–112.

FERNÁNDEZ, R.; VALENCIA, A.; SERIANI, S.; FERNANDEZ, J. & ZEGERS, P. (2013): Passenger Saturation Flows through Public Transport Doors. In: Proceedings of the European Transport Conference of the Association for European Transport.

FERNÁNDEZ, R.; ZEGERS, P.; WEBER, G.; FIGUEROA, A. & TYLER, N. (2010): Platform Height, Door Width and Fare Collection on Public Transport Dwell Time. A Laboratory Study. In: Proceedings of the 12th World Conference on Transport Research.

FERNÁNDEZ, R.; ZEGERS, P.; WEBER, G. & TYLER, N. (2010): Influence of Platform Height, Door Width, and Fare Collection on Bus Dwell Time. In: Transportation Research Record: Journal of the Transportation Research Board 2143 (1), S. 59–66.

FIEDLER, J. (1968): Die Haltezeit und ihre Einflussfaktoren. Gedanken zum Stadtschnellbahnbetrieb. In: Eisenbahntechnische Rundschau 17 (11), S. 474–479.

FIEDLER, J. (1971): Die Haltezeit als maßgebendes Kriterium kurzer Zugfolgezeiten. In: Verkehr und Technik 24 (7), S. 316–318.

FISCHER, K. & HERTEL, G. (1990): Bedienungsprozesse im Transportwesen. Grundlagen und Anwendungen der Bedienungstheorie. Berlin.

FLETCHER, G. & EL-GENEIDY, A. (2013): Effects of Fare Payment Types and Crowding on Dwell Time. In: Transportation Research Record: Journal of the Transportation Research Board 2351 (1), S. 124–132.

FOX, C.; OLIVEIRA, L.; KIRKWOOD, L. & CAIN, R. (2017): Understanding Users' Behaviours in Relation to Concentrated Boarding. Implications for Rail Infrastructure and Technology. In: Proceedings of the 15th International Conference on Manufacturing Research.

FRITZ, C. (2020): Untersuchung der Beweggründe von Fahrgästen bei der Wahl der Warteposition auf dem Bahnsteig. Masterseminararbeit. Stuttgart.

FRITZ, C.; UHL, J. & MARTIN, U. (2020): Verteilung der Einsteiger auf Bahnsteigen – Fahrgastbefragung (Teil 2 von 3). In: Eisenbahntechnische Rundschau 69 (12), 32-36.

FRITZ, M. (1981): Effect of Crowding on Light Rail Passenger Boarding and Alighting Rates. Masterthesis. Evanston.

FRITZ, M. (1983): Effect of Crowding on Light Rail Passenger Boarding Times. In: NATIONAL RESEARCH COUNCIL (U.S.) (HRSG.): Transit Terminal Facilities and Urban Rail Planning. Washington D.C, 43-50.

FRUMIN, M. & ZHAO, J. (2012): Analyzing Passenger Incidence Behavior in Heterogeneous Transit Services Using Smartcard Data and Schedule-Based Assignment. In: Transportation Research Record: Journal of the Transportation Research Board 2274 (1), S. 52–60.

FRY, T. (1928): Probability and Its Engineering Uses. New York.

FUJIYAMA, T.; THOREAU, R. & TYLER, N. (2012): The Effects of the Design Factors of the Train-Platform Interface on Pedestrian Flow Rates. In: WEIDMANN, U.; KIRSCH, U. & SCHRECKENBERG, M. (HRSG.): Pedestrian and Evacuation Dynamics. Cham, S. 1163–1173.

GIRNAU, G. & BLENNEMANN, F. (1970): Verknüpfung von Nahverkehrssystemen. Düsseldorf.

GLASER, D. (2019): Einfluss des Gepäckaufkommens der Ein- und Aussteiger auf die Dauer des Fahrgastwechsels im Schienenverkehr. Masterseminararbeit. Stuttgart.

GROSS, D.; SHORTLE, J. F.; THOMPSON, J. M. & HARRIS, C. M. (2008): Fundamentals of Queueing Theory. New Jersey.

GYSIN, K. (2018): An Investigation of the Influences on Train Dwell Time. Abstract der Masterthesis. Zürich.

HALL, E.; BIRDWHISTELL, R.; BOCK, B. & BOHANNAN, P. (1968): Proxemics. In: Current Anthropology 9 (2/3), S. 83–108.

HÄNSELER, F.; BIERLAIRE, M. & SCARINCI, R. (2015): Assessing the Usage and Level-of-service of Pedestrian Facilities in Train Stations: A Swiss Case Study. Lausanne.

HANSEN, I.; GOVERDE, R. & VAN DER MEER, D. (2010): Online Train Delay Recognition and Running Time Prediction. In: Proceedings 13th International IEEE Conference on Intelligent Transportation Systems (ITSC), 2010, S. 1783–1788.

HARRIS, N. (2006): Train Boarding and Alighting Rates at High Passenger Loads. In: Journal of Advanced Transportation 40 (3), S. 249–263.

HARRIS, N. (2015): A European Comparison of Station Stops Delays. In: Proceedings of the International Congress on Advanced Railway Engineering.

HARRIS, N. & ANDERSON, R. (2007): An International Comparison of Urban Rail Boarding and Alighting Rates. In: Proceedings of the Institution of Mechanical Engineers, Part F: Journal of Rail and Rapid Transit 221 (4), S. 521–526.

HARRIS, N. & EHIZELE, J. (2019): The Impact of Luggage on Passenger Boarding and Alighting Rates. In: Proceedings of the 2nd International Railway Symposium Aachen.

HARRIS, N.; GRAHAM, D.; ANDERSON, R. & LI, H. (2014): The Impact of Urban Rail Boarding and Alighting Factors. In: Proceedings of the TRB Annual Meeting.

HARRIS, N.; RISAN, Ø. & SCHRADER, S. (2014): The Impact of Differing Door Widths on Passenger Movement Rates. In: BREBBIA, C. A.; TOMII, N.; TZIEROPOULOS, P. & MERA, J.M. (HRSG.): Computers in Railways XIV, S. 53–63.

HAUSMANN, A. & WINDISCHMANN, C. (1993): Grundlagen des Betriebsdienstes. Mainz.

HEIMERL; MEINICKE & SCHWANHÄUßER (1992): Verbesserung des Leistungsangebotes der S-Bahn Stuttgart - Untersuchungsstufe 1 und 2. Stuttgart.

HEINZ, W. (2003): Passenger Service Times on Trains. Theory, Measurements and Models. Stockholm.

HELLER, W.-D.; LINDENBERG, H.; NUSKE, M. & SCHRIEVER, K.-H. (1978): Stochastische Systeme. Markovketten, stochastische Prozesse, Warteschlangen. Berlin.

HENNIGE, K. & WEIGER, U. (1994): Höhere Leistungsfähigkeit der S-Bahn durch kürzere Aufenthaltszeiten. Eine Untersuchung über Haltezeiten und Fahrgastwechseln in Stuttgart. In: Der Nahverkehr 12 (9), S. 34–39.

HIBINO, N.; YAMASHITA, Y.; KARIYAZAKI, K. & MORICHI, S. (2010): A Study on Characteristics of Train Station Passengerflows for Train Delay Reduction. In: Proceedings of the 12th WCTR World Conference on Transport Research.

HIRSCH, L. & THOMPSON, K. (2011a): I Can Sit but I'd Rather Stand. Commuter's Experience of Crowdedness and Fellow Passenger Behaviour in Carriages on Australian Metropolitan Trains. In: AUSTRALIAN TRANSPORT RESEARCH FORUM (HRSG.): Proceedings of Australian Transport Research Forum.

HIRSCH, L. & THOMPSON, K. (2011b): Tarzan Travellers: Australian Rail Passenger Perspectives of the Design of Handholds in Carriages. In: Ergonomics Australia - HFESA 2011 Conference Edition.

HOLLOWAY, C.; THOREAU, R.; ROAN, T.-R.; BOAMPONG, D.; CLARKE, T.; WATTS, D. & TYLER, N. (2016): Effect of Vertical Step Height on Boarding and Alighting Time of Train Passengers. In: Journal of Rail and Rapid Transit 230 (4), S. 1234–1241.

HOOGENDOORN, S. P.; HAUSER, M. & RODRIGUES, N. (2004): Applying Microscopic Pedestrian Flow Simulation to Railway Station Design Evaluation in Lisbon, Portugal. In: Transportation Research Record: Journal of the Transportation Research Board 1878 (1), S. 83–94.

HOR, P. S. & MOHD MASIRIN, M. I. (2016): Train Dwell Time Models for Rail Passenger Service. In: MATEC Web of Conferences. Melaka.

HOR, P. S. & MOHD MASIRIN, M. I. (2017): Alighting and Boarding Time Model of Passengers at a LRT Station in Kuala Lumpur. In: MATEC Web of Conferences.

IFFLÄNDER, H. & WEIDMANN, U. (1989): Niederflur - Vorteil für alle! Untersuchung des Fahrgastwechsels bei Niederflurfahrzeugen. In: Der Nahverkehr 8 (1), S. 71–77.

INGVARDSON, J. B.; NIELSEN, O. A.; RAVEAU, S. & NIELSEN, B. F. (2018): Passenger Arrival and Waiting Time Distributions Dependent on Train Service Frequency and Station Characteristics: A Smart Card Data Analysis. In: Transportation Research Part C: Emerging Technologies 90, S. 292–306.

JAISWAL, S.; BUNKER, J. & FERREIRA, L. (2009): Modeling Relationships Between Passenger Demand and Bus Delays at Busway Stations. In: Proceedings of the Transportation Research Board 88th Annual MeetingTransportation Research Board.

JANICKI, J.; REINHARD, H. & RÜFFER, M. (2020): Schienenfahrzeugtechnik. Berlin.

JELITTO, M. (2019): Die Abfahrt eines Zuges. Praxiswissen für Triebfahrzeugführer und Fahrdienstleiter. In: Deine Bahn 47 (12), S. 28–33.

JENNEWEIN, H. (2006): Energiesparende Fahrweise unter Berücksichtigung der Fahrgastwechselzeit. Diplomarbeit. Wien.

JIANG, Z.; GU, J.; HAN, Y.; FAN, W. & CHEN, J. (2018): Modeling Actual Dwell Time for Rail Transit Using Data Analytics and Support Vector Regression. In: Journal of Transportation Engineering 144 (11), S. 1–12.

JIANG, Z.; LI, F.; XU, R.-H. & GAO, P. (2012): A Simulation Model for Estimating Train and Passenger Delays in Large-Scale Rail Transit Networks. In: Journal of Central South University 19 (12), S. 3603–3613.

JIANG, Z.; XIE, C.; JI, T. & ZOU, X. (2015): Dwell Time Modelling and Optimized Simulations for Crowded Rail Transit Lines Based on Train Capacity. In: PROMET - Traffic&Transportation 27 (2), S. 125–135.

JOLLIFFE, J. & HUTCHINSON, T. (1975): A Behavioural Explanation of the Association between Bus and Passenger Arrivals at a Bus Stop. In: Transportation Science 9 (3), S. 248–282.

JONG, J.-C. & CHANG, E.-F. (2011): Investigation and Estimation of Train Dwell Time for Timetable Planning. In: Proceedings of the 9th World Congress on Railway Research.

KAMIZURU, T.; NOGUCHI, T. & TOMII, N. (2015): Dwell Time Estimation by Passenger Flow Simulation on a Station Platform based on a Multi-Agent Model. In: Proceedings of the 6th International Conference on Railway Modelling and Analysis - Rail-Tokyo 2015.

KANAI, S.; SHIINA, K.; HARADA, S. & TOMII, N. (2011): An Optimal Delay Management Algorithm from Passengers' Viewpoints Considering the Whole Railway Network. In: Journal of Rail Transport Planning & Management 1 (1), S. 25–37.

KANTOROVICH, L. & AKILOV, G. (1982): Functional Analysis. Oxford.

KECMAN, P. & GOVERDE, R. (2013): An Online Railway Traffic Prediction Model. In: Prooceedings of RailCopenhagen2013: 5th International Conference on Railway Operations Modelling and Analysis.

KECMAN, P. & GOVERDE, R. (2015): Predictive Modelling of Running and Dwell Times in Railway Traffic. In: Public Transport 7 (3), S. 295–319.

KEPAPTSOGLOU, K. & KARLAFTIS, M. (2010): A Model for Analyzing Metro Station Platform Conditions Following a Service Disruption. In: Proceedings 13th International IEEE Conference on Intelligent Transportation Systems (ITSC), 2010, S. 1789–1794.

KIM, H.; KWON, S.; WU, S. K. & SOHN, K. (2014): Why Do Passengers Choose a Specific Car of a Metro Train during the Morning Peak Hours? In: Transportation Research Part A: Policy and Practice 61, S. 249–258.

KIM, J.; KIM, M.; HONG, J. S. & KIM, T. (2015): Development of a Boarding and Alighting Time Model for the Urban Rail Transit in a Megacity. In: BREBBIA, C. A. (HRSG.): Urban Transport XXI, S. 675–685.

KIM, K.; HONG, S.-P.; KO, S.-J. & KIM, D. (2015): Does Crowding Affect the Path Choice of Metro Passengers? In: Transportation Research Part A: Policy and Practice 77, S. 292–304.

KLEINROCK, L. (1975): Queueing Systems - Volume 1: Theory. New York.

KLOSE, M. (2019a): Untersuchung der Einflussfaktoren auf die Verteilung der wartenden Fahrgäste über die Längsausdehnung eines Bahnsteigs. Bachelorthesis. Stuttgart.

KLOSE, M. (2019b): Untersuchung der Unterschiede zwischen S-Bahn- sowie Stadt- und Regionalbahnverkehr hinsichtlich der Einflussfaktoren auf die Verteilung der wartenden Fahrgäste über die Längsausdehnung der Bahnsteige. Masterseminararbeit. Stuttgart.

KLOSE, M.; UHL, J. & MARTIN, U. (2020): Verteilung der Einsteiger auf Bahnsteigen – quantitative Erhebung (Teil 1 von 3). In: Eisenbahntechnische Rundschau 69 (11), 29-33.

KNOFLACHER, H. & STEPHANIDES, J. (1983): Systemspezifische Einflüsse auf die Aufenthaltsdauer von Straßenbahnen in Haltestellen. In: Verkehr und Technik 36 (2), S. 46–50.

KNOPP, H.-J. (1993): Fahrgast und Fahrzeugbau. Auswirkungen des Fahrgastverhaltens auf den Schienen-Fahrzeugbau im SPNV. In: Der Nahverkehr 11 (5), S. 56–62.

KOFFMAN, D.; RHYNER, G. & TREXLER, R. (1984): Self-Service Fare Collection on the San Diego Trolley. Washington D.C.

KOFFMAN, J. (1984): Drei Straßenbahnpioniere - Ein Beitrag zur Geschichte des Fahrgastflusses bei der Straßenbahn. In: Straßenbahn-Magazin (53), S. 195–215.

KRAFT, W. (1975): An Analysis of the Passenger Vehicle Interface of Street Transit Systems with Applications to Design Optimization. Newark.

KRAFT, W. & BERGEN, T. (1974): Evaluation of Passenger Service Times for Street Transit Systems. In: WILBURN, M. (HRSG.): Reports Prepared for the 53rd Annual Meeting of the Highway Research Board and a Committee Report (Intermodal Transfer Facilities). Washington, DC, 13-20.

KRELL, K. (1966): U- und S-Bahn-Haltestellen mit starkem Fahrgastwechsel. In: Der Tiefbau (3), 186-196.

KRSTANOSKI, N. (2014a): Modelling Passenger Distribution on Metro Station Platform. In: International Journal for Traffic and Engineering 4 (4), S. 456–465.

KRSTANOSKI, N. (2014b): Modelling Passenger Distribution on Metro Station Platform. Bitola.

KUHN, M. (2019): Untersuchung zur Ankunft von Fahrgästen auf dem Bahnsteig sowie zum Verhalten von Nachzüglern. Masterseminararbeit. Stuttgart.

KUHN, M.; UHL, J.; HANTSCH, F. & MARTIN, U. (2021): Ankunftsverhalten von Fahrgästen auf dem Bahnsteig. Untersuchung in der morgendlichen Hauptverkehrszeit. In: Deine Bahn 49 (1), 34-39.

KUNIMATSU, T.; HIRAI, C. & TOMII, N. (2012): Train Timetable Evaluation from the Viewpoint of Passengers by Microsimulation of Train Operation and Passenger Flow. In: Electrical Engineering in Japan 181 (4), S. 51–62.

KÜNZEL, J. & FLUNKERT, J. (2003): Einfluss der Fahrgastwechselzeit auf die Pünktlichkeit im SPNV. In: Der Nahverkehr 21 (9), S. 48–53.

KWONGYEN, M. (2016): Voorspellingsmodel voor reizigersverdeling in de trein. Masterthesis. Amsterdam.

LADEMANN, F. (2004): Eingabedaten für Eisenbahnbetriebssimulationen. In: Eisenbahningenieur 55 (4), S. 5–10.

LAM, W.; CHEUNG, C.-Y. & LAM, C. F. (1999): A Study of Crowding Effects at the Hong Kong Light Rail Transit Stations. In: Transportation Research Part A: Policy and Practice 33 (5), S. 401–415.

LAM, W.; CHEUNG, C.-Y. & POON, Y. F. (1998): A Study of Train Dwelling Time at the Hong Kong Mass Transit Railway System. In: Journal of Advanced Transportation 32 (3), S. 285–296.

LÄMMEL, U. & CLEVE, J. (2008): Künstliche Intelligenz. München.

LARSEN, R.; PRANZO, M.; D'ARIANO, A.; CORMAN, F. & PACCIARELLI, D. (2014): Susceptibility of Optimal Train Schedules to Stochastic Disturbances of Process Times. In: Flexible Services and Manufacturing Journal 26 (4), S. 466–489.

LEE, J.; YOO, S.; KIM, H. & CHUNG, Y. (2018): The Spatial and Temporal Variation in Passenger Service Rate and its Impact on Train Dwell Time. A Time-Series Clustering Approach Using Dynamic Time Warping. In: International Journal of Sustainable Transportation 12 (10), S. 725–736.

LEENEN, M. & HERBERMANN, A. (2014): Herausforderungen des demografischen Wandels für den Schienenverkehr liegen in den Ballungsräumen. In: Eisenbahntechnische Rundschau 63 (9), S. 76–79.

LEHNHOFF, N. & JANSSEN, S. (2003): Untersuchung und Optimierung der Fahrgastwechselzeit. Acht Hypothesen zur Beeinflussung der Wartezeiten an Haltestellen. In: Der Nahverkehr 21 (7-8), S. 14–20.

LEINER, A. (1983): Möglichkeiten zur Beschleunigung des Fahrgastwechsels bei öffentlichen Verkehrsmitteln. Diplomarbeit. Universität Stuttgart. Stuttgart.

LEURENT, F. (2008): Modelling Seat Congestion in Transit Assignment (hal-00348409).

LEURENT, F. (2011): Transport Capacity Constraints on the Mass Transit System: a Systemic Analysis. In: European Transport Research Review 3 (1), S. 11–21.

LEURENT, F. & XIE, X. (2017): On Passenger Repositioning along Station Platform during Train Waiting. In: Transportation Research Procedia 27, S. 688–695.

LEURENT, F. & XIE, X. (2018): On Individual Repositioning Distance along Platform during Train Waiting. In: Journal of Advanced Transportation, S. 1–18.

LEWIS, C. & BELANGER, C. (2015): The Generality of Scientific Models: a Measure Theoretic Approach. In: Synthese 192 (1), S. 269–285.

LI, D.; DAAMEN, W. & GOVERDE, R. (2016): Estimation of Train Dwell Time at Short Stops Based on Track Occupation Event Data. A Study at a Dutch Railway Station. In: Journal of Advanced Transportation 50 (5), S. 877–896.

LI, D.; GOVERDE, R.; DAAMEN, W. & HE, H. (2014): Train Dwell Time Distributions at Short Stop Stations. In: Proceedings of the IEEE 17th International Conference on Intelligent Transportation Systems 2014, S. 2410–2415.

LI, D.; YIN, Y. & HE, H. (2018): Testing the Generality of a Passenger Disregarded Train Dwell Time Estimation Model at Short Stops. Both Comparison and Theoretical Approaches. In: Journal of Advanced Transportation (1), S. 1–16.

LI, M.-T.; ZHAO, F.; CHOW, L.-F.; ZHANG, H. & LI, S.-C. (2006): Simulation Model for Estimating Bus Dwell Time by Simultaneously Considering Numbers of Disembarking and Boarding Passengers. In: Transportation Research Record: Journal of the Transportation Research Board 1971 (1), S. 59–65.

LI, X. (2019): Untersuchung der Einflüsse auf die Sitz- und Stehplatzwahl von Fahrgästen in Fahrzeugen des Schienenpersonennahverkehrs. Masterseminararbeit. Stuttgart.

LIN, T.-M. (1990): Dwell Time Relationships for Urban Rail Systems. Masterthesis. Massachusetts.

LIN, T.-M. & WILSON, N. (1992): Dwell Time Relationships for Light Rail Systems. In: NATIONAL RESEARCH COUNCIL (U.S.) (HRSG.): Light Rail Transit - Planning, Design, and Operating Experience. Washington, S. 287–295.

LIU, H.; NING, B.; TANG, T. & GUO, X. (2018): Maximize Regenerative Energy Utilization through Timetable Optimization in a Subway System. In: Proceedings of the IEEE International Conference on Intelligent Rail Transportation.

LIU, Z.; LI, D. & WANG, X. (2016): Passenger Distribution and Waiting Position Selection Model on Metro Station Platform. In: Proceedings of the 2016 International Conference on Civil, Structure and Environmental Engineering, S. 35–41.

LONGO, G. & MEDEOSSI, G. (2012): Enhancing Timetable Planning with Stochastic Dwell Time Modelling. In: BREBBIA, C.; TOMII, N. & TZIEROPOULOS, P. (HRSG.): Computers in Railways XIII -Computer System Design and Operation in the Railway and Other Transit Systems. Ashurst, 461-471.

LONGO, G. & MEDEOSSI, G. (2013): Approach for Calibrating and Validating the Simulation of Complex Rail Networks. In: TRB 92nd Annual Meeting Compendium of Papers.

LOUKAITOU-SIDERIS, A.; TAYLOR, B. & VOULGARIS, C. (2015): Passenger Flows in Underground Railway Stations. San José.

LU, D. (2008): Route Level Bus Transit Passenger Origin-Destination Flow Estimation Using APC Data. Numerical and Empirical Investigations. Masterthesis. Columbus.

LÜTHI, M.; WEIDMANN, U. & NASH, A. (2007): Passenger Arrival Rates at Public Transport Stations. In: TRANSPORTATION RESEARCH BOARD (HRSG.): TRB 86th Annual Meeting Compendium of Papers.

MANG, T.; MOSCH, P.; MÜLLER, D.; NALCAKAN, F.; PATOLLA, J.; WÖLFLE, J. & WUNDERLICH, R. (2020): Ankunftsverhalten von Fahrgästen unter dem Einfluss der Covid-19-Pandemie. Bachelorseminararbeit. Stuttgart.

MARTIN, U.; UHL, J. & HANTSCH, F. (2021): Erstellung und Test eines Haltezeitprognosemodells (unveröffentlichter Projektbericht).

MARTÍNEZ, I.; VITORIANO, B.; FERNÁNDEZ, A. & CUCALA, A. (2007): Statistical Dwell Time Model for Metro Lines. In: BREBBIA, C. (HRSG.): Urban Transport XIII. Urban Transport and the Environment in the 21st Century. Ashurst, S. 223–232.

MATHWORKS (2018): MATLAB - MATrix LABoratory.

MCPHERSON, C. & LANGDON, N. (2009): Forecasting Passenger Congestion in Rail Networks. In: Proceedings of the 32nd Australesian Transport Research Forum.

MENG, Q. & QU, X. (2013): Bus Dwell Time Estimation at Bus Bays: A Probabilistic Approach. In: Transportation Research Part C 36, S. 61–71.

MOHR, N. (2020): Vergleichende Betrachtung von Stationshalteprozessen und der dafür anfallenden Zeitbedarfe verschiedener Verkehrsmittel. Bachelorthesis. Stuttgart.

MOLINA, E. (1927): Application of the Theory of Probability to Telephone Trunking Problems. In: Bell System Technical Journal 6 (3), S. 461–494.

MOLYNEAUX, N.; HÄNSELER, F. & BIERLAIRE, M. (2014): Modelling of Train-Induced Pedestrian Flows in Railway Stations. In: Proceedings of the 14th Swiss Transport Research Conference.

MÜLLER, A. (1917): Über die Wahl des mittleren Haltestellenabstandes bei elektrischen Straßenbahnen. In: Elektrotechnik und Maschinenbau 35 (37), S. 448–450.

NYGAARD, M. (2016): Waiting Time Strategy for Public Transport Passengers. Masterarbeit. Trondheim.

OBERZAUCHER, E. & RÜGER, B. (2018): Nudging im ÖPNV. Menschengerechtes Design für optimierte Betriebsqualitäten. In: Eisenbahntechnische Rundschau 68 (12), S. 74–77.

OERTEL, H.-W. (2011): Einstiegsmarkierungen unterstützen Fahrplantreue. In: Der Nahverkehr 29 (1-2), S. 68–69.

O'FLAHERTY, C. & MANCAN, D. (1970): Bus Passenger Waiting Times in Central Areas. In: Traffic Engineering and Control 11 (9), S. 419–421.

PANZERA, N. & RÜGER, B. (2018): Haltezeit hochrangiger innerstädtischer Verkehrsmittel - Einflussfakoren und Optimierungspotenziale. In: Eisenbahntechnische Rundschau 68 (6), 72-77.

PARKINSON, T. & FISHER, I. (1996): TCRP Report 13: Rail transit capacity. Washington D.C.

PAVLACSKA, Y. (2014): Pendlerzüge zum Flughafenzubringer. Reisegepäckaufkommen mit Fahrgastverhalten. Bachelorthesis. St. Pölten.

PEDERSEN, T.; NYGREEN, T. & LINDFELDT, A. (2018): Analysis of Temporal Factors Influencing Minimum Dwell Time Distributions. In: PASSERINI, G.; MERA, J. M.; TOMII, N. & TZIEROPOULOS, P. (HRSG.): Computers in Railways XVI : Railway Engineering Design and Operation, S. 447–458.

PEFTITSI, S.; JENELIUS, E. & CATS, O. (2018): Determinants of Passengers' Metro Car Choice Revealed through Automated Data Sources : A Stockholm Metro Case Study. In: Proceedings of the Caspt 14th Conference on Advanced Systems in Public Transport and TransitData.

PERKINS, A.; RYAN, B. & SIEBERS, P.-O. (2015): Modelling and Simulation of Rail Passengers to Evaluate Methods to Reduce Dwell Times. In: Proceedings of the 14th International Conference on Modeling and Applied Simulation.

PETTERSSON, P. (2011): Passenger Waiting Strategies on Railway Platforms - Effects of Information and Platform Facilities: Case Study Sweden and Japan. Masterthesis. Stockholm.

PLACIDO, A.; D'ACIERNO, L.; BOTTE, M. & MONTELLA, B. (2015): Effects of Stochasticity on Recovery Solutions in the Case of High-density Rail/Metro Networks. In: Proceedings of the 6th International Conference on Railway Modelling and Analysis - RailTokyo 2015.

PRETTY, R. & RUSSEL, D. (1988): Bus Boarding Rates. In: Australian Road Research 18 (3).

PUONG, A. (2000): Dwell Time Model and Analysis for the MBTA Red Line. Massachusetts.

RAJBHANDARI, R.; CHIEN, S. & DANIEL, J. (2003): Estimation of Bus Dwell Times with Automatic Passenger Counter Information. In: Transportation Research Record: Journal of the Transportation Research Board 1841 (1), S. 120–127.

REIMER, K. (1949): Das Problem des raschen Fahrgastwechsels bei städtischen Verkehrsmitteln. In: Glasers Annalen 73 (11), 198-202.

REIMER, K. (1953): Bewegungsvorgänge auf Bahnsteigen des großstädtischen Schnellverkehrs. In: Glasers Annalen 77 (11), S. 338–341.

REIMER, K. (1957): Fahrgastwechsel im Städte-Schnellverkehr. In: Glasers Annalen 81 (5), 146-148.

RIEDMILLER, M. & BRAUN, H. (1993): A Direct Adaptive Method for Faster Backpropagation Learning: The RPROP Algorithm. Karlsruhe.

ROSSER, J. (2000): Alighting and Boarding Time Algorithm for London Stations. Technical Note 94.

ROWE, I. & TYLER, N. (2012): High Density Boarding and Alighting. How do People really Behave? - A Psyco-Physical Experiment. In: WILSON, J. (HRSG.): Proceedings of Rail Human Factors Around the World (Impacts on and of People for Successful Rail Operations). Leiden, S. 835–843.

RUDLOFF, C.; BAUER, D.; MATYUS, T. & SEER, S. (2011): Mind The Gap: Boarding and alighting Processes Using the Social Force Paradigm Calibrated on Experimental Data. In: Proceedings of the 14th International IEEE Conference on Intelligent Transportation Systems, S. 353–358.

RÜGER, B. (2004): Reisegepäck im Eisenbahnverkehr. Wien.

RÜGER, B. (2019): Influence of Passenger Behaviour on Railway-Station Infrastructure. In: FRASZCZYK, A. & MARINOV, M. (HRSG.): Sustainable Rail Transport - Proceedings of RailNewcastle 2017, S. 127–160.

RÜGER, B. & OSTERMANN, N. (2015): Der Innenraum von Reisezugwagen. Gratwanderung zwischen Sinn und Effizienz. In: Eisenbahntechnische Rundschau 64 (3), S. 38–44.

RÜGER, B. & SCHÖBEL, A. (2005): Qualitätsmanagement im Personenverkehr am Beispiel der Arlbergbahn. In: Eisenbahntechnische Rundschau 54 (11), S. 724–728.

RÜGER, B. & TUNA, D. (2008a): Fahrzeugseitige Optimierungspotenziale zur Verkürzung der Haltezeit. In: Eisenbahntechnische Rundschau 57 (9), S. 526–532.

RÜGER, B. & TUNA, D. (2008b): Optimizing Railway Vehicles in Order to Reducing Passenger Chanceover Time. In: Proceedings of XIII Naucno-Strucna Konferencija o Zeleznici, S. 25–28.

RÜGER, S. (1978): Transporttechnologie städtischer öffentlicher Personenverkehr. Berlin.

RUNKEL, M. (1973): Grundsätze für die Gestaltung von Zugangsanlagen in Schnellbahnhaltestellen. In: Verkehr und Technik 26 (7), S. 295–301.

RUNZHEIMER, B. (1999): Operations Research. Lineare Planungsrechnung, Netzplantechnik, Simulation und Warteschlangentheorie. Wiesbaden.

SCHÜTZE, P. (1984): Fahrgastzugang und mittlere Wartezeit an Haltestellen im Linienverkehr - Ein Beitrag zu Klärung des Sachverhalts. In: Der Nahverkehr 2 (1), S. 58–63.

SEDDON, P. & DAY, M. (1974): Bus Passenger Waiting Times in Greater Manchester. In: Traffic Engineering and Control 15 (9), S. 442–445.

SEIDEL, P. (2017): Weg mit der Lücke oder wie der Gapfiller der Barrierefreiheit hilft. Hochbahn Blog. https://dialog.hochbahn.de/gute-fahrt/wie-der-gapfiller-der-barrierefreiheit-hilft/, zuletzt geprüft am 03.01.2020.

SEIDEL, P. (2018): Praxis schlägt Theorie. Fahrgäste wählen Platzampel ab. Hochbahn Blog. https://dialog.hochbahn.de/gute-fahrt/praxis-schlaegt-theorie-fahrgaeste-waehlen-platzampel-ab/, zuletzt geprüft am 03.01.2019.

SEN, K. & AGARWAL, M. (1997): Transient Busy Period Analysis of Initially Non-Empty M/G/1 Queues - Lattice Path Approach. In: BALAKRISHNAN, N. (HRSG.): Advances in Combinatorial Methods and Applications to Probability and Statistics. Boston, S. 301–315.

SERIANI, S. & FERNÁNDEZ, R. (2015): Pedestrian Traffic Management of Boarding and Alighting in Metro Stations. In: Transportation Research Part C: Emerging Technologies 53, S. 76–92.

SERIANI, S.; FERNÁNDEZ, R.; LUANGBORIBOON, N. & FUJIYAMA, T. (2019): Exploring the Effect of Boarding and Alighting Ratio on Passengers' Behaviour at Metro Stations by Laboratory Experiments. In: Journal of Advanced Transportation (2143), S. 1–12.

SERIANI, S. & FUJIYAMA, T. (2016): Boarding and Alighting Matrix on Behaviour and Interaction at the Platform Train Interface. In: Proceedings of the Rail Research UK Association 5th Annual Conference.

SERIANI, S.; FUJIYAMA, T. & HOLLOWAY, C. (2016a): Estimation of the Passenger Space in the Boarding and Alighting at Metro Stations. In: Proceedings of the European Transport Conference of the Association for European Transport (AET).

SERIANI, S.; FUJIYAMA, T. & HOLLOWAY, C. (2016b): Modelling Passenger Distribution and Interaction on Platform Train Interfaces. In: Conference Proceedings of PANAM.

SERIANI, S.; FUJIYAMA, T. & HOLLOWAY, C. (2016c): Pedestrian Level of Interaction on Platform Conflict Areas by Real-Scale Laboratory Experiments. In: Proceedings of the 48th Annual University Transport Study Group Conference (UTSG).

SERIANI, S.; FUJIYAMA, T. & HOLLOWAY, C. (2017): Exploring the Pedestrian Level of Interaction on Platform Conflict Areas at Metro Stations by Real-Scale Laboratory Experiments. In: Transportation Planning and Technology 40 (1), S. 100–118.

SHOUKRY, E. (1988): A General Pure Death Process Model and the Distribution of the Time Required to Remove a Fixed Number of Elements. In: Applied stochastic models and data analysis (4), S. 143–148.

SOHN, K. (2013): Optimizing Train-Stop Positions Along a Platform to Distribute the Passenger Load More Evenly Across Individual Cars. In: IEEE Transactions on Intelligent Transportation Systems 14 (2), S. 994–1002.

SOURD, F.; TALOTTE, C.; CONSTANS-BRUGEAIS, Y.; PILLON, A.; DONIKIAN & S. (2011): Modelling of Pedestrian Flows during Dwelling. Development of a Simulator to Evaluate Rolling Stock and Platform Flow Performance. In: Proceedings of the 9th World Congress on Railway Research.

STEINER, J. (2019): Untersuchung der Zusammenhänge zwischen der Haltezeitcharakteristik und der Betriebsqualität auf einem Streckenabschnitt des spurgeführten Verkehrs. Bachelorthesis. Stuttgart.

STEWART, T.; STRIJBOSCH, L.; MOORS, H. & VAN BATENBURG, P. (2007): A Simple Approximation to the Convolution of Gamma Distributions. CentER Discussion Paper No. 2007-70.

STUCKI, P. (2003): Obstacles in pedestrian simulations. Masterthesis. Zürich.

STUCKI, P. & SCHMID, A. (2004): Fussgängersimulation für Evakuierungsprozesse. In: Technische Rundschau Online.

SUAZO-VECINO, G.; DRAGICEVIC, M. & MUNOZ, J. C. (2017): Holding Boarding Passengers to Improve Train Operation Based on an Econometric Dwell Time Model. In: Transportation Research Record: Journal of the Transportation Research Board (2648), S. 96–102.

SZPLETT, D. & WIRASINGHE, S. (1984): An Investigation of Passenger Interchange and Train Standing Time at LRT Stations: (i) Alighting, Boarding and Platform Distribution of Passengers. In: Journal of Advanced Transportation 18 (1), S. 1–12.

TANG, T.-Q.; SHAO, Y.-X.; CHEN, L. & SHANG, H.-Y. (2017): Modeling Passengers' Boarding Behavior at the Platform of High Speed Railway Station. In: Journal of Advanced Transportation (5), S. 1–11.

THOREAU, R.; HOLLOWAY, C.; BANSAL, G.; GHARATYA, K.; ROAN, T.-R. & TYLER, N. (2016): Train Design Features Affecting Boarding and Alighting of Passengers. In: Journal of Advanced Transportation 50 (8), S. 2077–2088.

TIRACHINI, A. (2013): Bus Dwell Time: the Effect of Different Fare Collection Systems, Bus Floor Level and Age of Passengers. In: Transportmetrica A: Transport Science 9 (1), S. 28–49.

TIRACHINI, A.; HENSHER, D. & ROSE, J. (2013): Crowding in Public Transport Systems. Effects on Users, Operation and Implications for the Estimation of Demand. In: Transportation Research Part A: Policy and Practice 53, S. 36–52.

TRANSPORTATION RESEARCH BOARD (TRB) (1999): Transit Capcity and Quality of Service Manual. Washington D.C.

TUNA, D. (2008): Fahrgastwechselzeit im Personenfernverkehr. Diplomarbeit. Wien.

UHL, J. (2018): Entwicklung eines bedienungstheoretischen Modells zur Bestimmung von Fahrgastwechselzeiten im spurgeführten Verkehr. Masterthesis. Stuttgart.

UHL, J.; HANTSCH, F.; MARTIN, U.; STEINBORN, U. & SACHS, M. (2021): Universität Stuttgart entwickelt Haltezeitprognosemodell für die DB Netz AG. In: Deine Bahn 49 (8), S. 26-31.

UHL, J. & MARTIN, U. (2019): Dwell Time Forecast in Railbound Traffic - Procedure and First Evaluation. In: International Transportation 71 (1), S. 34–37.

UHL, J. & MARTIN, U. (2021): Verteilung der Einsteiger auf Bahnsteigen – Prognosemodell (Teil 3 von 3). In: Eisenbahntechnische Rundschau 70 (3), 33-38.

UHL, J.; MARTIN, U. & HANTSCH, F. (2018a): Entwicklung eines bedienungstheoretischen Modells zur Bestimmung von Fahrgastwechselzeiten im spurgeführten Verkehr. In: SCHÖNBERGER, J. & NERLICH, S. (HRSG.): Tagungsband der 26. Verkehrswissenschaftliche Tage. Dresden, S. 625–640.

UHL, J.; MARTIN, U. & HANTSCH, F. (2018b): Prognose von Fahrgastwechselzeiten - Bedeutung und Modellierung in der Praxis. In: Verkehr und Technik 71 (7), S. 231–234.

ULLRICH, L.; BÜKER, T. & GÜDELHÖFER, C. (2020a): Haltezeiten gezielt analysieren und optimieren. In: Deine Bahn 48 (8), S. 58–62.

ULLRICH, L.; BÜKER, T. & GÜDELHÖFER, C. (2020b): Haltezeiten gezielt analysieren und optimieren. In: Eisenbahntechnische Rundschau 69 (3), S. 10–14.

VOIGT, W. (1975): Modellfunktionen zur Beschreibung der Fahrgastwechselzeiten im Straßenbahnverkehr. In: Die Straße 15 (2), S. 48–51.

VUCHIC, V. (2005): Urban Transit. Operations, Planning and Economics. Hoboken.

WALDMANN, K.-H. & STOCKER, U. M. (2004): Stochastische Modelle. Eine anwendungsorientierte Einführung. Berlin.

WANG, Y.; GUO, J.; CEDER, A.; CURRIE, G.; DONG, W. & YUAN, H. (2014): Waiting for Public Transport Services: Queueing Analysis with Balking and Reneging Behaviors of Impatient Passengers. In: Transportation Research Part B: Methodological 63, S. 53–76.

WANG, Y.; JIA, L. & LI, M. (2016): Study on Factors Impacting the Boarding and Alighting Movement in Subway Station. In: QIN, Y.; JIA, L.; FENG, J.; AN, M. & DIAO, L. (HRSG.): Proceedings of the 2015 International Conference on Electrical and Information Technologies for Rail Transportation. Berlin, S. 345–353.

WANG, Z. & KOUTSOPOULOS, H. (2011): Calibration of Urban Rail Simulation Models: A Methodology Using SPSA Algorithm. In: JAIN, S. (HRSG.): Proceedings of the 2011 Winter Simulation Conference of the American Statistical Association, S. 3699–3709.

WARDMAN, M. & WHELAN, G. (2011): Twenty Years of Rail Crowding Valuation Studies. Evidence and Lessons from British Experience. In: Transport Reviews 31 (3), S. 379–398.

WARDROP, A.; CHIVERS, A. & YEE, R. (2006): Development of a Consolidated Model for the Operations of Urban and Suburban Railways.

WEIDMANN, U. (1992a): Fahrgastwechsel im S-Bahn-Verkehr. Fahrgastwechselmessungen bei der S-Bahn München. In: Eisenbahntechnische Rundschau 41 (7-8), S. 533–536.

WEIDMANN, U. (1992b): Transporttechnik der Fußgänger. Schriftenreihe des Instituts für Verkehrsplanung und Transportsysteme der ETH Zürich Nr. 90. Zürich.

WEIDMANN, U. (1994): Der Fahrgastwechsel im öffentlichen Personenverkehr. Zürich.

WEIDMANN, U. (1995a): Berechnung der Fahrgastwechselzeiten. Die Leistungsfähigkeit von Fahrzeugeinstiegen - Einflüsse und Auswirkungen. In: Der Nahverkehr 13 (1-2), S. 64–72.

WEIDMANN, U. (1995b): Grundlagen zur Berechnung der Fahrgastwechselzeit. Schriftenreihe des Instituts für Verkehrsplanung und Transportsysteme der ETH Zürich Nr. 106. Zürich.

WEIDMANN, U. & LÜTHI, M. (2006): Die Fahrplanabhängigkeit der Fahrgastankunft an Haltestellen. In: Der Nahverkehr 24 (12), S. 16–19.

WERNHARDT, P. (2018): Türschließ- und Abfertigungsverfahren im spurgeführten Verkehr und ihre Auswirkungen auf die Fahrgastwechsel- und Haltezeit. Masterseminararbeit. Stuttgart.

WESTON, J. (1989): Train service model - technical guide. In: London Underground Operational Research Note 89/19.

WESTON, J. & MCKENNA, J. (1990): London Underground Train Service Model. A Description of the Model and its Uses. In: MURTHY, T.K.S. (HRSG.): Proceedings of the 2nd International Conference on Computer Aided Design, Manufacture and Operation in the Railway and Other Advanced Mass Transit Systems. Southampton, S. 133–147.

WESTPHAL, J. (1971): Untersuchungen von Fußgängerbewegungen auf Bahnhöfen mit starkem Nahverkehr. Hannover.

WESTPHAL, J. (1976): Fahrgastwechselzeiten bei Fernreisezügen der Deutschen Bundesbahn. In: Der Eisenbahningenieur 27 (10), S. 417–426.

WICKENHEISSER, M. (2018): Maßnahmen zur Optimierung der Fahrgastwechselzeit und Bewertung einer getrennten Türnutzung durch Ein- und Aussteiger zur Beschleunigung des Fahrgastwechsels. Masterseminararbeit. Stuttgart.

WIGGENRAAD, P. (2001): Alighting and Boarding Times of Passengers at Dutch Railway Stations. Delft.

WINTER, J.; BÖHM, M.; POPA, A. & GRIMM, F. (2020): Zukunftskonzept eines leistungsfähigen Knotenbahnhofs. In: Deine Bahn 48 (8), S. 38–43.

WIRASINGHE, S. & SZPLETT, D. (1984): An Investigation of Passenger Interchange and Train Standing Time at LRT Stations: (ii) Estimation of Standing Time. In: Journal of Advanced Transportation 18 (1), S. 13–24.

WONG, K. & HO, T. (2007): Dwell-time and Run-time Control for DC Mass Rapid Transit Railways. In: IET Electric Power Applications 1 (6), S. 956–966.

WU, J. & MA, S. (2013a): Crowdedness Classification Method for Island Platform in Metro Station. In: Journal of Transportation Engineering 139 (6), S. 612–624.

WU, J. & MA, S. (2013b): Division Method for Waiting Areas on Island Platforms at Metro Stations. In: Journal of Transportation Engineering 139 (4), S. 339–349.

WU, Y.; RONG, J.; LIU, X. & WEI, Z. (2012): Passengers Distribution in Urban Rail Transit Platform before Vehicle Arrival. In: Journal of Beijing University of Technology 38 (6).

WU, Y.; RONG, J.; WEI, Z. & LIU, X. (2012): Modeling Passenger Distribution on Subway Station Platform prior to the Arrival of Trains. In: TRB 91st Annual Meeting Compendium of Papers DVD, S. 1–15.

XU, Q.; MAO, B.; LI, M. & FENG, X. (2014): Simulation of Passenger Flows on Urban Rail Transit Platform based on Adaptive Agents. In: Journal of Transportation Systems Engineering and Information Technology 14 (1), S. 28–33.

XU, X.-Y.; LIU, J.; LI, H.-Y. & HU, J.-Q. (2014): Analysis of Subway Station Capacity with the Use of Queueing Theory. In: Transportation Research Part C: Emerging Technologies 38 (1), S. 28–43.

YAMAMURA, A.; KORESAWA, M.; ADACHI, S.; INAGI, T. & TOMII, N. (2013): Dwell Time Analysis in Urban Railway Lines Using Multi Agent Simulation. In: Proceedings of the 13th World Conference on Transportation Research.

YANG, X.; DONG, H. & YAO, X. (2017): Passenger Distribution Modelling at the Subway Platform Based on Ant Colony Optimization Algorithm. In: Simulation Modelling Practice and Theory 77 (1), S. 228–244.

YANG, X.; YANG, X.; WANG, Z. & KANG, Y. (2018): A Cost Function Approach to the Prediction of Passenger Distribution at the Subway Platform. In: Journal of Advanced Transportation 52 (4), S. 1–15.

YOO, S.; LEE, J. & KIM, H. (2017): Impact of the Spatial and Temporal Variation in Passenger Service Rate on Train Dwell Time. In: Proceedings of the Australasian Trasport Research Forum.

YU, D.; XU, H.; CHEN, W. & YAO, J. (2019): Synchronized Optimization of Last Trains' Timetables in Mass Rail Transit Networks Based on Extra Dwell Time. In: Journal of Physics: Conference Series 1176.

YU, J.; JI, Y.; GAO, L. & GAO, Q. (2019): Optimization of Metro Passenger Organizing of Alighting and Boarding Processes. Simulated Evidence from the Metro Station in Nanjing, China. In: Sustainability 11 (13), S. 3682–3702.

ZHANG, Q.; HAN, B. & LI, D. (2008): Modeling and Simulation of Passenger Alighting and Boarding Movement in Beijing Metro Stations. In: Transportation Research Part C 16 (5), S. 635–649.

ZHANG, Y.; JENELIUS, E. & KOTTENHOFF, K. (2017): Impact of Real-Time Crowding Information: a Stockholm Metro Pilot Study. In: Public Transport 9 (3), S. 483–499.

ZHANG, Y.; LAM, W. & SUMALEE, A. (2009): Dynamic Transit Assignment Model for Congested Transit Networks with Uncertainties. In: Proceedings of the 88th Transportation Research Board Annual Meeting.

ZHANG, Y.; LAM, W. & SUMALEE, A. (2010): Transit Schedule Design in Dynamic Transit Network with Demand and Supply Uncertainities. In: Journal of the Eastern Asia Society for Transportation Studies (8), S. 1453–1463.

ZHU, Y.; KOUTSOPOULOS, H. & WILSON, N. (2017): A Probabilistic Passenger-to-Train Assignment Model based on Automated Data. In: Transportation Research Part B: Methodological 104, S. 522–542.

ZHUGE, C.; GAO, J.; WANG, X.; FAN, Y.; CHEN, J. & ZHU, B. (2009): Research on Train Dwell Time Modeling and Model Application in Metro Station. In: Proceeding of the Second International Conference on Intelligent Computation Technology and Automation, S. 184–188.

ZSCHWEIGERT, M. (1982): Bahnanlagen des Nahverkehrs. Berlin.

Abkürzungsverzeichnis

Bstg	Bahnsteig
CDF	Verteilungsfunktion (engl. cumulative distribution function)
Fzg	Fahrzeug
HVZ	Hauptverkehrszeit (Näheres siehe mHVZ / sHVZ)
IPF	Iterative-Proportional-Fitting (iteratives proportionales Anpassungsverfahren)
mHVZ	morgendliche Hauptverkehrszeit (in dieser Arbeit angenommen zu werktags außer samstags 5–9 Uhr)
NVZ	Nebenverkehrszeit (in dieser Arbeit angenommen zu werktags 9–14 Uhr, 18–5 Uhr sowie samstags, sonntags und feiertags ganztägig). Im Rahmen der Arbeit wird die Schwachverkehrszeit als in der Nebenverkehrszeit inkludiert verstanden.
sHVZ	Abendliche Hauptverkehrszeit (in dieser Arbeit angenommen zu werktags außer samstags 14–18 Uhr)
SPFV	Schienenpersonenfernverkehr
SPNV	Schienenpersonennahverkehr
TSI INF	Verordnung über die technische Spezifikation für die Interoperabilität des Teilsystems „Infrastruktur" des Eisenbahnsystems in der Europäischen Union (Europäische Kommission 2014a)
TSI LOC&PAS	Verordnung über die technische Spezifikation für die Interoperabilität des Teilsystems „Fahrzeuge — Lokomotiven und Personenwagen" des Eisenbahnsystems in der Europäischen Union (Europäische Kommission 2014c)
TSI PRM	Verordnung über die technische Spezifikation für die Interoperabilität bezüglich der Zugänglichkeit des Eisenbahnsystems der Union für Menschen mit Behinderungen und Menschen mit eingeschränkter Mobilität (Europäische Kommission 2014b)

Formelzeichenverzeichnis

AFF	Anteil fahrplanorientiert eintreffender Fahrgäste [-]
$Ant_{FG,fplorientiert,eingetroffen}$	Anteil fahrplanorientiert eintreffender Fahrgäste einer Fahrt, der bei einer bestimmten situativen Zugfolgezeit als eingetroffen zu erwarten ist [-]
$Ant_{Gepäck}$	Anteil der Aus- bzw. Einsteiger an einer Fahrzeugtür, der ein Gepäckstück gemäß der Definition in Abschnitt 2.2.3.3 mit sich führt [-]
$Ant_{Steh, mitte, Tür}$	Stehplatzauslastung an der betrachteten Tür zur Mitte des Einsteigevorgangs [-]
$Ant_{Versp. betr. Fahrt}$	Anteil der situativen Verspätung der betrachteten Fahrt an der planmäßigen Zugfolgezeit [-]
$Ant_{Versp. vorausf. Fahrt}$	Anteil der situativen Verspätung der vorausfahrenden Fahrt an der planmäßigen Zugfolgezeit [-]
$Anz_{ausstehende Fahrten}$	Ganzzahlige Anzahl planmäßig ausstehender Abfahrten seit der letzten, tatsächlich gefahrenen Abfahrt [-]
$b_{Tür}$	Breite einer Fahrzeugtür [m]
$Dichte_{Bst}$	Fahrgastdichte in einem Bahnsteigbereich [Fahrgäste/m²]
$Dichte_{Fzg}$	Dichte stehender Fahrgäste auf den Stehplatzflächen innerhalb eines Türbereichs im Zug [Fahrgäste/m²]
e	Eulersche Zahl [-]
E	Erwartungswert einer Größe
$\Gamma(x)$	Funktionswert der Gammafunktion an der Stelle x
$Gew_{FGV,Ziel}$	Anteil der Fahrgäste, der sich bei der Wahl seiner Einstiegstür an den Gegebenheiten seiner Zielstation orientiert [-]

$h_{\text{Tür,Bst}}$	Vertikale Distanz zwischen Fahrzeugboden- und Bahnsteighöhe an einer Fahrzeugtür [m]
k	k-Wert einer Erlang-Verteilung [-]
λ	Geburtsrate [1/sek]
μ	Sterberate [1/sek]
m	Nummer einer Station im Linienverlauf
$MP_{\text{Lage, Zugang}}$	Entfernung des Mittelpunkts eines Bahnsteigzugangs vom Bahnsteiganfang [m]
$MP_{\text{Wahrsch\_HB}}$	Entfernung des Mittelpunkts des von den Fahrgästen erwarteten Haltebereichs vom Bahnsteiganfang [m]
n	Nummer einer Fahrzeugtür von der Zugspitze an gezählt
$n_{\text{AS, Tür}}$	Aussteigeranzahl an der betrachteten Tür [Fahrgäste]
$n_{\text{ES, Tür}}$	Einsteigeranzahl an der betrachteten Tür [Fahrgäste]
N	Aus- bzw. Einsteigeraufkommen an einer Fahrzeugtür [Fahrgäste]
p	Parameter der Betaverteilung [-]
$p(t)$	Wert der Wahrscheinlichkeitsdichtefunktion an der Stelle t [-]
$p_i(t)$	Zustandswahrscheinlichkeit des Zustands i zum Zeitpunkt t [-]
$p_{\text{FGV,Tür,Start}}(m,n)$	Wahrscheinlichkeit, dass ein Fahrgast, der sich an den Gegebenheiten seiner Startstation orientiert, an Station m Tür n zum Einstieg nutzt [-]
$p_{\text{FGV,Tür,Ziel}}(m,n)$	Wahrscheinlichkeit, dass ein Fahrgast, der sich an den Gegebenheiten seiner Zielstation orientiert, an Station m Tür n zum Einstieg nutzt [-]

$p_{\ddot{U}berg,Bst}$	Wahrscheinlichkeit, dass ein Fahrgast im Falle einer Auslastungsdifferenz in einen benachbarten Bahnsteigbereich wechselt pro Meter Distanz zwischen den Bereichsmitten [1/m]
$p_{\ddot{U}berg,Fzg}$	Wahrscheinlichkeit, dass ein Fahrgast im Falle einer Auslastungsdifferenz innerhalb des Zuges in einen benachbarten Türeinzugsbereich wechselt pro Meter Distanz zwischen den Bereichsmitten [1/m]
$p_{\ddot{U}berg,Fzg,\,max}$	Maximalwert der Wahrscheinlichkeit, dass ein Fahrgast im Falle einer Auslastungsdifferenz innerhalb des Zuges in einen benachbarten Türeinzugsbereich wechselt pro Meter Distanz zwischen den Bereichsmitten [1/m]
$P(t)$	Wert der Wahrscheinlichkeitsverteilungsfunktion an der Stelle t [-]
$Para_{Bst,1}$	Parameter 1 der Sigmoid-Funktion zur Bestimmung der Übergangswahrscheinlichkeit auf dem Bahnsteig [m²/Fahrgäste]
$Para_{Bst,2}$	Parameter 2 der Sigmoid-Funktion zur Bestimmung der Übergangswahrscheinlichkeit auf dem Bahnsteig [Fahrgäste/m²]
$Para_{Fzg,1}$	Parameter 1 der Sigmoid-Funktion zur Bestimmung der Übergangswahrscheinlichkeit im Zug [m²/Fahrgäste]
$Para_{Fzg,2}$	Parameter 2 der Sigmoid-Funktion zur Bestimmung der Übergangswahrscheinlichkeit im Zug [Fahrgäste/m²]
q	Parameter der Betaverteilung [-]
QZ_{allg}	nicht-türbezogene Quelle-Ziel-Matrix zur Beschreibung des Fahrgastaufkommens der Linie [Fahrgäste]
$QZ_{allg}(m,z)$	im Speziellen: Fahrgastaufkommen von Station m nach Station z [Fahrgäste]

$QZ_{Tür}$	türbezogene Quelle-Ziel-Matrix zur Beschreibung des Fahrgastaufkommens der Linie [Fahrgäste]
$QZ_{Tür}(m,z,n)$	im Speziellen: Fahrgastaufkommen von Station m nach Station z im Bereich von Tür n [Fahrgäste]
r	Formparameter der Gammaverteilung [-]
s	Skalenparameter der Gammaverteilung [1/min]
Stabw	Standardabweichung
$Stabw_{Faktor,Zugang}$	Zuschlagfaktor zur Standardabweichung der Normalverteilung zur Modellierung des Einflusses eines Bahnsteigzugangs pro m Lageexzentrizität [-]
$Stabw_{GW,Zugang}$	Grundwert der Standardabweichung der Normalverteilung zur Modellierung des Einflusses eines Bahnsteigzugangs [m]
$Stabw_{Zugang}$	Standardabweichung der Normalverteilung zur Modellierung des Einflusses eines Bahnsteigzugangs [m]
t	Zeitwert [sek]
$t_{AS,MW}$	mittlere Aussteigedauer je Aussteiger [sek]
$t_{AS,MW,Grundwert}$	Grundwert der mittleren Aussteigedauer je Aussteiger [sek]
$t_{AS,MW,Zu,Gepäck}$	Zuschlagfaktor zum Grundwert der mittleren Aussteigedauer je Aussteiger zur Berücksichtigung von Gepäckaufkommen [-]
$t_{AS,MW,Zu,Höhe}$	Zuschlagfaktor zum Grundwert der mittleren Aussteigedauer je Aussteiger zur Berücksichtigung einer vertikalen Distanz zwischen Fahrzeugboden- und Bahnsteighöhe [-]
$t_{AS,MW,Zu,Türbr}$	Zuschlagfaktor zum Grundwert der mittleren Aussteigedauer je Aussteiger zur Berücksichtigung einer Abweichung der Türbreite von der Standardtürbreite (1,3m) [-]

$t_{AS,Stabw}$	Standardabweichung der mittleren Aussteigedauer je Aussteiger [sek]
$t_{AS,Stabw,\,FG}$	Standardabweichung der Aussteigedauer je Aussteiger [sek]
$t_{AS,Stabw,Grundwert}$	Grundwert der Standardabweichung der mittleren Aussteigedauer je Aussteiger [sek]
$t_{AS,Stabw,Zu,Gepäck}$	Zuschlagfaktor zum Grundwert der Standardabweichung der mittleren Aussteigedauer je Aussteiger zur Berücksichtigung von Gepäckaufkommen [-]
$t_{AS,Stabw,Zu,Höhe}$	Zuschlagfaktor zum Grundwert der Standardabweichung der mittleren Aussteigedauer je Aussteiger zur Berücksichtigung einer vertikalen Distanz zwischen Fahrzeugboden- und Bahnsteighöhe [-]
$t_{AS,Stabw,Zu,Türbr}$	Zuschlagfaktor zum Grundwert der Standardabweichung der mittleren Aussteigedauer je Aussteiger zur Berücksichtigung einer Abweichung der Türbreite von der Standardtürbreite (1,3m) [-]
$t_{ES,MW}$	mittlere Einsteigedauer je Einsteiger [sek]
$t_{ES,MW,Grundwert}$	Grundwert der mittleren Einsteigedauer je Einsteiger [sek]
$t_{ES,Zu,Gepäck}$	Zuschlagfaktor zum Grundwert der mittleren Einsteigedauer je Einsteiger zur Berücksichtigung von Gepäckaufkommen [-]
$t_{ES,Zu,Höhe}$	Zuschlagfaktor zum Grundwert der mittleren Einsteigedauer je Einsteiger zur Berücksichtigung einer vertikalen Distanz zwischen Fahrzeugboden- und Bahnsteighöhe [-]
$t_{ES,Zu,Türbr}$	Zuschlagfaktor zum Grundwert der mittleren Einsteigedauer je Einsteiger zur Berücksichtigung einer Abweichung der Türbreite von der Standardtürbreite (1,3m) [-]
$t_{ES,Stabw}$	Standardabweichung der mittleren Einsteigedauer je Einsteiger [sek]

$t_{ES,Stabw,FG}$	Standardabweichung der Einsteigedauer je Einsteiger [sek]
$t_{ES,Stabw,Grundwert}$	Grundwert der Standardabweichung der mittleren Einsteigedauer je Einsteiger [sek]
$t_{ES,Stabw,Zu,Gepäck}$	Zuschlagfaktor zum Grundwert der Standardabweichung der mittleren Einsteigedauer je Einsteiger zur Berücksichtigung von Gepäckaufkommen [-]
$t_{ES,Stabw,Zu,Höhe}$	Zuschlagfaktor zum Grundwert der Standardabweichung der mittleren Einsteigedauer je Einsteiger zur Berücksichtigung einer vertikalen Distanz zwischen Fahrzeugboden- und Bahnsteighöhe [-]
$t_{ES,Stabw,Zu,Türbr}$	Zuschlagfaktor zum Grundwert der Standardabweichung der mittleren Einsteigedauer je Einsteiger zur Berücksichtigung einer Abweichung der Türbreite von der Standardtürbreite (1,3m) [-]
$Versch_{Faktor,Zugang}$	Mittelpunktsverschiebung der Normalverteilung zur Modellierung des Einflusses eines Bahnsteigzugangs pro m Lageexzentrizität [-]
$Versch_{MP,Zugang}$	Verschiebung des Mittelpunktes der Normalverteilung zur Modellierung des Einflusses eines Bahnsteigzugangs aufgrund dessen Lageexzentrizität [m]
$Versp_{betr.\,Fahrt}$	Verspätung der betrachteten Fahrt [min]
$Versp_{vorausf.\,Fahrt}$	Verspätung der vorausfahrenden Fahrt [min]
z	Nummer einer (Ziel-)Station im Linienverlauf [-]
ZFZ_{plan}	planmäßige Zugfolgezeit [min]
$ZFZ_{situativ}$	situative Zugfolgezeit unter Berücksichtigung von Fahrplanabweichungen [min]

Anhang I: Einführung

Die Anzahl der im Rahmen dieser Arbeit berücksichtigten Publikationen zur Haltezeitthematik im spurgeführten Verkehr nach Publikationsjahrzehnten legt eine deutliche Zunahme der Bedeutung der Thematik in den letzten Jahrzehnten nahe. Bei der Interpretation sind jedoch methodische Gesichtspunkte wie die höhere Auffindbarkeit sowie Verfügbarkeit aktueller Publikationen aufgrund der Digitalisierung (insbesondere hinsichtlich internationaler Veröffentlichungen) zu berücksichtigen:

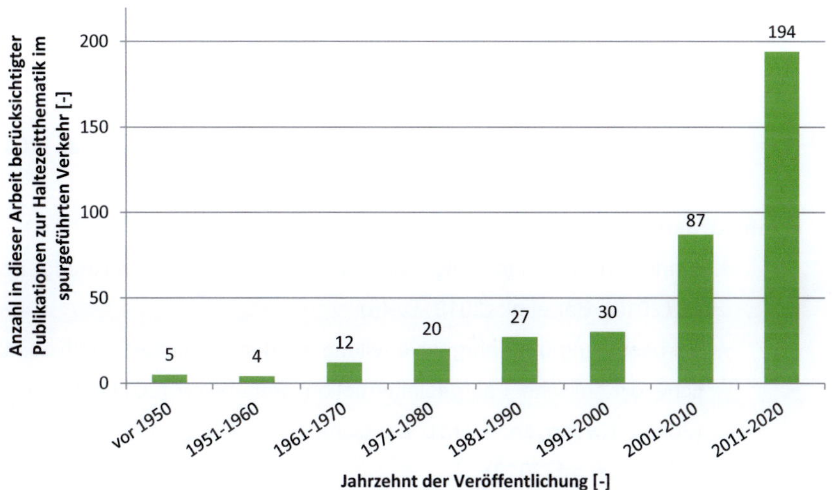

Abbildung 52:   **Im Rahmen dieser Arbeit berücksichtigte Publikationen mit Bezug zur Haltezeitthematik im spurgeführten Verkehr nach Jahrzehnt der Veröffentlichung (Quelle: Verfasser)**

Wenngleich die Betrachtung von Maßnahmen zur Optimierung von Fahrgastwechsel- und Halteprozessen nicht im Fokus dieser Arbeit steht, konnten im Rahmen der Literaturrecherche zahlreiche diesbezügliche Untersuchungen aufgefunden werden. Diese sollen im Folgenden differenziert nach dem Gegenstand der vorgeschlagenen Optimierung dokumentiert werden, wobei die Zusammenstellung jedoch keinen Anspruch auf Vollständigkeit erhebt:

- **Fahrzeugseitige Optimierungspotenziale:**
  - Gestaltung des Fahrzeuginnenraums, des Einstiegsbereiches sowie der Gepäckablagen: Rüger & Tuna (2008a), Coxon et al. (2013), Rüger & Ostermann (2015), Oberzaucher & Rüger (2018)
  - Verhindern der Türblockierung durch Nachzügler: Coxon et al. (2010), Oertel (2011), Bär et al. (2019, S. 47)
  - Getrennte Nutzung der Fahrzeugtüren durch Ein- und Aussteiger: Reimer (1949, 217), Reimer (1957, 147), Zhuge et al. (2009, S. 187), Baee et al. (2012, S. 825), Böhler & Bürgi (2014), Perkins et al. (2015, S. 7), Wickenheisser (2018), Yu, J. et al. (2019)
  - Barrierefreiheit: u.a. Iffländer & Weidmann (1989), Engel (2005)
  - Spezielle Fahrzeugtüren für die Hauptverkehrszeit: Coxon et al. (2013)

- **Infrastrukturelle Optimierungspotenziale:**
  - Einrichtung von Bahnsteigtüren: Adachi et al. (2016), Ana Rodríguez et al. (2016), Bär et al. (2019, S. 46)
  - Verbesserung der Fahrgastverteilung auf dem Bahnsteig durch zusätzliche dynamische Fahrgastinformation: Pettersson (2011), Ahn et al. (2016), Kwongyen (2016), Deutsche Bahn AG (2017), Zhang et al. (2017), Seidel (2018)
  - Barrierefreiheit: Engel (2005), Seidel (2017)
  - Stationslayout: Westphal (1971), Eilmes (1975), Buchmüller (2005), Xu, X.-y. et al. (2014), Cascetta & Cartenì (2014), Loukaitou-Sideris et al. (2015), Winter et al. (2020)
  - Haltepositionsanpassung: Künzel & Flunkert (2003, S. 50), Sohn (2013)
  - Einsatz von Personal / Abfertigungshelfern: Künzel & Flunkert (2003, S. 53), Coxon et al. (2010), Bär et al. (2019, S. 49)

- **Anpassung der fahrplanseitigen Berücksichtigung der Haltezeiten:** u.a. Berg (1981), Heimerl et al. (1992), Pedersen et al. (2018, S. 453), Steiner (2019)

- **Sammlung verschiedener Optimierungsansätze:** Fiedler (1968), Weidmann (1994), Heinz (2003), Böhler & Bürgi (2014), Bär et al. (2019)

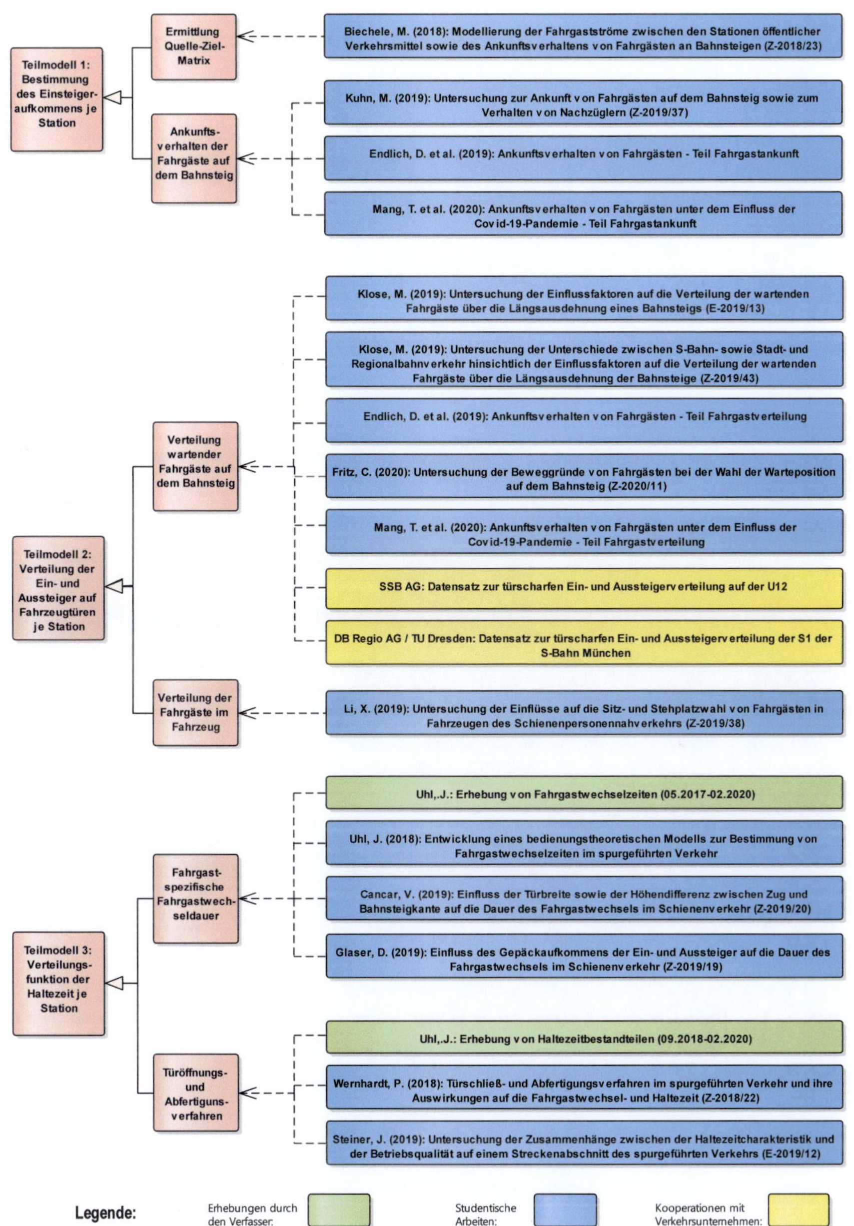

Abbildung 53: **Übersicht der mit dieser Arbeit in Verbindung stehenden Erhebungen, studentischen Arbeiten sowie Datenkooperationen – Teil 1 (Quelle: Verfasser)**

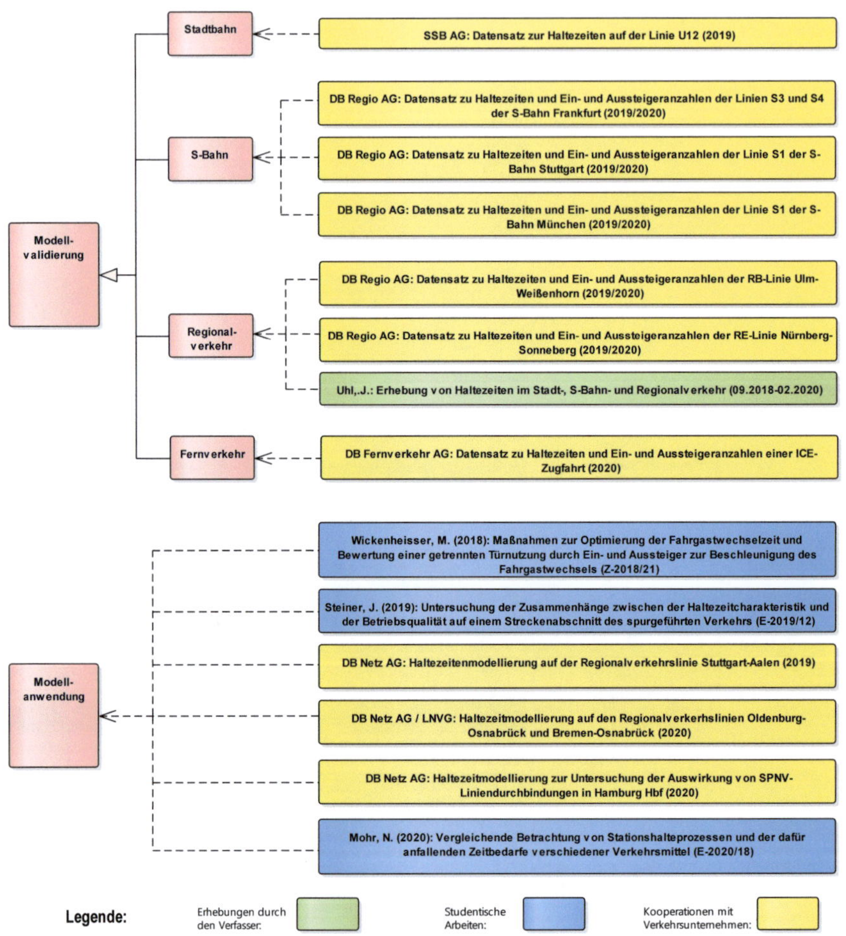

Abbildung 54: Übersicht der mit dieser Arbeit in Verbindung stehenden Erhebungen, studentischen Arbeiten sowie Datenkooperationen– Teil 2 (Quelle: Verfasser)

Im Zusammenhang mit dieser Arbeit entstanden folgende Publikationen:

UHL, J.; MARTIN, U.; HANTSCH, F. (2018): Entwicklung eines bedienungstheoretischen Modells zur Bestimmung von Fahrgastwechselzeiten im spurgeführten Verkehr. In: Schönberger, J.; Nerlich, S. (Hrsg.): Tagungsband der 26. Verkehrswissenschaftliche Tage, Dresden, S. 625–640.

UHL, J.; MARTIN, U.; HANTSCH, F. (2018): Prognose von Fahrgastwechselzeiten Bedeutung und Modellierung in der Praxis. In: V+T Verkehr und Technik, Jahrgang 71, Heft 7, S. 231-234.

UHL, J.; MARTIN, U. (2019): Dwell Time Forecast in Railbound Traffic - Procedure and First Evaluation. In: International Transportation, Jahrgang 71, Heft 1, S. 34-37.

KLOSE, M.; UHL, J. & MARTIN, U. (2020): Verteilung der Einsteiger auf Bahnsteigen – quantitative Erhebung (Teil 1 von 3). In: Eisenbahntechnische Rundschau 69 (11), S. 29-33.

FRITZ, C.; UHL, J. & MARTIN, U. (2020): Verteilung der Einsteiger auf Bahnsteigen – Fahrgastbefragung (Teil 2 von 3). In: Eisenbahntechnische Rundschau 69 (12), S. 32-36.

UHL, J. & MARTIN, U. (2021): Verteilung der Einsteiger auf Bahnsteigen – Prognosemodell (Teil 3 von 3). In: Eisenbahntechnische Rundschau 70 (3), S. 33-38.

KUHN, M.; UHL, J.; HANTSCH, F. & MARTIN, U. (2021): Ankunftsverhalten von Fahrgästen auf dem Bahnsteig. Untersuchung in der morgendlichen Hauptverkehrszeit. In: Deine Bahn 49 (1), S. 34-39.

UHL, J.; HANTSCH, F.; MARTIN, U.; STEINBORN, U. & SACHS, M. (2021): Universität Stuttgart entwickelt Haltezeitprognosemodell für die DB Netz AG. In: Deine Bahn 49 (8), S. 26-31.

Anhang II: Prozessuale Zusammensetzung und Einflussgrößen der Haltezeit

planmäßige Zugfolgezeit [min]	Station	Verkehrs-zeit	Verkehrs-system	Linien-anzahl	Fahrtrichtung	Erhebungszeitraum (Datum, Uhrzeit je Messtag)	Mess-wertanzahl	Anmerkungen
2	Olgaeck	mHVZ	Stadtbahn	5	stadteinwärts	16.10.2020, 07:15 bis 09:05	396	- Umsteigebeziehung zu zwei Buslinien an der Haltestelle - teilweise gepulkte Fahrgastankunft aufgrund von Lichtsignalanlagen - teilweise lange Haltezeit der Fahrzeuge
4 / 6	Hohensteinstraße	mHVZ	Stadtbahn	2	stadteinwärts	15.10.2020, 07:05 bis 07:47	88	- Umsteigebeziehung zu einer Buslinie an der Haltestelle
5 / 10	Nürnberger Straße	mHVZ	S-Bahn	2	stadteinwärts	09.06.2020 und 10.06.2020, je 07:38 bis 10:07	613	- Umsteigebeziehung zu einer Stadtbahnlinie an der Haltestelle. Stadtbahnhaltestelle befindet sich jedoch in einiger Entfernung
7,5	Rosenbergplatz	mHVZ und NVZ	Bus	1	stadteinwärts	20.10.2020, 07:18 bis 10:00	84	
10	Hölderlinplatz	mHVZ	Stadtbahn	1	stadteinwärts	21.10.2020, 07:12 bis 08:22	132	- Beginn der Linie, daraus resultierend lange Wendezeit am Bahnsteig und pünktliche Abfahrt
10	Raitelsberg	mHVZ	Stadtbahn	1	stadteinwärts	06.06.2019, 07:05 bis 07:50	185	
10 / 20	Oberaichen	mHVZ	S-Bahn	2	stadteinwärts	26.05.2020 - 28.05.2020, je 07:24 bis 09:00	326	- Umsteigebeziehung zu einer Buslinie an der Haltestelle
15	Weiler	mHVZ	S-Bahn	1	stadteinwärts	16.05.2019, 06:19 bis 07:55	238	
20	Unteraichen	mHVZ	Stadtbahn	1	stadteinwärts	19.10.2020, 07:17 bis 08:10	57	- Umsteigebeziehung zu einer Buslinie an der Haltestelle
30	Urbach	mHVZ	Regionalverkeh	1	stadteinwärts	13.05.2019, 06:35 bis 07:45	154	

Tabelle 11: Übersicht der im Rahmen dieser Arbeit erfolgten Erhebungen des Fahrgastankunftsverhaltens (Darstellung: Verfasser)

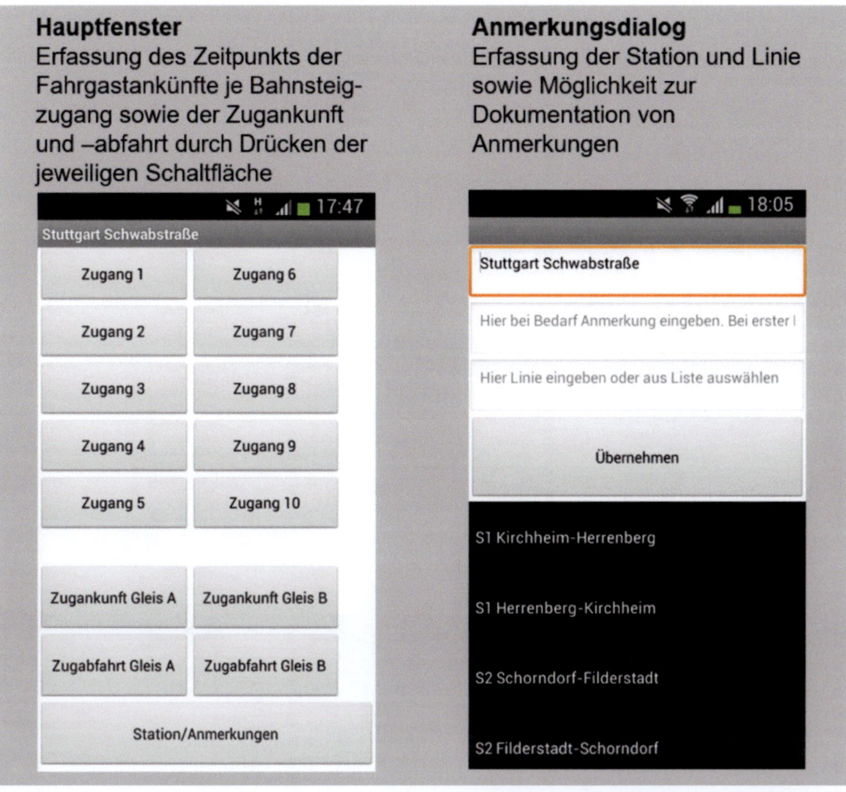

Abbildung 55: Vorgehen zur Erfassung der Fahrgastankünfte sowie Zugfahrten an einem Bahnsteig mittels Smartphone-App (Quelle: Verfasser)

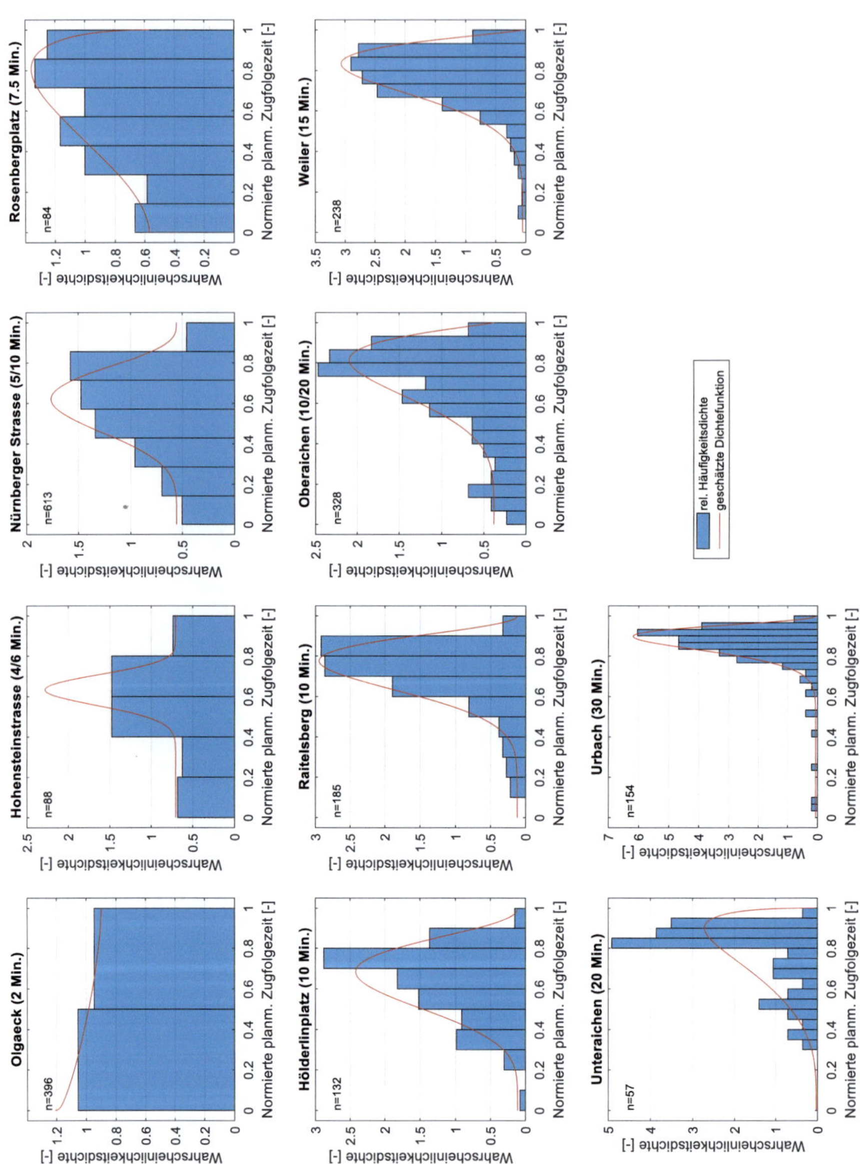

Abbildung 56: Fahrgastankunftsverhalten an den im Rahmen der Arbeit betrachteten Stationen. Klassenanzahl entsprechend der jeweiligen Zugfolgezeit (Datenquellen: Verfasser (Olgaeck, Hohensteinstraße, Rosenbergplatz, Hölderlinplatz, Unteraichen), Kuhn 2019 (Raitelsberg, Weiler, Urbach), Mang et al. 2020 (Nürnberger Str., Oberaichen); Darstellung: Verfasser)

In den Abschnitten 2.2.1.2 und 2.2.1.3 wird eine Mischverteilung aus Beta- und Gleichverteilung folgender Parametrisierung angenommen:

$$p(t, p, q, AFF) = AFF \cdot \left(\frac{\Gamma(p+q)}{\Gamma(p)\,\Gamma(q)}\, t^{p-1}\,(1-t)^{q-1} \right) + (1 - AFF) \tag{7}$$

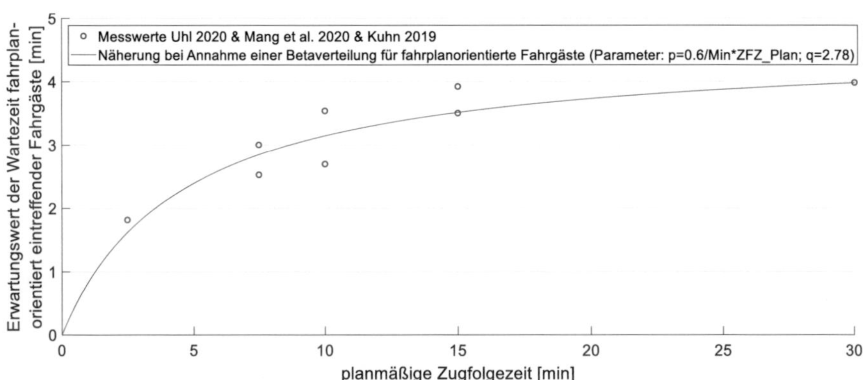

Abbildung 57: Erwartungswerte der Wartezeit fahrplanorientiert eintreffender Fahrgäste sowie entsprechende Näherung unter der Annahme, dass sich das Ankunftsverhalten mit einer entsprechend parametrisierten Betaverteilung beschreiben lässt (Datenquelle: in der Legende genannte Autoren; Darstellung: Verfasser)

Quelle	Uhl / Kuhn / Mang et al.	Brändli / Müller		Weidmann / Lüthi			Ingvardson et al.		
Jahr	2019/2020	1981		2005			2018		
Land	Deutschland	Schweiz		Schweiz			Dänemark		
System	S-Bahn/LRT/Bus	Straßenbahn		S-Bahn/ Straßenbahn/Bus			U-Bahn/S-Bahn/Regionalverkehr		
Verkehrszeit	mHVZ	mHVZ	sHVZ	mHVZ	NVZ	sHVZ	HVZ	NVZ	nachts
2	10%	-	-	-	-	-	-	-	-
3	-	10%	-	0%	-	-	-	-	-
4	-	20%	-	-	-	-	-	-	-
5	29%	10%	13%	25%	-	-	59%	33%	-
6	-	28%	22%	17%	-	0%	-	-	-
7	44%	58%	-	36%	-	22%	-	-	-
8	-	-	24%	-	4%	-	-	-	-
9	-	73%	-	-	-	-	-	-	-
10	88%	90%	-	85%	55%	71%	55%	50%	40%
11	-	-	-	-	-	-	-	-	-
12	-	76%	58%	-	-	-	-	-	-
13	-	-	-	-	-	-	-	-	-
14	-	-	-	-	-	-	-	-	-
15	96%	100%	-	85%	56%	-	-	-	-
20	97%	-	-	-	-	-	74%	63%	70%
30	93%	-	-	99%	-	-	90%	89%	94%
60	-	-	-	-	-	-	92%	94%	96%

Tabelle 12: Übersicht über den in ausgewählten Untersuchungen ermittelten Anteil fahrplanorientiert eintreffender Fahrgäste in Abhängigkeit von der planmäßigen Zugfolgezeit (Datenquelle: in der Tabelle genannte Autoren; Darstellung: Verfasser)

In Abschnitt 2.2.1.3 wird eine Gammaverteilung folgender Parametrisierung angenommen:

$$P(t, r, s) = \frac{s^r}{\Gamma(r)} \int_0^t x^{r-1} e^{-sx}\, dx \tag{8}$$

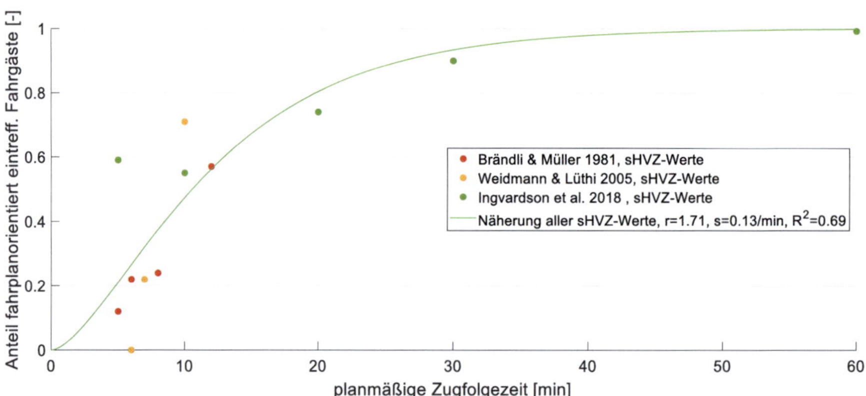

Abbildung 58: Anteil fahrplanorientiert eintreffender Fahrgäste in der abendlichen Hauptverkehrszeit sowie entsprechende Näherungen mittels einer Gammaverteilung (Datenquelle: in der Legende genannte Autoren; Darstellung: Verfasser)

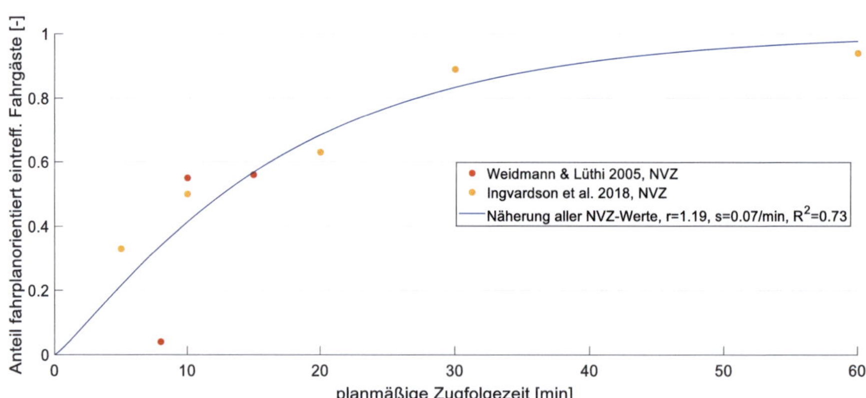

Abbildung 59: Anteil fahrplanorientiert eintreffender Fahrgäste in der Nebenverkehrszeit sowie entsprechende Näherungen mittels einer Gammaverteilung (Datenquelle: in der Legende genannte Autoren; Darstellung: Verfasser)

Station	Gleis bzw. Richtung	Erhebungs-datum	Erhebungs-zeitraum	Anzahl erfasster Zugabfahrten	Anzahl erfasster Einsteiger	mittlere Einsteiger-anzahl je Abfahrt	Bahnsteig-länge [m]	Verkehrs-mittel	planmäßige Zugfolgezeit (HVZ) [Min.]
Bad Cannstatt	2	18.10.18 29.11.18 06.12.18	07:30-09:00 15:50-17:20 07:40-15:20	98	7418	76	220	S	5
		25.05.20 28.05.20 16.06.20	07:30-09:10 12:30-15:40 07:30-10:05	92	3738	41			
Bad Cannstatt	3	18.10.18 29.11.18 06.12.18	07:30-09:00 15:50-17:20 07:40-15:20	52	4343	84	220	S	5
Bad Cannstatt	7	03.06.19 05.06.19 06.06.19 19.06.19 21.06.19	08:00-09:00 07:20-09:00 07:20-09:00 15:50-17:00 15:30-19:30	37	1285	35	298	R	-
Bad Cannstatt	8	03.06.19 05.06.19 06.06.19 19.06.19 21.06.19	07:30-09:10 07:30-09:10 07:30-09:10 16:30-19:30 15:30-19:30	16	707	44	291	R	-
Esslingen	3	24.06.19 27.06.19	07:10-08:50 07:10-20:20	19	886	47	314	R	-
Esslingen	5	24.06.19 27.06.19 08.07.19	07:10-08:10 07:10-20:10 15:20-16:40	18	567	32	409	R	-
Favoritepark	1	21.05.19	15:30-17:20	8	225	28	210	S	15
Favoritepark	2	21.05.19	15:20-17:20	9	738	82	210	S	15
Feuerbach Giebel	stadtaus-wärts	08.07.19	07:20-09:00	20	270	14	80	U	5 / 3 / 2
Feuerbach Maybachstraße	stadtein-wärts	04.07.19	07:20-08:40	20	427	21	80	U	5 / 3 / 2
Feuersee	1	19.12.18	09:20-14:00	40	663	17	210	S	2,5
Feuersee	2	19.12.18	09:20-14:00	64	1667	26	210	S	2,5
Flughafen/Messe	1	21.05.19	10:20-11:50	4	69	17	250	S	30
Flughafen/Messe	2	21.05.19	10:20-12:10	8	842	105	250	S	10 / 20
Kornwestheim	3	09.01.19 10.01.19 11.01.19 14.01.19 16.01.19	07:30-08:50 07:30-09:10 07:30-09:00 07:40-09:00 07:50-08:50	54	2888	53	215	S	5 / 10
Kornwestheim	4	09.01.19 10.01.19 11.01.19 14.01.19 16.01.19	07:50-09:00 08:00-09:10 07:40-09:10 08:00-09:10 08:10-09:00	45	952	21	215	S	5 / 10
Kursaal	stadtaus-wärts	05.07.19	15:20-18:40	27	123	5	40	U	2 / 8
Leinfelden	1	03.05.19 28.05.19	10:50-12:50 10:50-12:50	18	334	19	210	S	10 / 20
Leinfelden	2	03.05.19 28.05.19	10:50-13:00 10:50-12:50	19	325	17	210	S	10 / 20
Ludwigsburg	1	29.05.19 28.06.19 01.07.19	14:30-16:30 07:00-18:30 07:00-08:20	33	2457	74	392	R	-
Ludwigsburg	2	23.05.19	15:00-16:40	14	1640	117	288	S	5 / 10
Ludwigsburg	3	23.05.19	15:10-16:50	14	1595	114	288	S	5 / 10
Ludwigsburg	4	28.06.19 01.07.19	07:00-17:50 07:00-08:40	21	560	27	465	R	-

Tabelle 13: **Teil 1 der Übersicht über die manuellen Erhebungen der Einsteigerverteilung auf dem Bahnsteig im Rahmen dieser Arbeit sowie Klose 2019a, Klose 2019b, Endlich et al. 2019 und Mang et al. 2020 (Darstellung: Verfasser)**

Station	Gleis bzw. Richtung	Erhebungs-datum	Erhebungs-zeitraum	Anzahl erfasster Zugabfahrten	Anzahl erfasster Einsteiger	mittlere Einsteiger-anzahl je Abfahrt	Bahnsteig-länge [m]	Verkehrs-mittel	planmäßige Zugfolgezeit (HVZ) [Min.]
Nufringen	1	13.05.19	10:30-13:40	8	38	5	209	S	15
Nufringen	2	13.05.19	10:20-13:20	7	104	15	209	S	15
Nürnberger Straße	1	19.11.18 21.11.18 22.11.18 26.11.18 28.11.18	08:20-09:00 07:30-08:50 07:30-09:00 07:30-09:00 07:20-08:50	52	2599	50	210	S	5 / 10
		09.06.20 10.06.20	07:20-10:10 07:20-10:10	43	745	17			
Nürnberger Straße	4	19.11.18 21.11.18 22.11.18 26.11.18 28.11.18	07:40-08:50 07:30-08:20 07:30-08:50 07:40-09:00 07:30-09:00	46	433	9	210	S	5 / 10
Oberaichen	2	26.05.20 27.05.20 28.05.20	07:15-10:55 07:25-10:55 07:25-10:25	44	355	8	208	S	10 / 20
Olgaeck	stadtein-wärts	03.07.19	07:20-08:40	30	278	9	80	U	2
Olgaeck	stadtaus-wärts	03.07.19 05.07.19	08:20-09:10 19:00-19:30	20	239	12	80	U	2
Österfeld	1	15.08.18 23.08.18 07.09.18 10.09.18	07:40-08:30 07:50-08:30 07:40-17:10 16:00-17:20	48	364	8	215	S	5
Österfeld	2	15.08.18 23.08.18 07.09.18 10.09.18	07:30-08:30 07:50-08:30 07:50-17:10 15:50-17:20	52	687	13	215	S	5
Rohr	2	16.05.19	14:40-16:50	18	668	37	217	S	5
Rohr	3	16.05.19	14:50-16:50	17	215	13	217	S	5
Sommerrain	1	17.10.18 31.10.18 02.11.18 07.11.18 12.11.18 15.11.18	07:50-09:00 07:50-09:00 07:30-09:00 07:40-08:50 07:30-09:10 07:30-09:00	61	1555	25	220	S	5 / 10
Sommerrain	4	17.10.18 31.10.18 02.11.18 07.11.18 12.11.18 15.11.18	07:40-09:00 07:50-08:50 07:30-08:50 07:40-09:00 07:40-09:10 07:40-09:00	52	303	6	220	S	5 / 10
Universität	1	25.04.19	16:10-16:50	9	257	29	211	S	5
Universität	2	25.04.19 22.05.19	10:00-12:10 14:00-16:00	35	2333	67	211	S	5
Waiblingen	1	26.05.20 27.05.20 28.05.20	07:59-09:30 07:30-09:30 07:30-09:30	33	429	13	312	S/R	-
Winnenden	2	11.05.19	08:10-10:50	13	93	7	305	S/R	-
Winnenden	3	11.05.19	08:10-10:20	13	589	45	305	S/R	-
Gesamt				1351	47003				

Tabelle 14: **Teil 2 der Übersicht über die manuellen Erhebungen der Einsteigerverteilung auf dem Bahnsteig im Rahmen dieser Arbeit sowie Klose 2019a, Klose 2019b, Endlich et al. 2019 und Mang et al. 2020 (Darstellung: Verfasser)**

Abbildung 60: **Bevorzugung von Wartepositionen unter dem Wetterschutz bei intensiver Sonnenein-strahlung (Manarola, Italien, Quelle: Verfasser)**

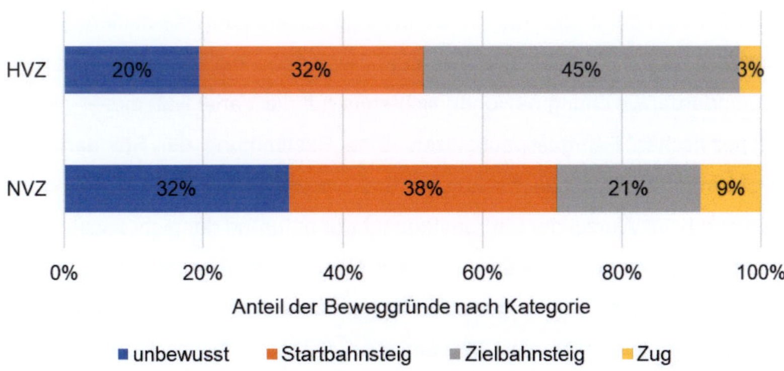

Abbildung 61: **Im Rahmen der Fahrgastbefragung in Bad Cannstatt genannte Beweggründe bei der Wahl der Warteposition auf dem Bahnsteig nach der Verkehrszeit (Datenquelle: Fritz 2020, Darstellung: Verfasser)**

Zeitbestandteile [sek]	Stadtbahn	S-Bahn	Regional-verkehr	Fern-verkehr	Alle Messungen
Fahrzeugstillstand bis Beginn der Türöffnung	0,2	1,8	2,4	keine Daten	1,7
Beginn der Türöffnung bis Beginn des ersten Fahrgastwechselprozesses	1,1	1,5	1,7	keine Daten	1,5
Aussteigebeginn bis -ende (Hauptpulk)	7,9	5,4	9,1	36,6	7,5
Aussteigeende bis Einsteigebeginn	1,0	0,7	1,0	1,2	0,9
Einsteigebeginn bis -ende (Hauptpulk)	9,4	6,2	10,1	34,5	8,5
Ende des letzten Fahrgastwechselprozesses bis zum Beginn der Türschließung	4,8	9,4	8,8	keine Daten	8,4
Beginn der Türschließung bis Ende der Türschließung (inkl. Effekte durch Nachzügler)	2,9	5,9	5,3	keine Daten	5,2
Ende der Türschließung bis Fahrzeugabfahrt	6,7	12,9	24,1	0,6	14,6
Gesamtdauer (entspricht Haltezeit)	33,8	43,8	62,4	keine Daten	48,2

Tabelle 15: **Übersicht über die auf Türebene erfassten Zeitanteile sowie deren Mittelwerte (nur Messungen mit mindestens zwei beteiligten Aus- und Einsteigern berücksichtigt; Werte für auf Zugebene zu erfassende Größen nur eingeschränkt repräsentativ; Datenquelle: Verfasser, Cancar 2019 und Glaser 2019; Darstellung: Verfasser)**

Anmerkung zu den Aussagen bezüglich der Standardabweichung in Abschnitt 2.2.3:

Die bei den Erhebungen im Rahmen dieser Arbeit verwendete, manuelle Messmethode erfordert in Anbetracht der erzielbaren Messgenauigkeit eine Beschränkung auf die Messung der gesamten Aus- bzw. Einsteigedauer (vgl. Jong & Chang 2011, S. 4). Mittels Division durch die Aus- bzw. Einsteigeranzahl kann die mittlere Ein- und Aussteigedauer je Fahrgast bestimmt werden. Die in Abschnitt 2.2.3 getroffenen Aussagen zur Standardabweichung beziehen sich stets auf die Variabilität dieser *mittleren* fahrgastspezifischen Fahrgastwechselzeit. Eine Bestimmung der Standardabweichung der gesamten Fahrgastwechseldauern und entsprechende Rückrechnung mittels Division durch die Wurzel der Fahrgastanzahl war aufgrund der nicht ausschließlich fahrgastanzahlbezogenen Auswertungen (z.B. Wirkung der Türbreite) nicht möglich. Eine dezidierte Erfassung der fahrgastspezifischen Variabilität der Ein- und Austeigedauern erfordert beispielsweise eine Videoanalyse mit automatischer Auswertung (Heinz 2003, S. 100; Yoo et al. 2017; Lee et al. 2018; Yu, D. et al. 2019, S. 3892). Während dies im Hinblick auf den Datenschutz in Deutschland in der Betriebspraxis nicht durchführbar ist, kann die modifizierte Nutzung automatischer Fahrgastzählsysteme in den Fahrzeugtüren einen weiteren, datenschutzkonformen Weg sowie große Stichprobenumfänge ermöglichen (Buchmüller et al. 2008, S. 108; Brandenburg 2017, 44ff). Derartige Datensätze standen im Rahmen dieser Arbeit jedoch nicht zur Verfügung.

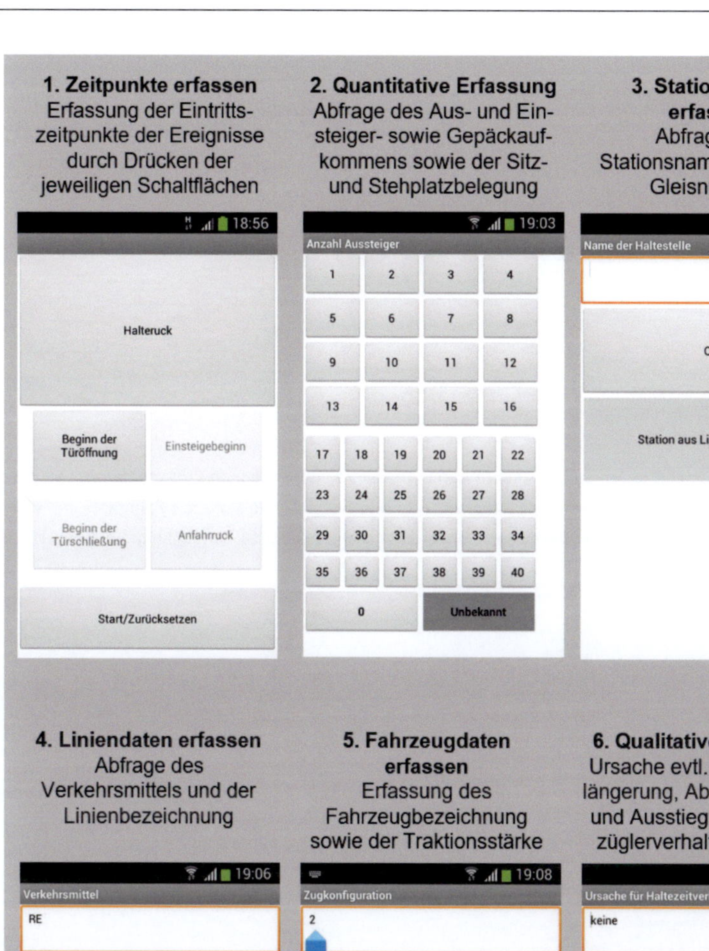

Abbildung 62: Vorgehen zur Erfassung der Zeitbestandteile des Fahrgastwechsels sowie des Halts an einer einzelnen Fahrzeugtür mittels Smartphone-App (Quelle: Verfasser)

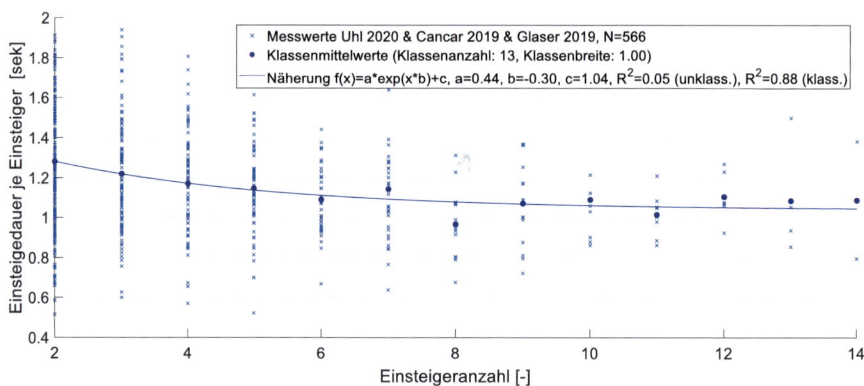

Abbildung 63: Einsteigedauer je Einsteiger in Abhängigkeit von der gesamten Einsteigeranzahl an der Tür sowie entsprechende Näherung (nur Messungen ohne stehende Fahrgäste im Fahrzeug; Datenquelle: Verfasser, Cancar 2019 und Glaser 2019; Darstellung: Verfasser)

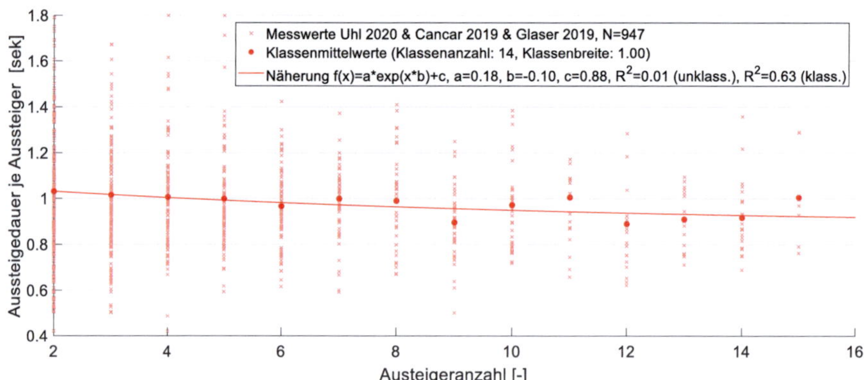

Abbildung 64: Aussteigedauer je Aussteiger in Abhängigkeit von der gesamten Aussteigeranzahl an der Tür sowie entsprechende Näherung (Datenquelle: Verfasser, Cancar 2019 und Glaser 2019; Darstellung: Verfasser)

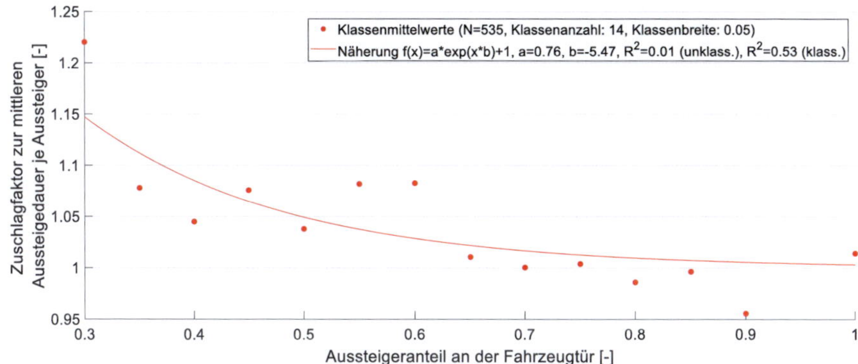

Abbildung 65: Zuschlagfaktor zur mittleren Aussteigedauer je Aussteiger in Abhängigkeit vom Aussteigeranteil sowie entsprechende Näherung (nur Messungen mit mindestens fünf Aussteigern berücksichtigt, Datenquelle: Verfasser, Cancar 2019 und Glaser 2019; Darstellung: Verfasser)

Zuschlagfaktor nach Vertikaldistanz [-]	-0,2 m	0,2 m	0,4 m	0,6 m	0,8 m
Aussteiger	1,9	2,3	1,3	1,8	1,5
Einsteiger	1,7	1,7	1,5	1,8	1,8

Tabelle 16: Zuschlagfaktoren zum Grundwert der Standardabweichung der mittleren Fahrgastwechseldauer je Fahrgast nach vertikaler Distanz zwischen Bahnsteig- und Fahrzeugbodenhöhe laut Erhebungsdaten (Datenquelle: Verfasser, Cancar 2019 und Glaser 2019; Darstellung: Verfasser)

Zuschlagfaktor nach Türbreitendifferenz [-]	-0,4 m	0,2 m	0,4 m	0,6 m
Aussteiger	1,5	1,2	1,0	1,1
Einsteiger	1,4	1,3	1,5	1,4

Tabelle 17: Aus der Erhebung resultierende Zuschlagfaktoren zum Grundwert der Standardabweichung der mittleren Fahrgastwechseldauer je Fahrgast nach genutzter Differenz zur Standardtürbreite von 1,3 m laut Erhebungsdaten (Datenquelle: Verfasser, Cancar 2019 und Glaser 2019; Darstellung: Verfasser)

Abbildung 66: **Einstiegssituation an einem n-Wagen (Quelle: Jonas Patolla)**

Zuschlagfaktoren zum Grundwert der mittleren Aussteigedauer je Aussteiger zur Berücksichtigung der Einflüsse von Höhendifferenz, Türbreite und Gepäckaufkommen:

$$t_{AS,MW,Zu,Gepäck} = 0,73\ Ant_{Gepäck} + 1 \tag{9}$$

$$t_{AS,MW,Zu,Höhe} = 0,62\ \left| h_{Tür,Bst} - 0,05 \right| + 1 \tag{10}$$

$$t_{AS,MW,Zu,Türbr} = -1,14 \left((b_{Tür} - 1,3)\ \min\left(\frac{-2,3\ e^{-0,18\ n_{AS,Tür} + 2,9}}{\frac{b_{Tür}}{0,65}}, 1 \right) \right)^3 + 1 \tag{11}$$

Zuschlagfaktoren zum Grundwert der mittleren Einsteigedauer je Einsteiger zur Berücksichtigung der Einflüsse von Höhendifferenz, Türbreite und Gepäckaufkommen:

$$t_{ES,MW,Zu,Gepäck} = 0{,}58\,Ant_{Gepäck} + 1 \tag{12}$$

$$t_{ES,MW,Zu,Höhe} = 0{,}78\,\left|h_{Tür,Bst} - 0{,}05\right| + 1 \tag{13}$$

$$t_{ES,MW,Zu,Türbr} = -1{,}20\left((b_{Tür} - 1{,}3)\,\min\left(\frac{-2{,}3\,e^{-0{,}18\,n_{ES,Tür}+2{,}9}}{\frac{b_{Tür}}{0{,}65}}, 1\right)\right)^{3} + 1 \tag{14}$$

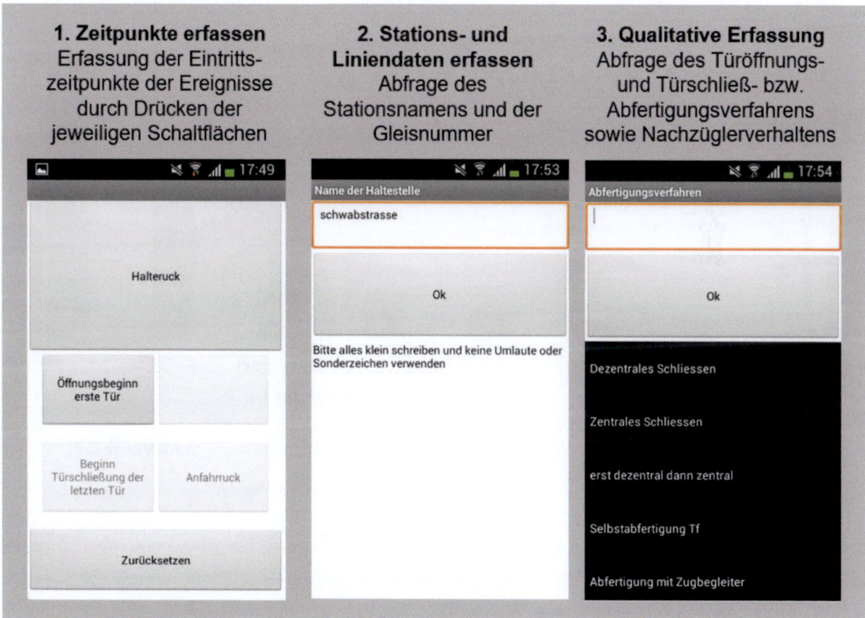

Abbildung 67: Vorgehen zur Erfassung der Zeitbestandteile eines Halts auf Ebene des gesamten Zuges mittels Smartphone-App (Quelle: Verfasser)

Anhang III: Bestehende Haltezeitmodelle sowie Anforderungen an den zu entwickelnden Ansatz

	Asien	Australien	Europa	Nordamerika	Südamerika	international	theoretisch	Gesamt
Analytisch ohne Variabilitätsaussage	10	2	21	8	2	1	1	45
Analytisch mit Variabilitätsaussage	1	-	11	-	1	-	2	15
Personenstromsimulativ	4	1	7	-	1	-	1	14
Ist-Datengetrieben	2	-	4	1	-	-	-	7
Gesamt	17	3	43	9	4	1	4	81

Tabelle 18:   Im Rahmen dieser Arbeit berücksichtigte Haltezeitmodelle im spurgeführten Verkehr nach Kontinent und Modellart (Quelle: Verfasser)

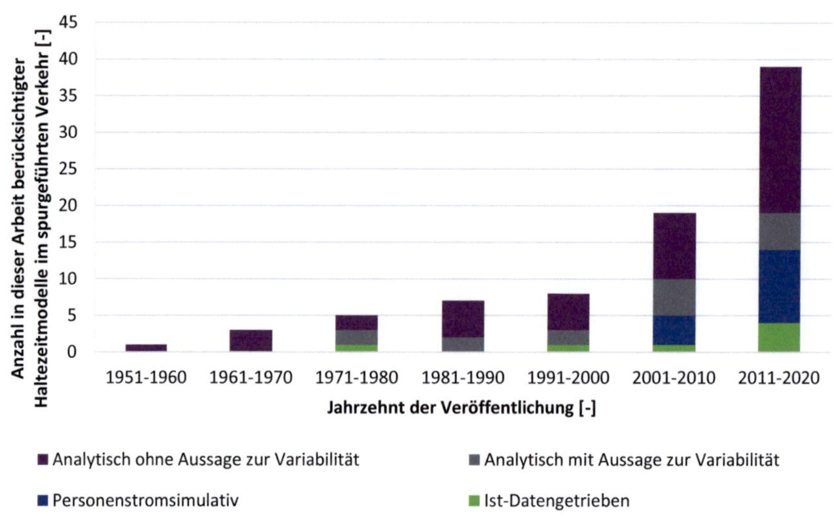

Abbildung 68:   Im Rahmen dieser Arbeit berücksichtigte Haltezeitmodelle im spurgeführten Verkehr nach Jahrzehnt der Veröffentlichung und Modellart (bitte methodischen Hinweis auf Seite 185 berücksichtigen; Quelle: Verfasser)

Kriterium	Adachi, S. et al.	Baee, S. et al.	Bauer, W.	Berbey, A. et al.	Berg, W.	Böhler, A.; Bürgi, D.	Buchmüller et al.	Büker et al.	Campion, G. et al.	Christoforou, Z. et al.	Chu, W. et al.	Cornet, S. et al.	Coxon, S.; Chandler, T.; Wilson, E.	Daamen, W.	D'Acierno, L. et al.	Dirmeier, W.	Dong, H. et al.
In situ gemessene Haltezeitdaten	-	-	-	-	-	-	-	-	-	-	-	-	-	-	-	-	-
Verspätungseinflüsse	-	-	-	-	-	-	-	-	-	I	-	-	-	-	I	-	-
Wettereinflüsse	-	-	-	-	-	-	-	-	-	-	-	-	E	-	-	-	-
Verzögerung durch Lichtschrankenbelegung	I	-	-	-	-	-	-	-	-	-	-	-	-	-	-	-	-
Nachzüglereffekte	I	-	-	-	-	-	-	-	-	-	-	-	-	-	-	-	-
Interaktionen zwischen Aus- und Einsteigern	-	-	I	I	-	E	-	-	-	-	-	-	-	-	I	I	-
Verzögerung durch Belegungsgrad auf Bstg.	-	E	-	-	-	E	-	-	-	-	-	-	-	-	I	-	I
Verzögerung durch Belegungsgrad im Fzg.	E	E	-	I	-	E	-	E	-	-	E	E	-	-	I	-	I
Zusammenhänge zwischen Stationen	-	E	-	-	-	-	-	-	-	-	-	-	-	-	I	-	-
Ein-/Aussteigerverteilung auf Türen	E	E	-	E	-	E	E	E	-	-	-	-	-	-	I	E	-
Fahrgasteigenschaften	-	-	-	-	-	-	-	-	-	-	E	-	-	-	-	-	-
Quelle-Ziel-Matrix	-	E	-	E	-	-	-	-	-	-	-	-	-	-	I	-	-
Einsteigeraufkommen	E	E	E	E	E	E	E	E	-	E	E	E	E	E	I	E	E
Aussteigeraufkommen	E	E	E	E	E	E	E	E	-	E	E	E	E	E	I	E	E
Bahnhofskategorie	-	-	-	-	-	-	-	-	-	-	E	-	-	-	-	-	-
Verkehrssystem	-	-	E	-	-	-	-	-	-	-	-	-	-	-	-	-	-
Verkehrszeit	-	-	-	-	-	-	-	-	-	-	E	-	-	-	-	-	-
Ticketkontrolle/-verkauf	-	-	-	-	-	-	-	-	-	-	-	-	-	-	-	-	-
Gepäckaufkommen	-	-	-	-	-	E	-	E	-	-	-	-	E	-	-	-	-
Fahrzeugfolgezeit	E	-	-	-	-	-	-	-	-	-	E	-	-	-	I	-	-
Fahrplanmäßige Haltezeit	-	-	-	-	-	-	-	-	-	-	-	-	-	-	-	-	-
Halteposition	-	-	-	-	-	E	-	-	-	-	E	-	-	-	E	E	-
Horizontaldist. zw. Tür und Bstg.	-	-	-	-	-	-	E	-	-	-	-	-	-	E	E	E	-
Vertikaldist. zw. Tür und Bstg.	-	-	E	-	-	-	-	-	-	-	-	-	-	E	E	-	-
Bahnsteigeigenschaften	-	-	-	-	-	E	-	-	-	-	-	-	E	E	-	-	-
Tür- und Abfertigungszeiten	E	-	E	-	-	E	-	I	-	-	-	E	-	E	-	-	-
Fahrzeuginnenraumgestaltung	-	-	-	-	-	-	-	-	-	-	-	-	E	-	-	-	-
Sitz- und Stehplatzverteilung	-	E	-	E	-	E	-	-	-	-	-	-	E	-	-	-	-
Fahrzeuglänge	-	E	-	-	-	E	-	-	-	-	-	-	E	-	-	-	-
Türbreiten	E	E	-	-	-	E	E	E	-	-	-	E	E	E	-	E	-
Türverteilung über die Fzg.-Länge	-	E	-	E	-	E	-	-	-	-	-	-	E	-	-	E	-
Türanzahl	E	E	E	E	-	E	E	E	-	-	E	-	E	E	E	E	-
Berücksichtigung der Variabilität		Personenstromsim. (Zellulärer Automat)			Analytisch (Annahme einer einheitlichen Standardabweichung)	Personenstromsim. (mikroskopische Sim.)	Analytisch (Annahme von Verteilungsfunktion)		Analytisch (Annahme von Verteilungsfunktion)			Analytisch (Annahme von Verteilungsfunktion)	Personenstromsim. (mikroskopische Sim.)	Personenstromsim. (mikroskopische Sim.)	Simulatives Vorgehen	Analytisch (Annahme von Verteilungsfunktion)	
Vorgehen zur Modellierung des Mittelwerts	Analytisch (Regressionsgleichung)	Personenstromsimulation (Zellulärer Automat)	Analytisch (Regressionsgleichung)	Analytisch (Regressionsgleichung, Fuzzy-Logik)	Analytisch (Regressionsgleichung)	Personenstromsimulation (mikroskopische Simulation)	Analytisch (Regressionsgleichung)	Analytisch (Regressionsgleichung)	Analytisch (Regressionsgleichung)	Analytisch (Regressionsgleichung)	Ist-Datengetrieben (Neuronale Netze, Extreme Learning Machine)	Analytisch (Regressionsgleichung)	Personenstromsimulation (mikroskopische Simulation)	Personenstromsimulation (mikroskopische Simulation)	Analytisch (Verkehrs-modell, Betriebssimulation, Haltezeitschätzung über Regressionsgleichung)	Analytisch (Regressionsgleichung)	Analytisch (Regressionsgleichung)
Verkehrsmittel (Kalibrierung)	U	U	S, R	-	Bus, Str	S	S	S, R, FV	U	Str	U	S	S	R, FV	U	S	U
Lokalisierung	Japan	nur theoretisch	Deutschland	nur theoretisch	Schweiz	Schweiz	Schweiz	Deutschland	Belgien	Frankreich	China	Frankreich	Australien	Niederlande	Italien	Deutschland	China
Modellgegenstand	HZ	HZ	HZ	HZ	FWZ	FWZ	HZ	FWZ	HZ	HZ	HZ	HZ	HZ	HZ	HZ	HZ	FWZ
Jahr	2019	2012	1968	2012	1981	2014	2008	2019	1985	2017	2015	2019	2015	2004	2017	1978	2016

Tabelle 19: **Überblick über die bestehenden Haltezeitmodelle – Teil 1 (E=durch Nutzer einzugebende Größe, I=modellimmanent bestimmte Größe; Quelle: Verfasser)**

Merkmal	Douglas, N.	Engelbrecht, P.; Ampenberger, K.	Fernandez, R. et al.	Fernandez, R.	Girnau, Blennemann	Gysin, K.	Gysin, K.	Heinz, W.	Heinz, W.	Heinz, W.	Harris, N. et al.	Hor, P.; Mohd Masirin, M.	Jiang, Z. et al.	Jiang, Z. et al.	Jong, J.; Chang, E.	Kamizuru, T. et al.
In situ gemessene Haltezeitdaten																
Verspätungseinflüsse				I				E					E			
Wettereinflüsse								E								
Verzögerung durch Lichtschrankenbelegung														I		
Nachzüglereffekte																
Interaktionen zwischen Aus- und Einsteigern	I				E						E					E
Verzögerung durch Belegungsgrad auf Bstg.										I	E					E
Verzögerung durch Belegungsgrad im Fzg.	E	E			E					I	E	E	I	E		E
Zusammenhänge zwischen Stationen																
Ein-/Aussteigerverteilung auf Türen	E		E	E	E	E	E	I	I	I		E	E		E	E
Fahrgasteigenschaften																
Quelle-Ziel-Matrix													E			
Einsteigeraufkommen	E	E	E	E	E	E	E	E	E	E	E	E	I	E	E	E
Aussteigeraufkommen	E	E	E	E	E	E	E	E	E	E	E	E	I	E	E	E
Bahnhofskategorie																
Verkehrssystem								E	E	E					E	
Verkehrszeit								E								
Ticketkontrolle/-verkauf																
Gepäckaufkommen								E	E	E						E
Fahrzeugfolgezeit				E										E		
Fahrplanmäßige Haltezeit													E	E		
Halteposition								E	E	E						E
Horizontaldist. zw. Tür und Bstg.																
Vertikaldist. zw. Tür und Bstg.					E			E	E	E	E					
Bahnsteigeigenschaften								E	E	E						E
Tür- und Abfertigungszeiten				E												
Fahrzeuginnenraumgestaltung											E	E				
Sitz- und Stehplatzverteilung											E					
Fahrzeuglänge								E	E	E						E
Türbreiten								E	E	E						
Türverteilung über die Fzg.-Länge								E	E	E						E
Turanzahl								E	E	E				E		E
Berücksichtigung der Variabilität	-	-	-	Simulatives Vorgehen	-	-	-	Analytisch (Annahme von Verteilungsfunktion)	Personenstromsim. (mikroskopische Sim.)	-	-	-	-	-	-	Personenstromsim. (mikroskopische Sim.)
Vorgehen zur Modellierung des Mittelwerts	Analytisch (Regressionsgleichung)	Analytisch (Regressionsgleichung)	Analytisch (Regressionsgleichung)	Analytisch (Betriebssimulation, Haltezeitschätzung über Regressionsgleichung)	Analytisch (Regressionsgleichung in Diagrammform)	Analytisch (Regressionsgleichung)	Analytisch (Regressionsgleichung)	Analytisch (Regressionsgleichung)	Analytisch (Regressionsgleichung)	Personenstromsimulation (mikroskopische Simulation)	Analytisch (Regressionsgleichung)	Analytisch (Regressionsgleichung)	Analytisch (Regressionsgleichung)	Ist-Datengetrieben	Analytisch (Regressionsgleichung)	Personenstromsimulation (mikroskopische Simulation)
Verkehrsmittel (Kalibrierung)	R	U	U	Str	U, S	S	S	U, R, FV	U, R, FV	U, R, FV	U, S, R	LRT	U	U	R, FV	FV
Lokalisierung	Australien	Deutschland	Chile	Chile	Deutschland	Schweiz	Schweiz	Schweden	Schweden	Schweden	International	Malaysia	China	China	Taiwan	Japan
Modellgegenstand	HZ	HZ	HZ	HZ	FWZ	HZ	HZ	FWZ	FWZ	FWZ	FWZ	FWZ	HZ	HZ	HZ	FWZ
Jahr	2012	1968	2008	2010	1970	2018	2018	2003	2003	2003	2014	2017	2015	2018	2011	2015

Tabelle 20: **Überblick über die bestehenden Haltezeitmodelle – Teil 2 (E=durch Nutzer einzugebende Größe, I=modellimmanent bestimmte Größe; Quelle: Verfasser)**

	Kecman, P.; Goverde, R.	Kecman, P.; Goverde, R.	Kecman, P.; Goverde, R.	Kecman, P.; Goverde, R.	Kim, K. et al.	Kim, K. et al.	Kim, J. et al.	Knoflacher, H.; Stephanides, J.	Koffman et al.	Kraft, W.; Bergen, T.	Kunimatsu, T. et al.	Lademann, F.	Lam, W. et al.	Lehnhoff, N.; Janssen, S.	Leiner, A.	Li, D.; Daamen, W.; Goverde, R.	Lin, T.; Wilson N.	Lin, T.; Wilson N.	Longo, G.; Medeossi, G.
In situ gemessene Haltezeitdaten				E												E			E
Verspätungseinflüsse	E	E	E	E							I								
Wettereinflüsse																			
Verzögerung durch Lichtschrankenbelegung																			
Nachzüglereffekte																			I
Interaktionen zwischen Aus- und Einsteigern														E	E		I		
Verzögerung durch Belegungsgrad auf Bstg.																			
Verzögerung durch Belegungsgrad im Fzg.						E	E		E		I						E	E	
Zusammenhänge zwischen Stationen											I								
Ein-/Aussteigerverteilung auf Türen								E			I								I
Fahrgasteigenschaften																			
Quelle-Ziel-Matrix											E								
Einsteigeraufkommen					E	E	E	E	E	E	I		E	E	E		E	E	E
Aussteigeraufkommen					E	E	E	E	E	E	I		E	E	E		E	E	E
Bahnhofskategorie	E		E								E								
Verkehrssystem	E		E													E	E		
Verkehrszeit	E		E								E								
Ticketkontrolle/-verkauf								E											
Gepäckaufkommen																			
Fahrzeugfolgezeit											I								
Fahrplanmäßige Haltezeit	E	E	E	E							E								
Halteposition																			
Horizontaldist. zw. Tür und Bstg.																			
Vertikaldist. zw. Tür und Bstg.														E					E
Bahnsteigeigenschaften								E						E					E
Tür- und Abfertigungszeiten								E						E					E
Fahrzeuginnenraumgestaltung																			
Sitz- und Stehplatzverteilung																			
Fahrzeuglänge											E					E			E
Türbreiten																			E
Türverteilung über die Fzg.-Länge											E								
Türanzahl											E			E					
Berücksichtigung der Variabilität											Simulatives Vorgehen	Analytisch (Annahme von Verteilungsfunktion)	Simulatives Vorgehen						Analytisch (Annahme von Verteilungsfunktion)
Vorgehen zur Modellierung des Mittelwerts	Analytisch (Regressionsgleichung)	Analytisch (Regressionsgleichung)	Analytisch (Regressionsgleichung)	Ist-Datengetrieben	Analytisch (Regressionsgleichung)	Analytisch (Regressionsgleichung)	Analytisch (Regressionsgleichung)	Analytisch (Regressionsgleichung)	Analytisch (Regressionsgleichung)	Analytisch (Regressionsgleichung)	Analytisch (Verkehrsmodell, Betriebssimulation, Haltezeitschätzung über Regressionsgleichung)	Analytisch (Regressionsgleichung)	Analytisch (Regressionsgleichung)	Analytisch (Regressionsgleichung)	Ist-Datengetrieben	Analytisch (Regressionsgleichung)	Analytisch (Regressionsgleichung)	Analytisch (Regressionsgleichung)	Analytisch (Regressionsgleichung)
Verkehrsmittel (Kalibrierung)	R, FV	R, FV	R, FV	R, FV	U	U	U	Str	LRT	Str	-	S	LRT	Str, LRT, U	Bus, Str, S	R	LRT	LRT	R, FV
Lokalisierung	Niederlande	Niederlande	Niederlande	Niederlande	Südkorea	Südkorea	Südkorea	Österreich	USA	USA	nur theoretisch	Deutschland	China	Deutschland	Deutschland	Niederlande	USA	USA	Italien
Modellgegenstand	HZ	HZ	HZ	HZ	HZ	HZ	FWZ	HZ	FWZ	FWZ	HZ	HZ	HZ	HZ	FWZ	HZ	HZ	HZ	HZ
Jahr	2015	2015	2015	2015	2015	2015	2015	1983	1984	1974	2012	2004	1998	2003	1983	2016	1992	1992	2013

Tabelle 21: **Überblick über die bestehenden Haltezeitmodelle – Teil 3 (E=durch Nutzer einzugebende Größe, I=modellimmanent bestimmte Größe; Quelle: Verfasser)**

Autor	Jahr	Modellgegenstand	Lokalisierung	Verkehrsmittel (Kalibrierung)	Vorgehen zur Modellierung des Mittelwerts	Berücksichtigung der Variabilität	Türanzahl	Türverteilung über die Fzg.-Länge	Türbreiten	Fahrzeuglänge	Sitz- und Stehplatzverteilung	Fahrzeuginnenraumgestaltung	Tür- und Abfertigungszeiten	Bahnsteigeigenschaften	Vertikaldist. zw. Tür und Bstg.	Horizontaldist. zw. Tür und Bstg.	Halteposition	Fahrplanmäßige Haltezeit	Fahrzeugfolgezeit	Gepäckaufkommen	Ticketkontrolle/-verkauf	Verkehrszeit	Verkehrssystem	Bahnhofskategorie	Aussteigeraufkommen	Einsteigeraufkommen	Quelle-Ziel-Matrix	Fahrgasteigenschaften	Ein-/Aussteigerverteilung auf Türen	Zusammenhänge zwischen Stationen	Verzögerung durch Belegungsgrad im Fzg.	Verzögerung durch Belegungsgrad auf Bstg.	Interaktionen zwischen Aus- und Einsteigern	Nachzüglereffekte	Verzögerung durch Lichtschrankenbelegung	Wettereinflüsse	Verspätungseinflüsse	In situ gemessene Haltezeitdaten
Martinez, I. et al.	2007	HZ	Spanien	U	Ist-Datengetrieben	Ist-Datengetrieben	-	-	-	-	-	-	-	-	-	-	-	-	-	-	-	E	-	-	-	-	-	-	-	-	-	-	-	-	-	-	-	E
Parkinson, T.; Fisher, I.	1996	HZ	USA	Str, LRT, U, S	Analytisch (Regressionsgleichung)	-	E	-	-	-	-	-	-	-	-	-	-	-	-	-	-	-	-	-	E	E	-	-	E	-	E	-	-	-	-	-	-	-
Perkins, A.; Ryan, B.; Siebers, P.	2015	FWZ	Groß-britannien	R	Personenstromsimulation (mikroskopische Simulation)	Personenstromsim. (mikroskopische Sim.)	E	E	E	E	-	-	E	-	E	-	-	-	-	-	-	-	-	-	E	E	-	E	I	-	I	-	-	-	-	-	-	-
Puong, A.	2000	HZ	USA	U	Analytisch (Regressionsgleichung)		-	-	-	-	-	-	-	-	-	-	-	-	-	-	-	-	-	-	E	E	-	-	-	-	E	-	-	-	-	-	-	-
Reimer, K.	1957	FWZ	Deutschland	S, R	Analytisch (Regressionsgleichung)	-	-	-	-	-	-	E	-	E	-	-	-	-	-	-	-	-	-	-	E	-	-	-	-	-	-	-	-	-	-	-	-
Rosser, J.; Howarth, P.	2000	FWZ	Groß-britannien	R	Analytisch (Regressionsgleichung)	-	-	-	E	-	-	E	-	-	E	E	-	-	-	-	-	-	-	-	E	E	-	-	E	-	-	-	I	-	-	-	-	-
Rudloff, C. et al.	2011	FWZ	Österreich	U	Personenstromsimulation (mikroskopische Simulation)	Personenstromsim. (mikroskopische Sim.)	-	-	E	-	-	-	-	-	-	-	-	-	-	-	-	-	-	-	E	E	-	-	-	-	E	E	E	-	-	-	-	-
Rüger, B.	2004	FWZ	Österreich	FV	Analytisch (Regressionsgleichung)	-	E	-	-	-	-	-	-	E	-	-	-	-	-	I	-	-	-	-	E	E	E	-	-	-	-	-	I	-	I	-	-	-
Rüger, B.; Schöbel, A.	2005	FWZ	Österreich	FV	Analytisch (Regressionsgleichung)	-	I	-	-	E	-	-	-	-	E	-	-	-	-	-	-	-	-	-	E	E	-	-	-	-	-	-	I	I	-	-	-	-
Rüger, S.	1978	HZ	Deutschland	Str, U, S	Analytisch (Regressionsgleichung)	Analytisch (Annahme von Verteilungsfunktion)	E	-	E	-	-	-	-	-	E	-	-	-	-	-	-	-	-	-	E	E	-	-	E	-	-	-	-	-	-	-	-	-
Seriani, S.; Fernandez, R.	2015	FWZ	Chile	U	Personenstromsimulation (mikroskopische Simulation)	Personenstromsim. (mikroskopische Sim.)	-	-	E	-	-	E	E	E	-	-	-	-	-	-	-	-	-	-	E	E	-	-	-	-	-	-	I	I	I	-	-	-
Sourd, F. et al.	2011	FWZ	Frankreich	S	Personenstromsimulation (mikroskopische Simulation)	Personenstromsim. (mikroskopische Sim.)	E	E	E	E	E	E	-	-	E	E	-	-	-	-	-	-	-	-	E	E	-	-	E	-	E	E	E	-	-	-	-	-
Stucki, P.; Buchmüller, S.	2005	HZ	Schweiz	S	Personenstromsimulation (mikroskopische Simulation)	Personenstromsim. (mikroskopische Sim.)	E	E	-	E	-	-	-	E	-	-	E	-	-	-	-	-	-	-	E	E	-	E	E	-	-	-	E	-	-	-	-	-
Suazo-Vecino, G. et al.	2017	HZ	Chile	U	Analytisch (Regressionsgleichung)	-	-	-	-	-	-	-	-	-	-	-	-	-	-	-	-	-	-	-	E	E	-	-	E	-	E	E	E	-	-	-	-	-
TRB	1999	HZ	USA	Str, LRT, U, S, R	Ist-Datengetrieben	-	-	-	-	-	-	-	-	-	-	-	-	-	-	-	-	-	-	-	-	-	-	-	-	-	-	-	-	-	-	-	-	E
Tuna, D.	2008	FWZ	Österreich	FV	Analytisch (Regressionsgleichung)	-	-	-	E	-	-	E	-	-	E	-	-	-	I	-	-	-	-	-	E	E	E	-	E	-	I	-	-	-	-	-	-	-

Tabelle 22: **Überblick über die bestehenden Haltezeitmodelle – Teil 4 (E=durch Nutzer einzugebende Größe, I=modellimmanent bestimmte Größe; Quelle: Verfasser)**

Autor	Jahr	Modellgegenstand	Lokalisierung	Verkehrsmittel (Kalibrierung)	Vorgehen zur Modellierung des Mittelwerts	Berücksichtigung der Variabilität
Uhl, J.	2021	HZ	Deutschland	Str, LRT, U, S, R	Analytisch (Haltezeitschätzung über Regressionsgleichung)	Analytisch (Bedienungstheorie) sowie simulative Bestandteile
Voigt, W.	1975	FWZ	Deutschland	Str	-	Ist-Datengetrieben
Vuchic, V.	2005	HZ	USA	Str, LRT, U, S, R	Analytisch (Regressionsgleichung)	-
Wardrop, A. et al.	2006	HZ	Australien	R	Analytisch (Regressionsgleichung in Diagrammform)	-
Weidmann, U.	1994	HZ	Schweiz	Bus, Str, S, R	Analytisch (Regressionsgleichung)	Analytisch (Annahme von Verteilungsfunktion)
Weston, J.	1989	HZ	Groß-britannien	U	Analytisch (Regressionsgleichung)	-
Westphal, J.	1976	FWZ	Deutschland	FV	Analytisch (Regressionsgleichung)	-
Wirasinghe, S.; Szplett, D.	1984	HZ	Kanada	LRT	Analytisch (Regressionsgleichung)	-
Yamamura, A. et al.	2013	FWZ	Japan	U	Personenstromsimulation (mikroskopische Simulation)	Personenstromsim. (mikroskopische Sim.)
Yoo, S., Lee, J., Kim H. et al.	2018	FWZ	Südkorea	U	Analytisch (Regressionsgleichung)	-
Yu, J. et al.	2019	FWZ	China	U	Personenstromsimulation (mikroskopische Simulation)	Personenstromsim. (mikroskopische Sim.)
Zhang, Q. et al.	2008	FWZ	China	U	Personenstromsimulation (mikroskopische Simulation)	Personenstromsim. (mikroskopische Sim.)
Zhang, Y. et al.	2009	HZ	nur theoretisch	-	Analytisch (Bedienungstheorie)	Analytisch (Bedienungstheorie)
Zhuge, C. et al	2009	HZ	China	U	Analytisch (Regressionsgleichung)	-

Autor	Türanzahl	Türverteilung über die Fzg.-Länge	Türbreiten	Fahrzeuglänge	Sitz- und Stehplatzverteilung	Fahrzeuginnenraumgestaltung	Tür- und Abfertigungszeiten	Bahnsteigeigenschaften	Vertikaldist. zw. Tür und Bstg.	Horizontaldist. zw. Tür und Bstg.	Halteposition	Fahrplanmäßige Haltezeit	Fahrzeugfolgezeit	Gepäckaufkommen	Ticketkontrolle/-verkauf	Verkehrszeit	Verkehrssystem	Bahnhofskategorie
Uhl, J.	E	E	E	E	E	-	E	E	E	-	E	E	I	E	-	E	E	-
Voigt, W.	-	-	-	-	-	-	-	-	-	-	-	-	-	-	-	-	-	-
Vuchic, V.	E	-	E	-	-	-	-	-	E	-	-	-	-	-	E	-	E	-
Wardrop, A. et al.	E	-	E	-	-	-	-	-	-	-	-	-	-	-	-	-	-	-
Weidmann, U.	E	E	E	E	-	-	-	E	E	-	E	-	-	-	-	-	-	-
Weston, J.	E	-	-	-	-	-	-	-	-	-	-	-	-	-	-	-	-	-
Westphal, J.	-	-	-	-	-	-	-	-	-	-	-	-	-	-	-	-	-	-
Wirasinghe, S.; Szplett, D.	E	-	-	-	-	-	-	E	-	-	-	-	-	-	-	-	-	-
Yamamura, A. et al.	E	E	E	E	E	E	-	E	-	-	E	-	-	-	-	-	-	-
Yoo, S., Lee, J., Kim H. et al.	-	-	-	-	-	-	-	-	-	-	-	-	-	-	-	-	-	-
Yu, J. et al.	E	E	E	E	-	-	-	E	-	-	E	-	-	-	-	-	-	-
Zhang, Q. et al.	E	E	E	E	-	-	-	-	-	-	E	-	-	-	-	-	-	-
Zhang, Y. et al.	-	-	-	-	-	-	-	-	-	-	-	-	E	-	-	-	-	-
Zhuge, C. et al	-	-	-	-	-	-	-	-	-	-	-	-	-	-	-	-	-	-

Autor	Aussteigeraufkommen	Einsteigeraufkommen	Quelle-Ziel-Matrix	Fahrgasteigenschaften	Ein-/Aussteigerverteilung auf Türen	Zusammenhänge zwischen Stationen	Verzögerung durch Belegungsgrad im Fzg.	Verzögerung durch Belegungsgrad auf Bstg.	Interaktionen zwischen Aus- und Einsteigern	Nachzüglereffekte	Verzögerung durch Lichtschrankenbelegung	Wettereinflüsse	Verspätungseinflüsse	In situ gemessene Haltezeitdaten
Uhl, J.	E	E	I	-	I	I	I	-	I	I	-	-	I	-
Voigt, W.	-	-	-	-	-	-	-	-	-	-	-	-	-	E
Vuchic, V.	E	E	-	-	E	-	-	-	-	-	-	-	-	-
Wardrop, A. et al.	E	E	-	-	-	-	-	-	-	-	-	-	-	-
Weidmann, U.	E	E	-	-	E	-	E	-	I	-	-	-	-	-
Weston, J.	E	E	-	-	E	-	E	-	I	-	-	-	-	-
Westphal, J.	E	E	-	-	E	-	-	-	-	-	-	-	-	-
Wirasinghe, S.; Szplett, D.	E	E	-	-	I	-	-	-	I	-	-	-	-	-
Yamamura, A. et al.	E	E	I	-	I	I	I	-	I	I	-	-	I	-
Yoo, S., Lee, J., Kim H. et al.	E	E	-	-	E	-	-	-	-	-	-	-	-	-
Yu, J. et al.	E	E	-	-	-	-	E	-	I	-	-	-	-	-
Zhang, Q. et al.	E	E	-	-	I	-	I	I	I	-	-	-	-	-
Zhang, Y. et al.	-	E	-	-	-	-	-	-	-	-	-	-	-	-
Zhuge, C. et al	E	E	-	-	E	-	E	-	E	-	-	-	-	-

Tabelle 23: **Überblick über die bestehenden Haltezeitmodelle – Teil 5 (E=durch Nutzer einzugebende Größe, I=modellimmanent bestimmte Größe; Quelle: Verfasser)**

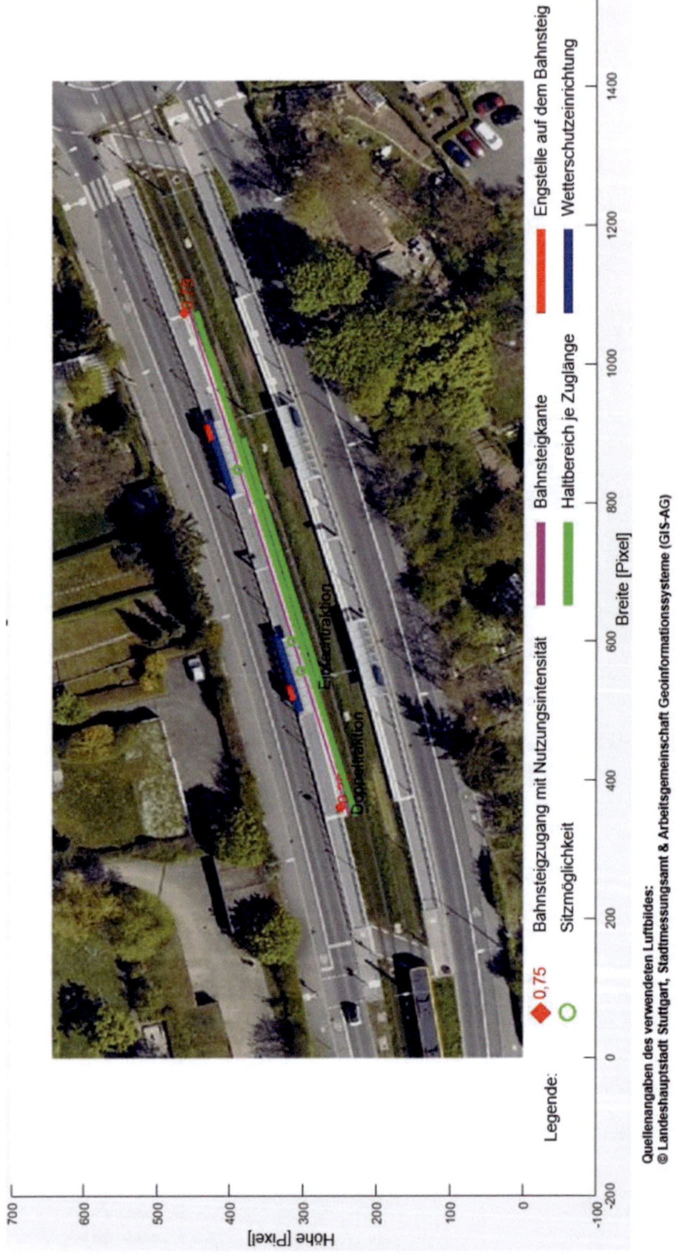

Abbildung 69: **Beispielhafter Screenshot der abschließenden Ergebnisdarstellung im Hilfstool zur Aufnahme der Bahnsteiginfrastruktur (Luftbild: siehe angegebene Quelle, Darstellung: Verfasser)**

  Modellierung des Zeitbedarfs für Verkehrshalte im spurgeführten Personenverkehr

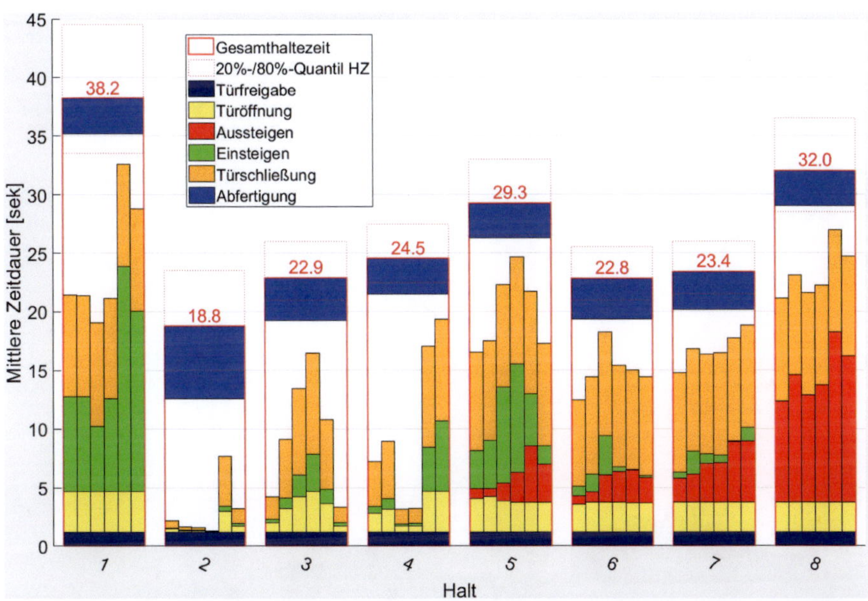

Abbildung 70: **Ergebnisdarstellung der Haltezeitmodellierung mit Fokus auf die einzelnen Zeitbestandteile im entwickelten Haltezeitmodells für eine beispielhafte Regionalverkehrslinie (Quelle: Verfasser)**

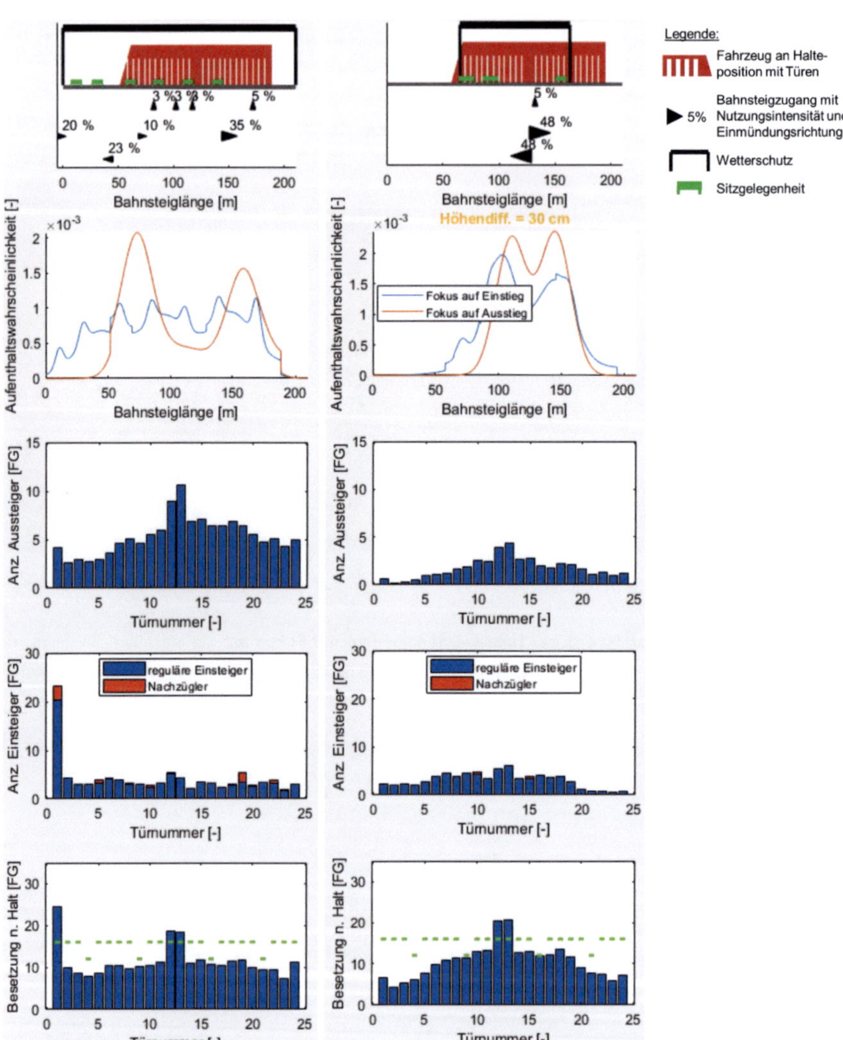

Abbildung 71: Ergebnisdarstellung der Fahrgastverteilungsgrößen des entwickelten Haltezeitmodells für zwei beispielhafte S-Bahnstationen (von oben: Bahnsteigskizze, Aufenthaltswahrscheinlichkeitsfunktionen, Aussteiger je Tür, Einsteiger je Tür, Besetzung je Türbereich nach Abfahrt; Quelle: Verfasser)

Anhang IV: Algorithmische Umsetzung der Haltezeitmodellierung

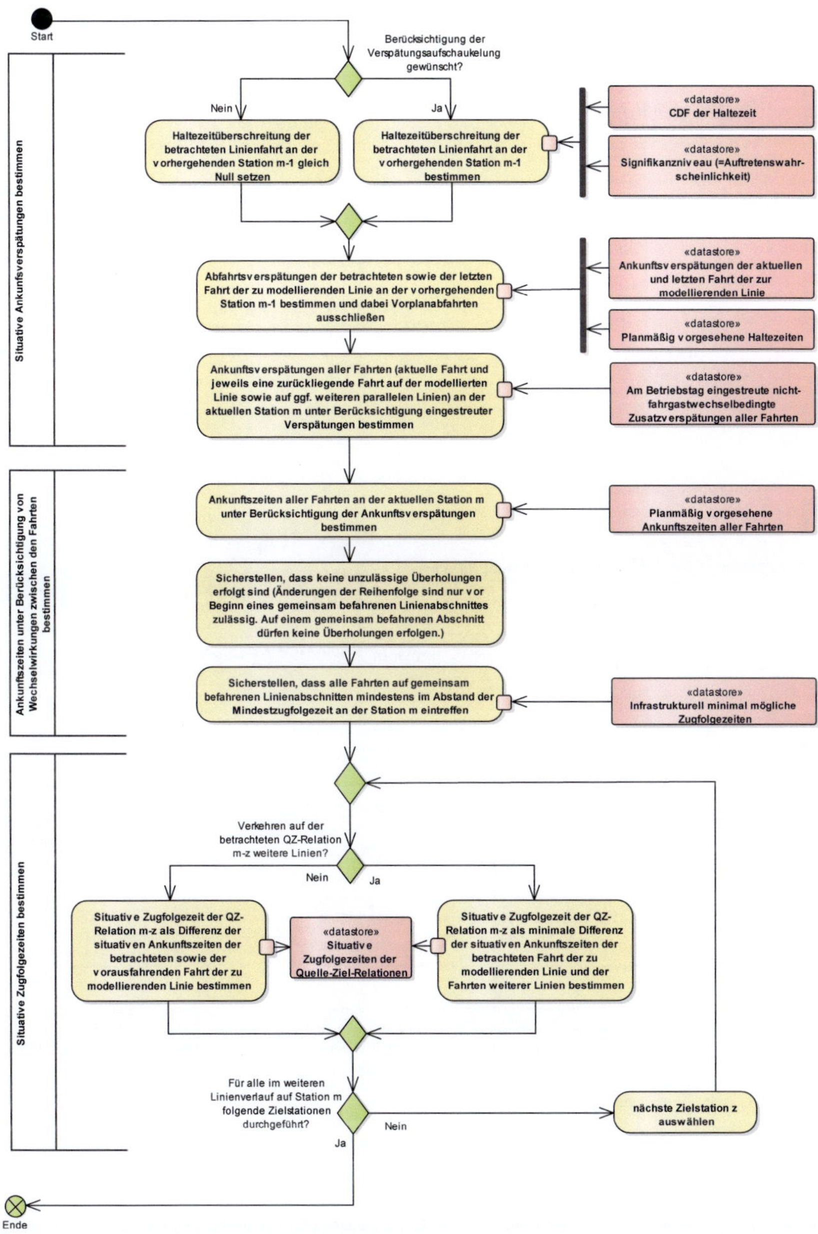

Abbildung 72: Prozessablauf zur Bestimmung der situativen Zugfolgezeiten auf den Zielrelationen an einer Station m (Quelle: Verfasser)

Formel zur Bestimmung des Anteils der fahrplanorientiert eintreffenden Fahrgäste einer Fahrt, der bei einer bestimmten situativen Zugfolgezeit als eingetroffen zu erwarten ist:

$$Anz_{ausstehende\ Fahrten} = \left| \frac{ZFZ_{situativ} + mod\left(\frac{Versp_{vorausf.Fahrt}}{ZFZ_{plan}}\right)}{ZFZ_{plan}} \right|$$

$$Ant_{Versp.\ betr.\ Fahrt} = \frac{mod\left(\frac{Versp_{betr.Fahrt}}{ZFZ_{plan}}\right)}{ZFZ_{plan}}$$

$$Ant_{Versp.\ vorausf.\ Fahrt} = \frac{mod\left(\frac{Versp_{vorausf.Fahrt}}{ZFZ_{plan}}\right)}{ZFZ_{plan}} \tag{15}$$

$$Ant_{FG,fplorientiert,eingetroffen}$$

$$= Anz_{ausstehende\ Fahrten} + \frac{\Gamma\left(\frac{0,6}{min}ZFZ_{plan} + 2{,}78\right)}{\Gamma\left(\frac{0,6}{min}ZFZ_{plan}\right)\Gamma(2{,}78)} \times$$

$$\times \int_{Ant_{Versp.\ vorausf.\ Fahrt}}^{Ant_{Versp.\ betr.\ Fahrt}} x^{\left(\frac{0,6}{min}ZFZ_{plan}\right)-1} (1-x)^{2{,}78-1}\, dx$$

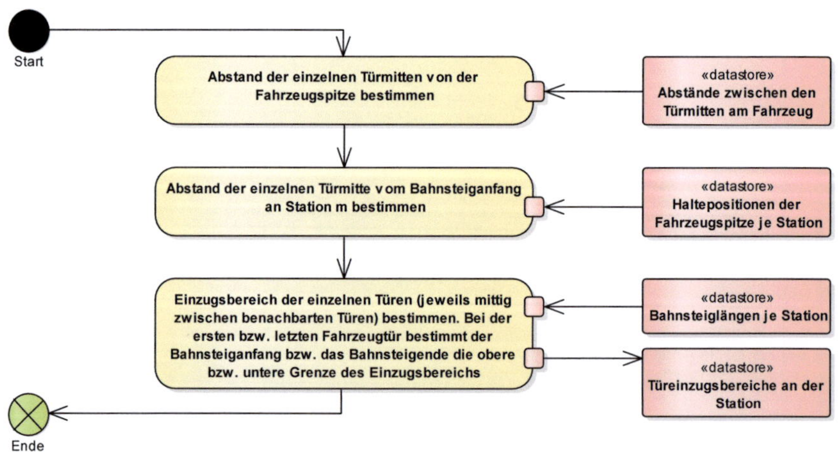

Abbildung 73: Prozessablauf zur Bestimmung der Einzugsbereiche der einzelnen Fahrzeugtüren an Station m (Quelle: Verfasser)

Art des Datensatzes			Manuelle Erhebung		Automatisches Fahrgastzählsystem		Automatisches Fahrgastzählsystem			Modellannahme
Ort			Region Stuttgart		Stuttgart		München			-
Jahr			2018-2020		2019		2017			-
System			S-Bahn		Stadtbahn		S-Bahn			-
Linie			diverse		U12 Remseck-Dürrlewang	U12 Dürrlewang-Remseck	S1 Neufahrn-Ostbahnhof		S1 Ostbahnhof-Neufahrn	-
Gegenstand der Kalibrierung			Warteverteilung der Einsteiger		Aus- und Einsteiger je Tür	Aus- und Einsteiger je Tür	Einsteiger je Tür		Aussteiger je Tür	-
Verkehrszeit			HVZ	NVZ	HVZ	HVZ	HVZ	NVZ	ganztags	ganztags
Fehler [%]			23,5	23,3	27,1	30,6	36,2	44,5	42,0	-
Gewichtungen der Kriterien	Bahnsteig der Startstation	Erwarteter Haltebereich [%]	20,9	20,7	31,1	13,0	12,2	0,0	0,0	20,0
		Tatsächlicher Haltebereich [%]	3,8	4,7	0,1	20,9	25,2	35,6	30,2	4,0
		Bahnsteigzugänge [%]	46,3	46,0	65,5	47,8	61,7	64,4	69,6	46,0
		Sitzgelegenheiten [%]	27,3	19,9	2,7	13,0	0,0	0,0	0,0	28,0
		Wetterschutzeinrichtungen bei normalem Wetter [%]	1,7	8,8	0,2	4,8	0,7	0,0	0,0	2,0
		Erhöhungsfaktor Wetterschutzgew. bei Regen/Sonneneinstrahlung [-]	1,3	2,4	-	-	-	-	-	1,5
		Startstation gesamt [%]	84,8	91,6	33,5	59,6	62,3	79,0	37,9	75,0
	Abgänge an Zielstation [%]		15,2	8,4	66,5	40,4	37,7	21,0	62,1	25,0
Startstation	Normalverteilung zur Abbildung der Bahnsteigzugänge	Mittelpunktsverschiebung pro m Lageexzentrizität [-]	0,3	0,3	0,0	0,8	0,4	0,6	0,4	0,3
		Mittelpunktsverschiebung wegen Einmündungsrichtung [m]	9,7	7,6	0,0	7,4	11,5	11,5	2,6	9,2
		Standardabweichungsgrundwert [m]	10,9	8,0	7,8	18,7	15,2	13,3	1,1	10,0
		Standardabweichungszuschlagfaktor pro m Lageexzentrizität [-]	0,1	0,1	0,1	0,3	0,2	0,1	0,2	0,1
	Standardabweichung der Normalverteilung des erwarteten Haltebereichs [m]		32,2	29,9	18,5	22,7	24,4	38,0	39,6	30,0
Zielstation	Standardabweichung der Normalverteilung zur Abbildung der Abgänge [m]		9,7	18,9	13,6	22,1	13,6	14,5	13,5	12,0
Übergangswahrscheinlichkeiten	auf dem Bahnsteig der Startstation	Verschiebungswert (Parameter 2) [FG/m²]	-1,4	-1,2	-1,4	-1,8	-1,4	-1,8	-1,4	-1,4
		Faktorwert (Parameter 1) [m²/FG]	1,2	1,1	1,9	1,5	1,8	1,8	1,8	1,2
	im Fahrzeug	Verschiebungswert (Parameter 2) [FG/m²]	-	-	2,2	1,8	1,8	1,8	1,5	2,1
		Faktorwert (Parameter 1) [m²/FG]	-	-	3,5	3,3	4,2	3,2	4,0	3,5
		Maximalwert [1/m]	-	-	0,8	0,6	0,9	0,4	0,4	0,9

Tabelle 24: **Werte der einzelnen Parameter zur Modellierung der Fahrgastverteilung auf Basis der Modellkalibrierung (Quelle: Verfasser)**

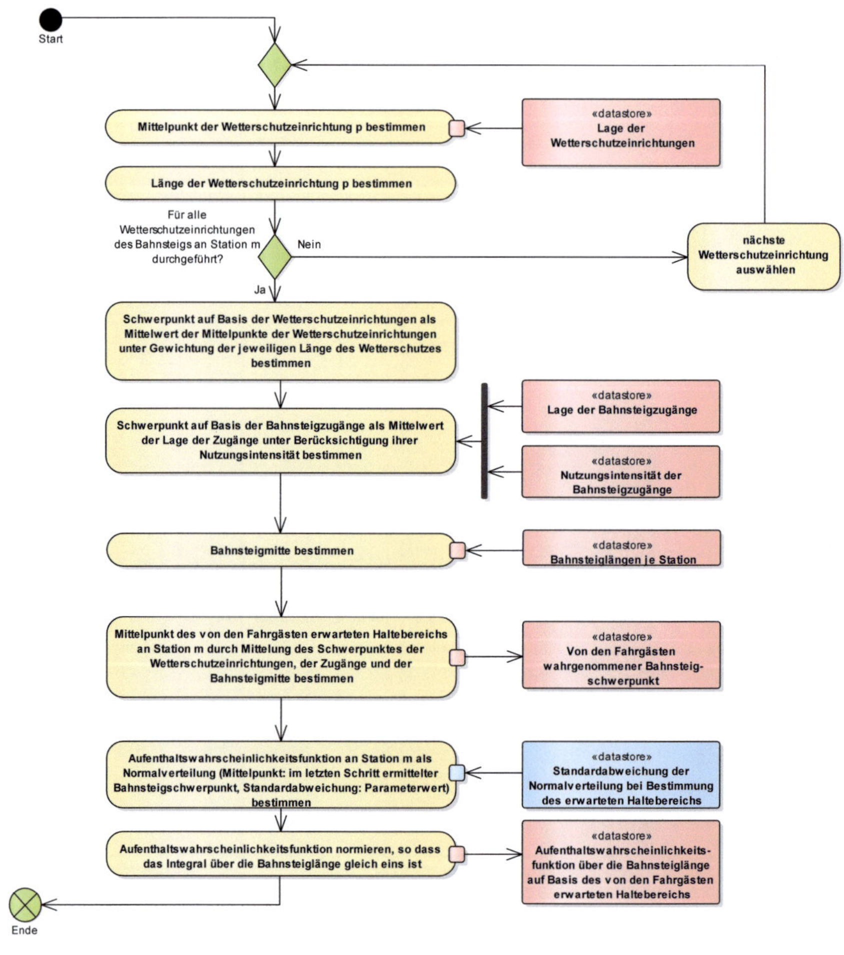

Abbildung 74: Prozessablauf zur Bestimmung der Aufenthaltswahrscheinlichkeitsfunktion über die Bahnsteiglänge an einer Station auf Basis des von den Fahrgästen erwarteten Haltebereichs (Quelle: Verfasser)

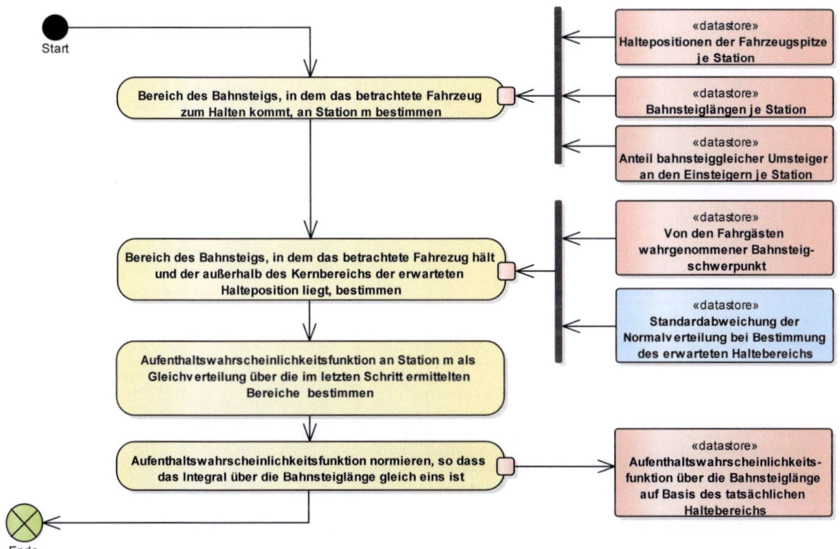

Abbildung 75: **Prozessablauf zur Bestimmung der Aufenthaltswahrscheinlichkeitsfunktion über die Bahnsteiglänge an einer Station auf Basis des tatsächlichen Haltebereichs (Quelle: Verfasser)**

Bestimmung der Verschiebung des Mittelpunktes der Normalverteilung zur Modellierung des Einflusses eines Bahnsteigzugangs anhand dessen Lageexzentrizität:

$$Versch_{MP,Zugang} = \left(MP_{warsch\_HB} - MP_{Lage,Zugang}\right) Versch_{Faktor,Zugang} \tag{16}$$

Bestimmung der Standardabweichung der Normalverteilung zur Modellierung des Einflusses eines Bahnsteigzugangs anhand dessen Lageexzentrizität:

$$Stabw_{Zugang} = Stabw_{GW,Zugang} + \left|MP_{warsch\_HB} - MP_{Lage,Zugang}\right| \times \\ \times Stabw_{Faktor,Zugang} \tag{17}$$

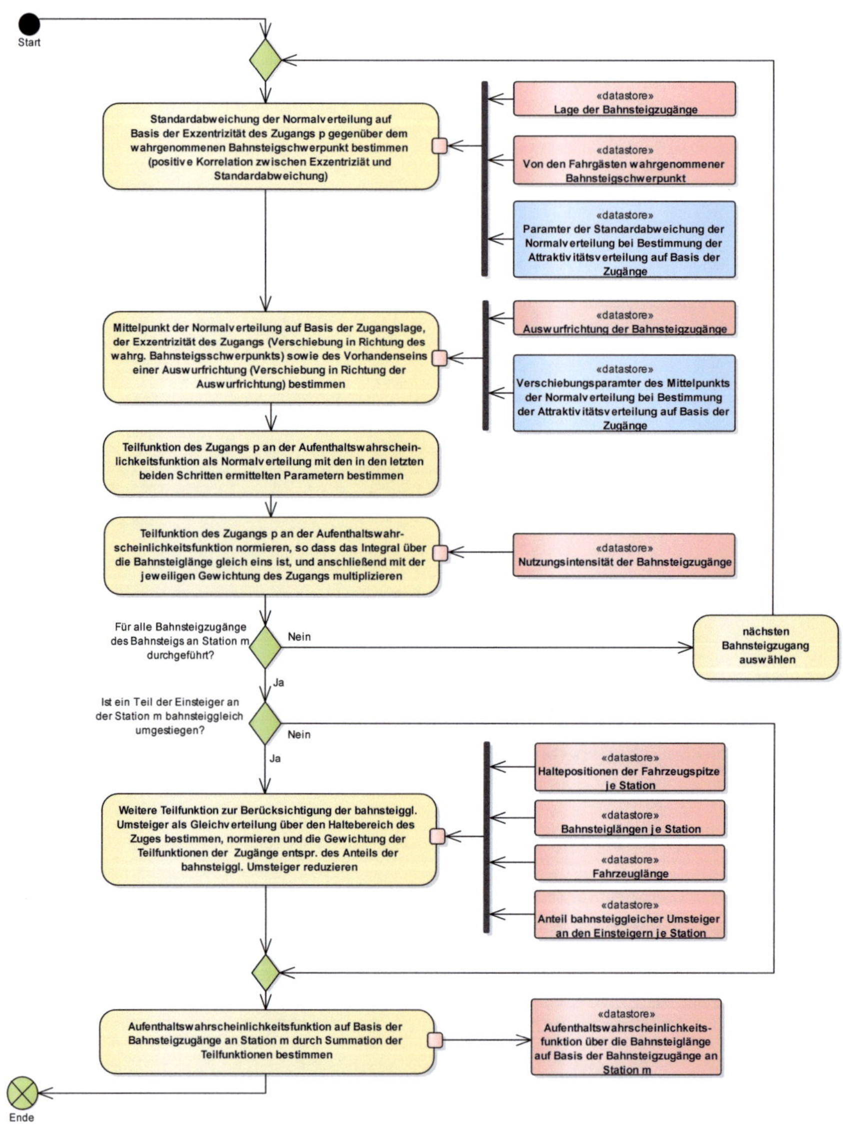

Abbildung 76: **Prozessablauf zur Bestimmung der Aufenthaltswahrscheinlichkeitsfunktion über die Bahnsteiglänge an einer Station auf Basis der Bahnsteigzugänge (Quelle: Verfasser)**

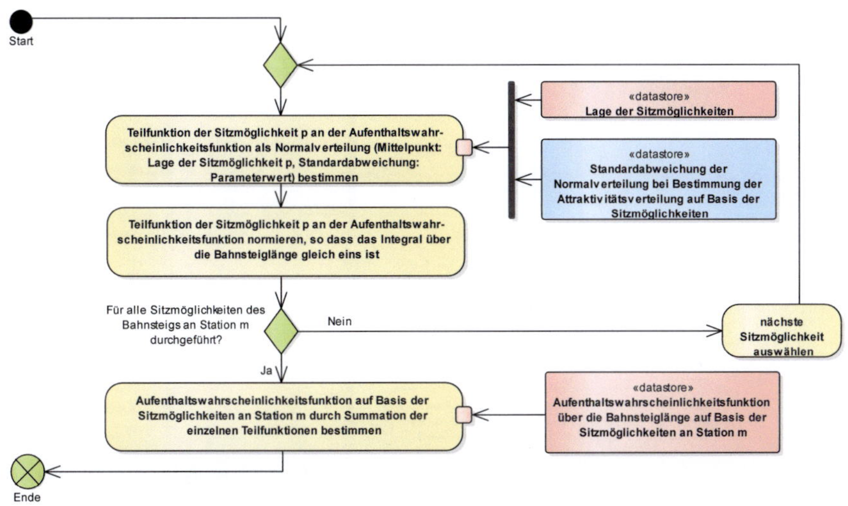

Abbildung 77: Prozessablauf zur Bestimmung der Aufenthaltswahrscheinlichkeitsfunktion über die Bahnsteiglänge an einer Station auf Basis der Sitzgelegenheiten (Quelle: Verfasser)

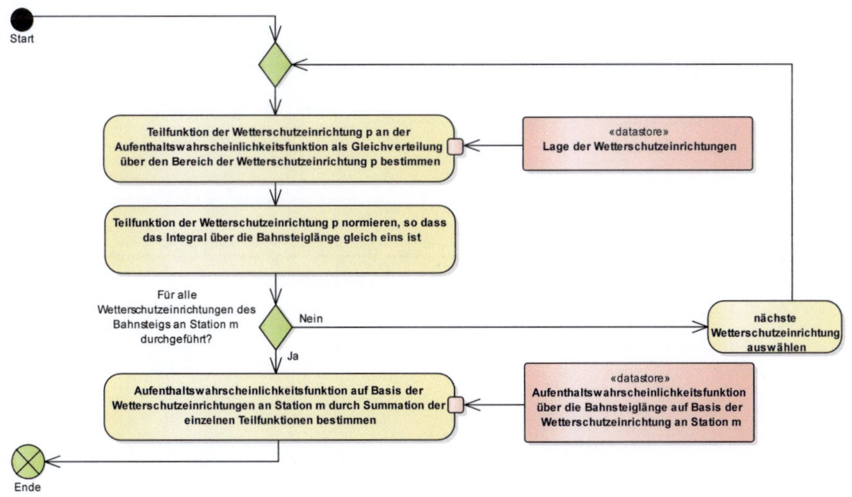

Abbildung 78: Prozessablauf zur Bestimmung der Aufenthaltswahrscheinlichkeitsfunktion über die Bahnsteiglänge an einer Station auf Basis der Wetterschutzeinrichtungen (Quelle: Verfasser)

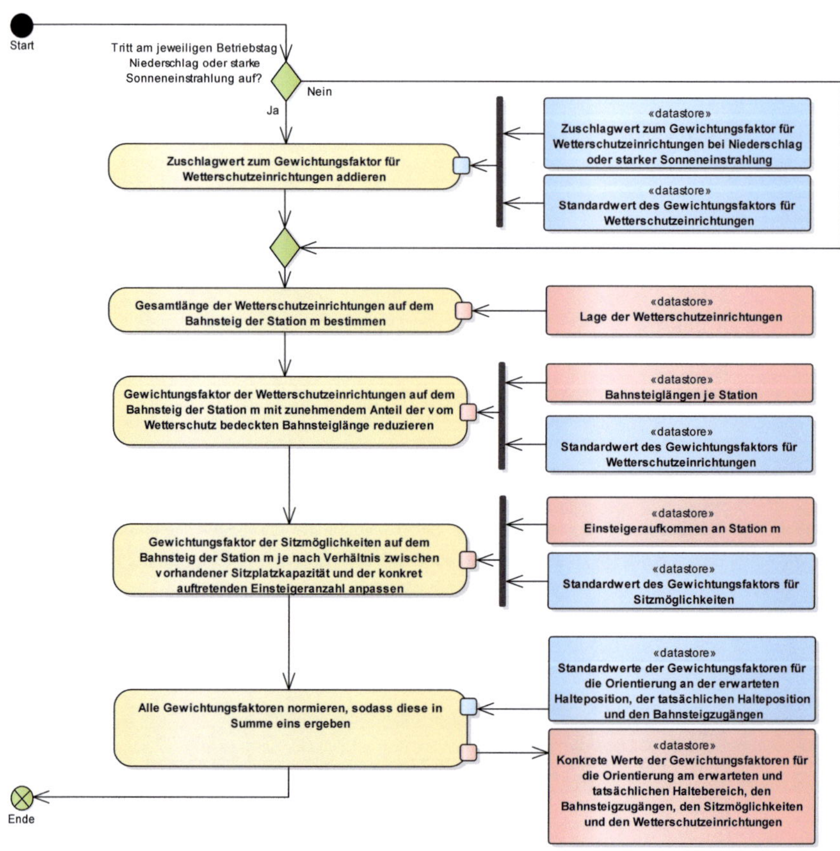

Abbildung 79: **Prozessablauf zur Bestimmung der Gewichtungen der einzelnen Einflussfaktoren an einer Station in der konkreten Situation (Quelle: Verfasser)**

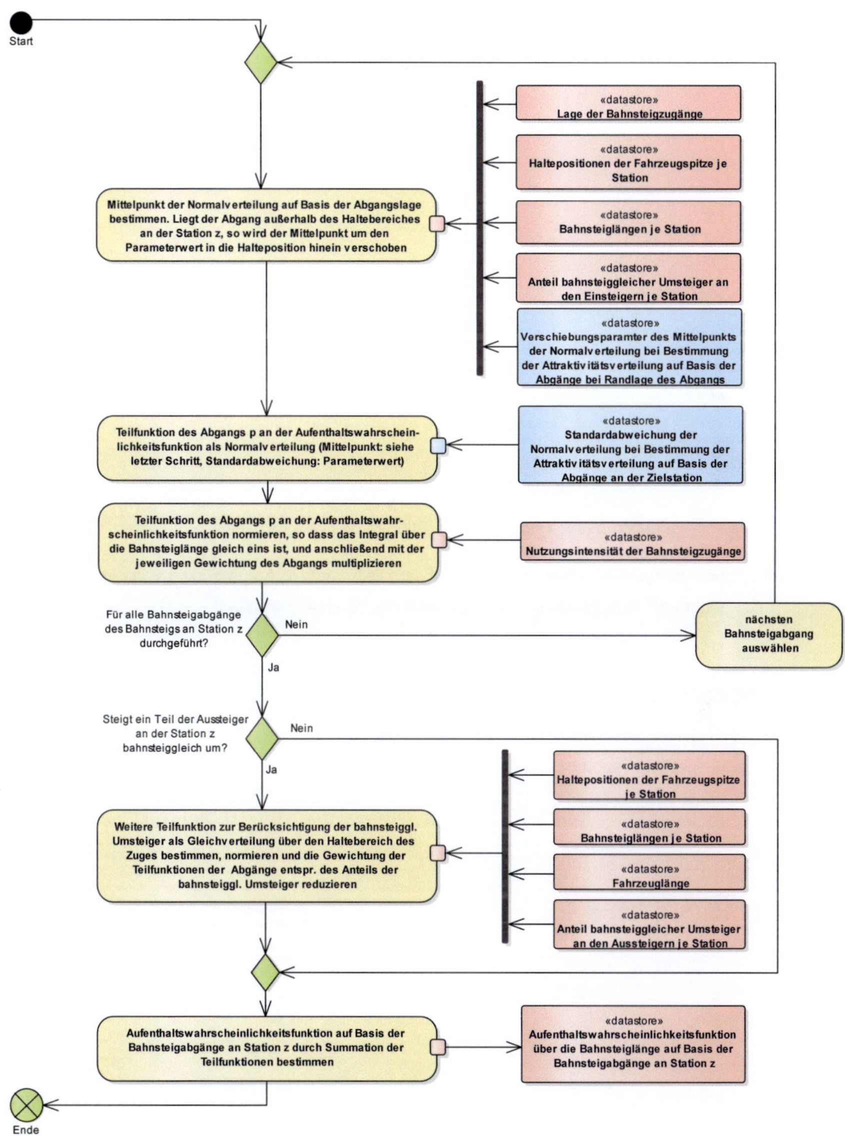

Abbildung 80: **Prozessablauf zur Bestimmung der Aufenthaltswahrscheinlichkeitsfunktion über die Bahnsteiglänge an einer Station auf Basis der dortigen Bahnsteigabgänge für Fahrgäste, die sich an der Station als ihre Zielstation orientieren (Quelle: Verfasser)**

Bestimmung der Übergangswahrscheinlichkeit auf dem Bahnsteig:

$$p_{\text{Überg,Bst}}(Dichte_{Bst}) = \frac{1}{1 + e^{-Para_{Bst,1}(Dichte_{Bst}-Para_{Bst,2})}} \tag{18}$$

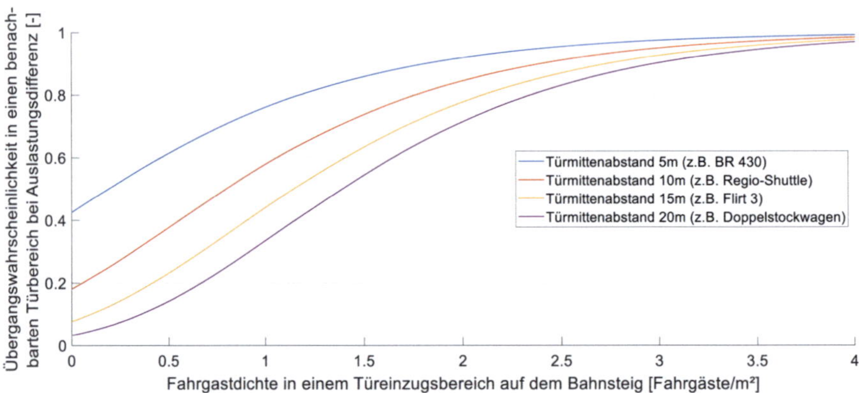

Abbildung 81: **Übergangswahrscheinlichkeiten auf dem Bahnsteig in Abhängigkeit von der Fahrgastdichte für verschiedene Türmittenabstände (Quelle: Verfasser)**

Bestimmung der Übergangswahrscheinlichkeit im Zug:

$$p_{\text{Überg,Fzg}}(Dichte_{Fzg})$$

$$= p_{\text{Überg,Fzg,max}} \left(1 - \frac{1}{1 + e^{-Para_{Fzg,1}(Dichte_{Fzg}-Para_{Fzg,2})}}\right) \tag{19}$$

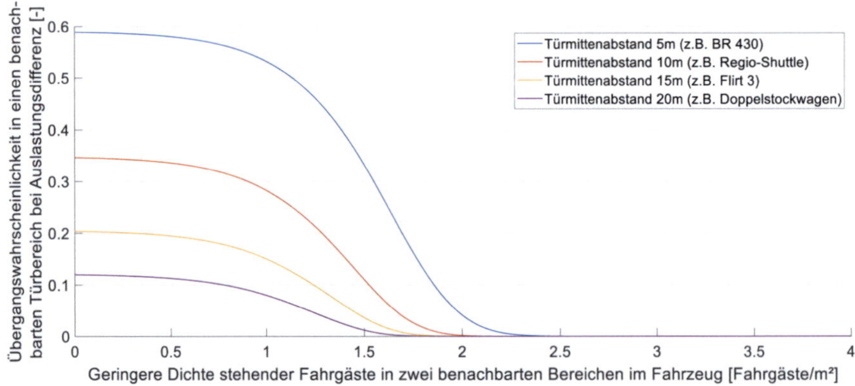

Abbildung 82: **Übergangswahrscheinlichkeiten im Zug in Abhängigkeit von der Dichte stehender Fahrgäste für verschiedene Türmittenabstände (Quelle: Verfasser)**

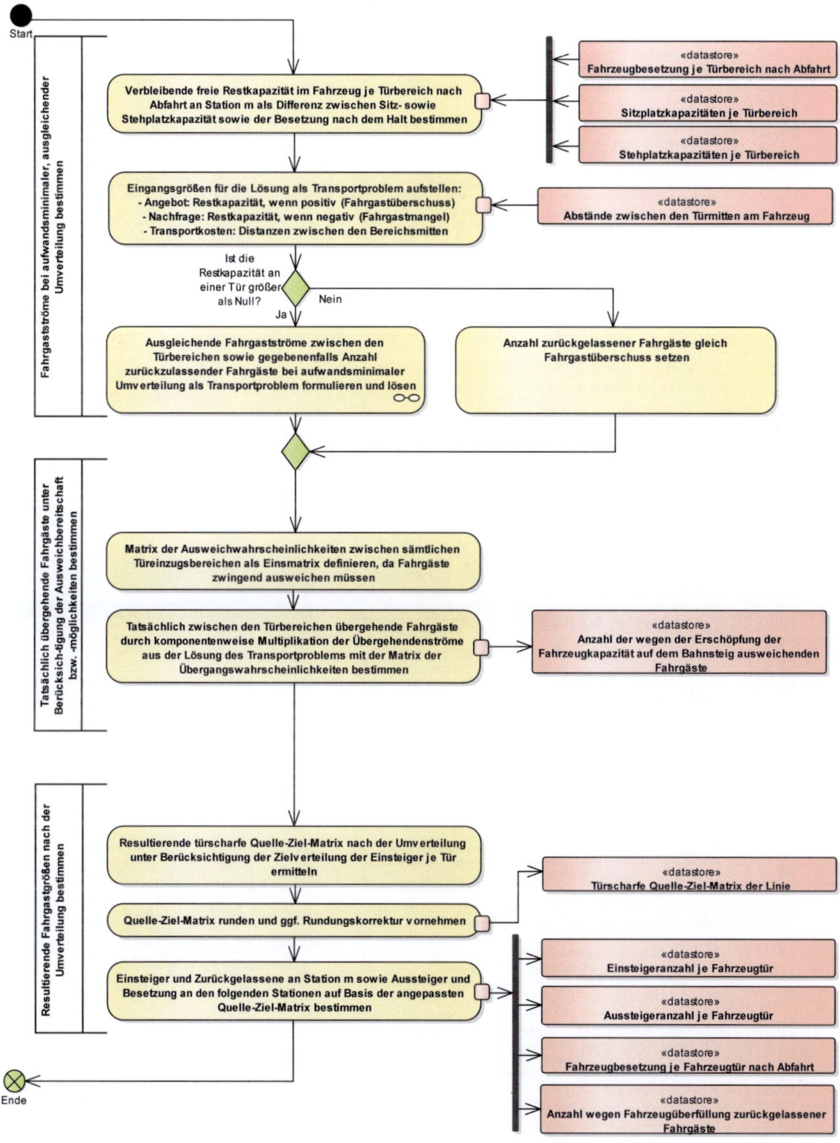

Abbildung 83: **Prozessablauf zur Umverteilung der Fahrgäste vor dem Einstieg bei Erschöpfung der Zugkapazität an einzelnen Türbereichen (Quelle: Verfasser)**

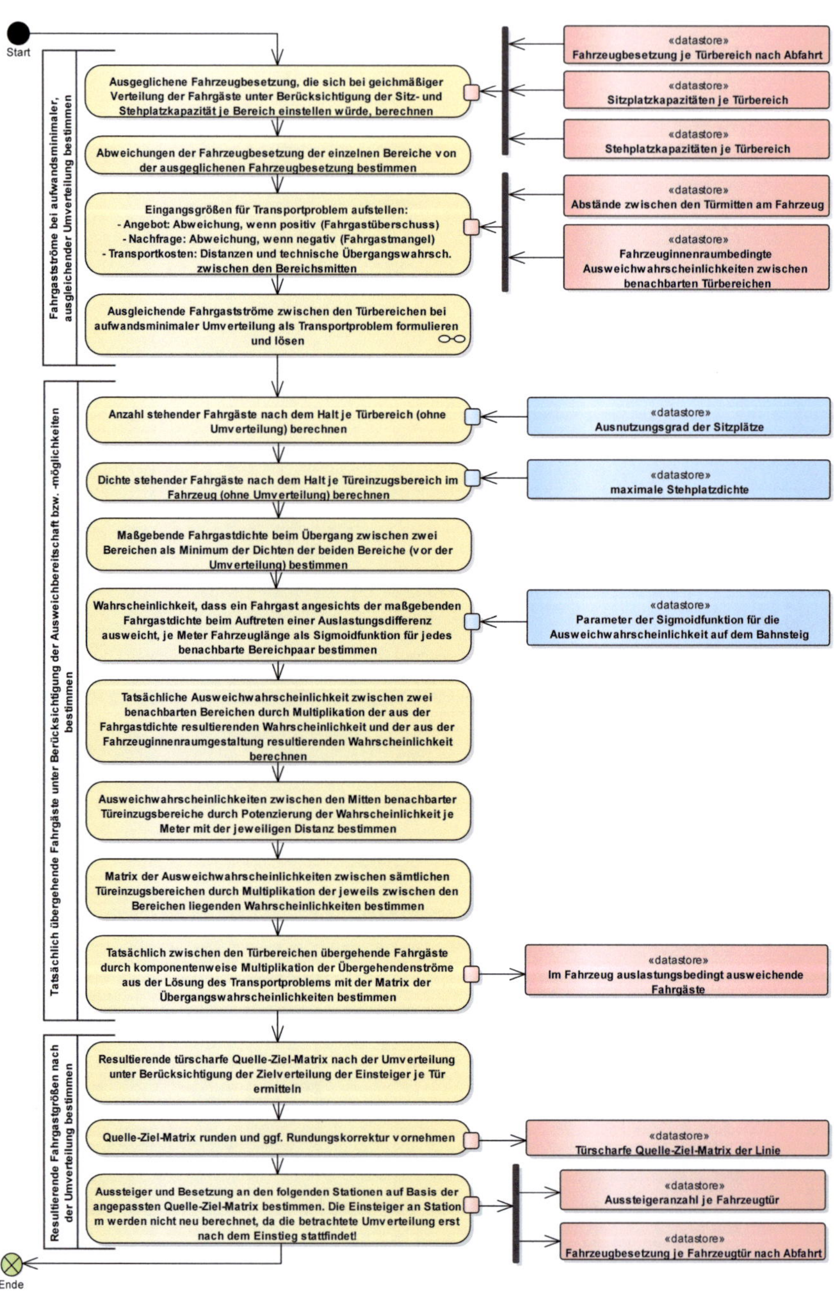

Abbildung 84:   Prozessablauf zur Berücksichtigung der Reaktion der Einsteiger auf die eventuell ungleiche Auslastung der Türbereiche im Zug (Quelle: Verfasser)

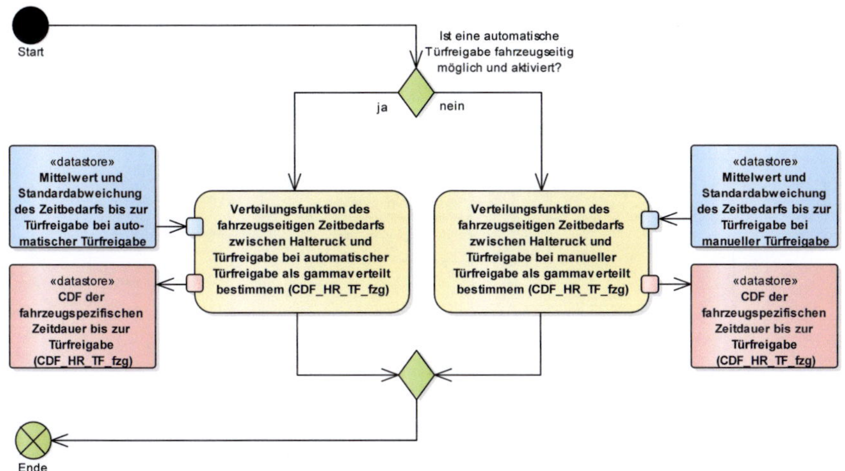

Abbildung 85: **Prozessablauf zur Bestimmung der Verteilungsfunktion (CDF) des fahrzeugspezifischen Zeitbedarfs vor dem Fahrgastwechsel (Quelle: Verfasser)**

In den Abschnitten 5.5.1, 5.5.2 und 5.5.3 werden jeweils Gammaverteilungen folgender Parametrisierung angenommen, wobei E den Erwartungswert und Stabw die Standardabweichungen der Gesamtprozessdauer repräsentiert:

$$P(t, p, b) = \frac{b^p}{\Gamma(p)} \int_0^t x^{p-1}\, e^{-bx}\, dx$$

$$\text{wobei:} \quad p = \frac{E^2}{Stabw^2} \quad \text{und} \quad b = \frac{E}{Stabw^2} \tag{20}$$

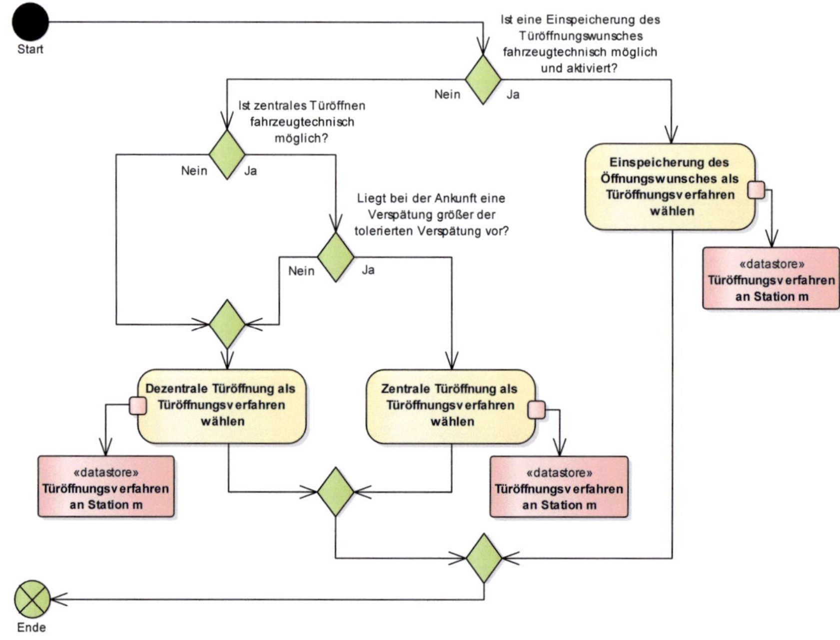

Abbildung 86: **Prozessablauf zur Bestimmung des situativ eingesetzten Türöffnungsverfahrens (Quelle: Verfasser)**

Reiner Todesprozess mit exponentialverteilten Bediendauern:

Aus dem in Abbildung 44 (siehe Seite 120) dargestellten Markov-Graphen eines reinen, bedienungstheoretischen Todesprozesses mit exponentialverteilter Sterbedauer $1/\mu$ lässt sich nachfolgendes Differentialgleichungssystem ableiten:

$$p_N'(t) = - p_N(t)\,\mu$$

$$p_i'(t) = p_{i+1}(t)\,\mu - p_i(t)\,\mu \qquad f\ddot{u}r\ 0 < i < N \tag{21}$$

$$p_0'(t) = p_1(t)\,\mu$$

Unter Annahme, dass sich das System zum Zeitpunkt „Null" im initialen Zustand N befindet ($p_N(0) = 1$), lässt sich das Differentialgleichungssystem nach Kleinrock (1975, S. 73) mit folgendem Ansatz lösen:

$$p_i(t) = \frac{(\mu\,t)^{N-i}}{(N-i)!}\,e^{-\mu\,t} \qquad f\ddot{u}r\ 0 < i \leq N \tag{22}$$

Formel (22) führt in Verbindung mit der letzten Zeile von Formel (21) zur zeitabhängigen Zustandswahrscheinlichkeitsdichte des Zustands „Null". Diese entspricht unter Annahme einer über alle Zustände einheitlichen Sterberate µ definitionsgemäß der Dichtefunktion einer Erlang-N-Verteilung (vgl. Kleinrock 1975, 73).

$$p_0'(t) = p_1(t)\,\mu = \left(\frac{(\mu\,t)^{N-1}}{(N-1)!}e^{-\mu\,t}\right)\mu = \frac{\mu^N\,t^{N-1}}{(N-1)!}e^{-\mu\,t} \tag{23}$$

Die zeitabhängige Zustandswahrscheinlichkeit des Zustands „Null" lässt sich folglich durch Integration bestimmen. Die gesuchte Verteilungsfunktion des Ein- und Aussteigevorgangs ist damit die Verteilungsfunktion der Erlang-N-Verteilung:

$$p_0(t) = 1 - e^{-\mu\,t}\sum_{k=0}^{N-1}\frac{(\mu\,t)^k}{k!} \tag{24}$$

Da die Erlang-Verteilung einen Spezialfall der Gammaverteilung darstellt, kann die Verteilungsfunktion der Aus- bzw. Einsteigedauer mittels einer Gammaverteilung (entsprechend der Parametrisierung in Formel (20)) beschrieben werden (Stewart et al. 2007, S. 2):

$$p_0(t,p,b) = \frac{b^p}{\Gamma(p)}\int_0^t x^{p-1}\,e^{-bx}\,dx \tag{25}$$

wobei: $p = N$ und $b = \mu$

Reiner Todesprozess mit erlangverteilten Bediendauern:

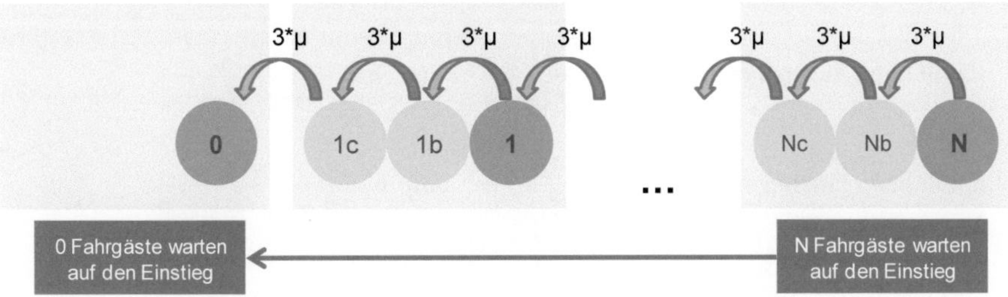

Abbildung 87: **Markov-Graph eines reinen, bedienungstheoretischen Todesprozesses am Beispiel des Einsteigevorgangs mit Erlang-3-verteilter Einsteigedauer 1/3µ (Quelle: Uhl 2018, S.57)**

Sollen nun, wie in Abbildung 87 dargestellt, erlangverteilte Bediendauern angenommen werden, entspricht das resultierende Differentialgleichungssystem weitgehend dem in Formel (21) ausgeführten. Aufgrund der Zwischenschritte tritt die k-fache Anzahl an Gesamtzuständen auf, wobei nur jeder k-te Zustand für die Modellierung abgegriffen wird. Zur Lösung dieses Differentialgleichungssystems als Formeln für die Zustandswahrscheinlichkeit resultiert aus der Anpassung der Formeln (21)-(25):

$$P(t, p, b) = \frac{b^p}{\Gamma(p)} \int_0^t x^{p-1}\, e^{-bx}\, dx$$

$$\text{wobei:}\quad p = N\,k \quad \text{und} \quad b = \mu\,k$$

(26)

$$\text{beim Aussteigevorgang:}\quad p = n_{AS,Tür}\, \frac{t_{AS,MW}^2}{t_{AS,Stabw,FG}^2} \quad \text{und} \quad b = \frac{t_{AS,MW}}{t_{AS,Stabw,FG}^2}$$

$$\text{beim Einsteigevorgang:}\quad p = n_{ES,Tür}\, \frac{t_{ES,MW}^2}{t_{ES,Stabw,FG}^2} \quad \text{und} \quad b = \frac{t_{ES,MW}}{t_{ES,Stabw,FG}^2}$$

Die in Abschnitt 2.2.3 getroffenen Aussagen zur Standardabweichung beziehen sich auf die Variabilität der *mittleren* fahrgastspezifischen Fahrgastwechselzeit (vgl. Anmerkung auf Seite 198). Die Standardabweichung eines einzelnen Fahrgastwechselvorgangs liegt im Vergleich zur Standardabweichung der mittleren fahrgastspezifischen Fahrgastwechselzeit um den Faktor Wurzel der Fahrgastanzahl höher, was zu nachfolgenden Formeln führt:

$$P(t, p, b) = \frac{b^p}{\Gamma(p)} \int_0^t x^{p-1}\, e^{-bx}\, dx$$

$$\text{wobei:}\quad p = N\,k \quad \text{und} \quad b = \mu\,k$$

(27)

$$\text{damit beim Aussteigevorgang:}\quad p = \frac{t_{AS,MW}^2}{t_{AS,Stabw}^2} \quad \text{und} \quad b = \frac{t_{AS,MW}}{n_{AS,Tür}\, t_{AS,Stabw}^2}$$

$$\text{damit beim Einsteigevorgang:}\quad p = \frac{t_{ES,MW}^2}{t_{ES,Stabw}^2} \quad \text{und} \quad b = \frac{t_{ES,MW}}{n_{ES,Tür}\, t_{ES,Stabw}^2}$$

	mittlere fahrgastspezifische Fahrgastwechseldauer		
	Erwartungswert [sek]	Standardabweichung [sek]	Variationskoeffizient [-]
Aussteigevorgang	0,99	0,28	0,28
Einsteigevorgang	1,24	0,34	0,28

Tabelle 25: **Erwartungswert, Standardabweichung und Variationskoeffizient in Bezug auf die mittlere fahrgastspezifische Fahrgastwechseldauer nach Vorgang im Stadt- und S-Bahnverkehr (nur Fälle mit mindestens zwei beteiligten Fahrgästen und geringem Gepäckaufkommen, Datenquelle: Verfasser, Cancar 2019 und Glaser 2019; Darstellung: Verfasser)**

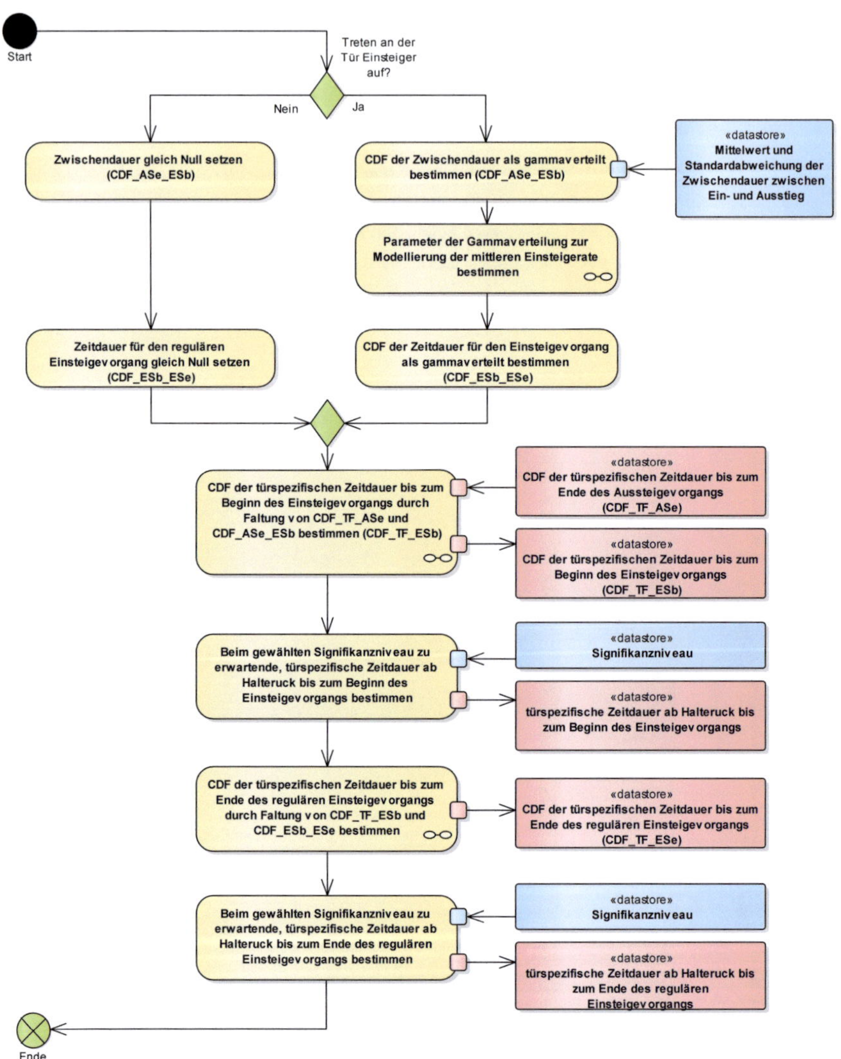

Abbildung 88: **Prozessablauf zur Bestimmung der Verteilungsfunktion (CDF) der türspezifischen Zeitdauer bis zum Ende des regulären Einsteigevorgangs (Quelle: Verfasser)**

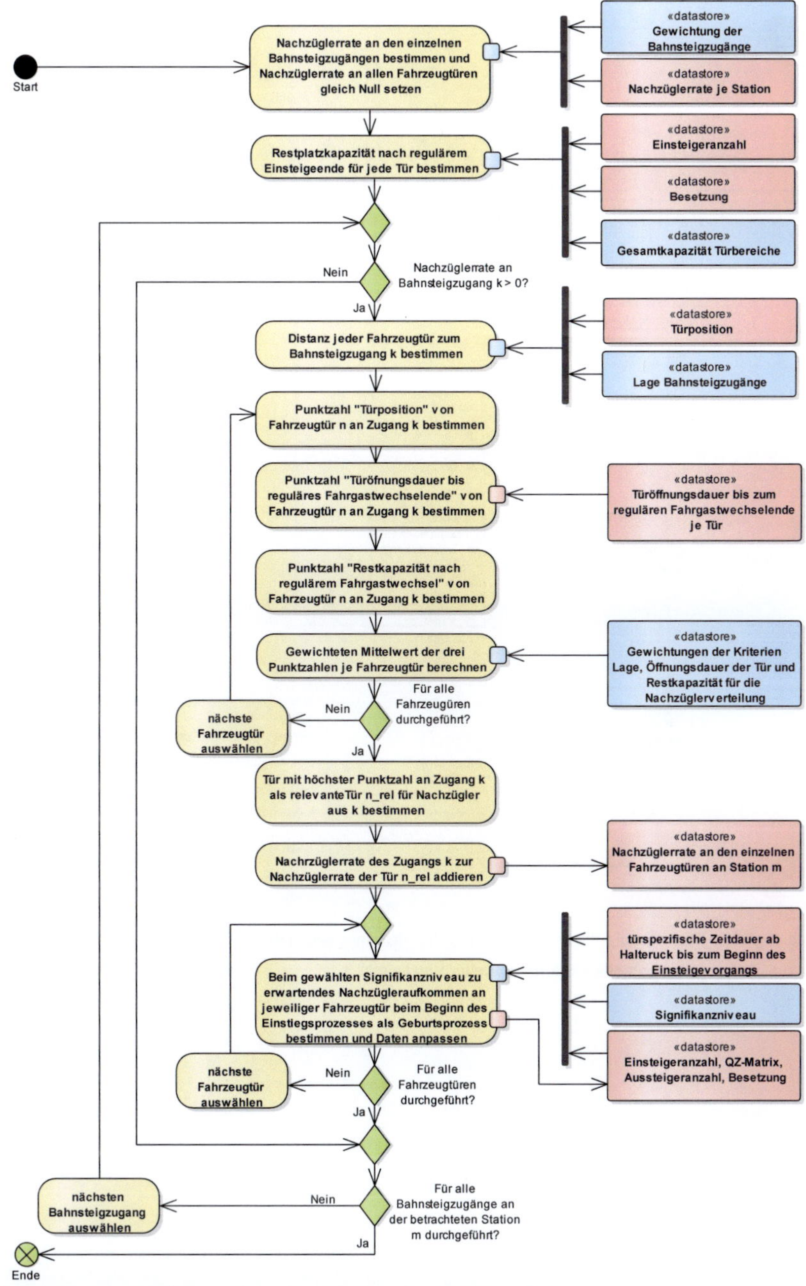

Abbildung 89: **Prozessablauf zur Verteilung des Nachzügleraufkommens an einer Station auf die Fahrzeugtüren (Quelle: Verfasser)**

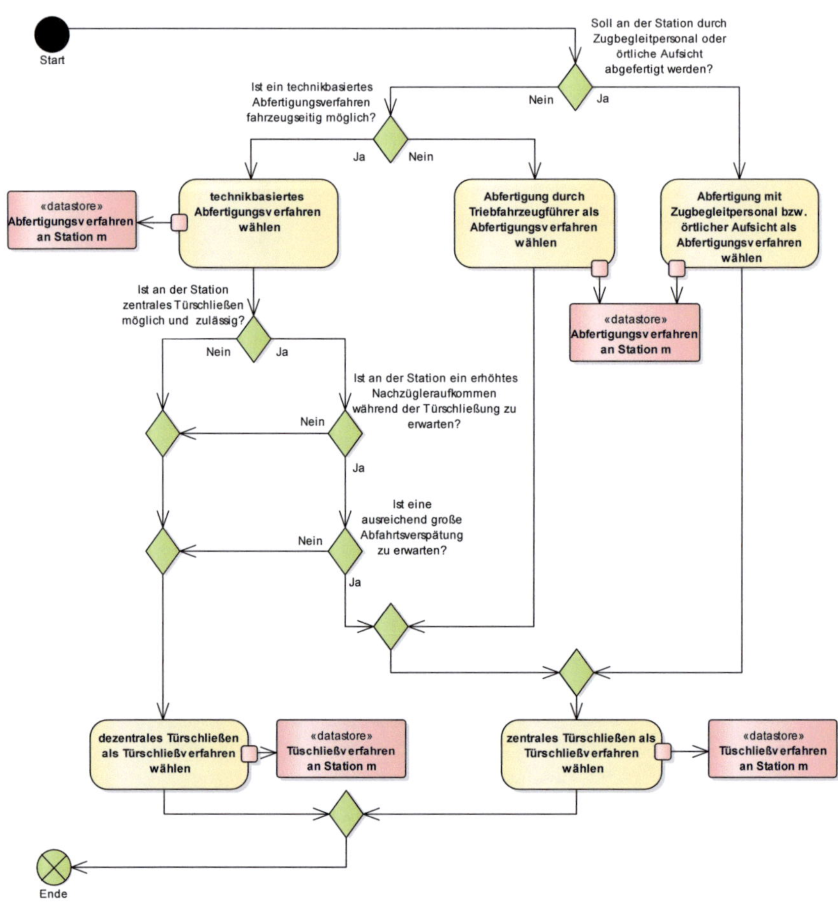

Abbildung 90: **Prozessablauf zur Bestimmung der situativ gewählten Türschließ- und Abfertigungsver-**
fahren an einer Station (Quelle: Verfasser)

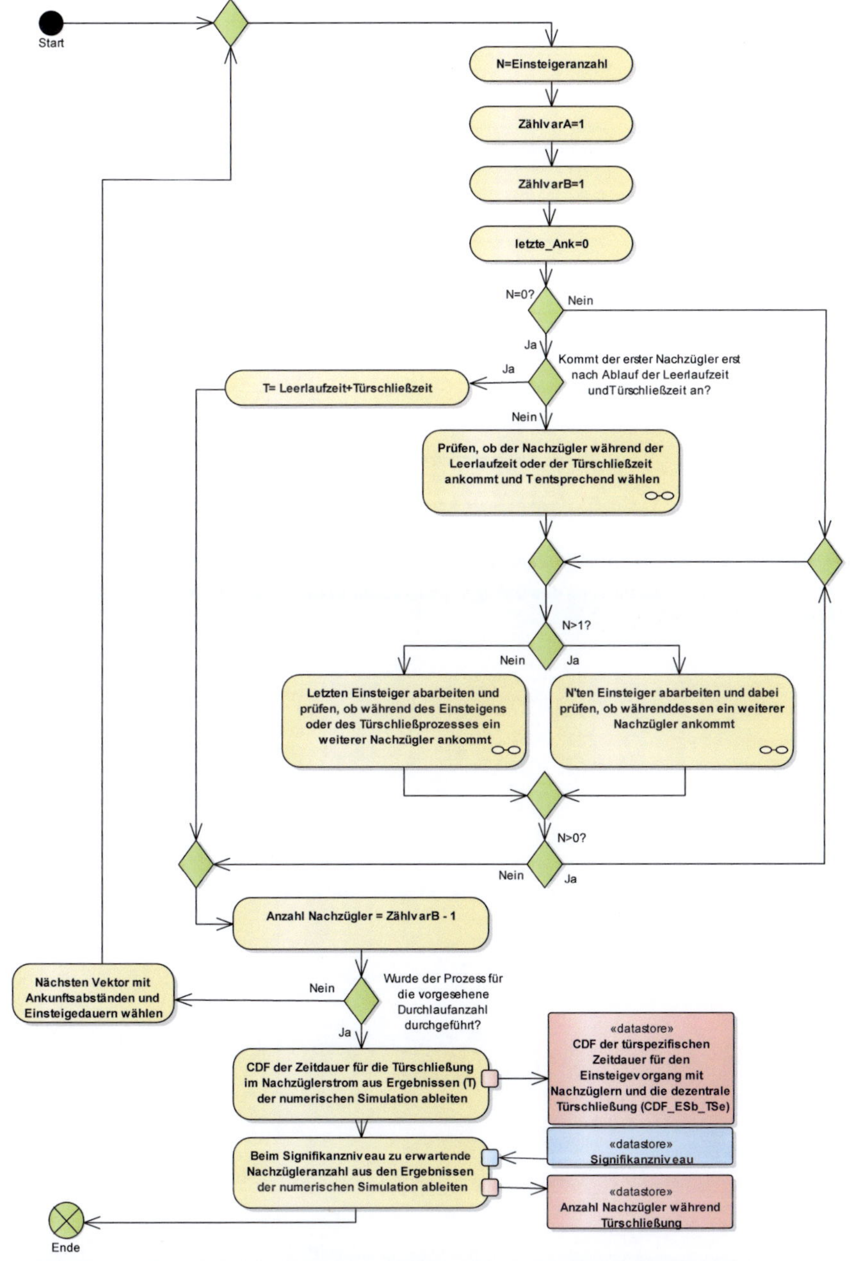

Abbildung 91: **Prozessablauf der numerischen Realisierung der für die Modellierung des dezentralen Türschließens verwendeten Formulierung als Geburts- und Todesprozess (Quelle: Verfasser)**

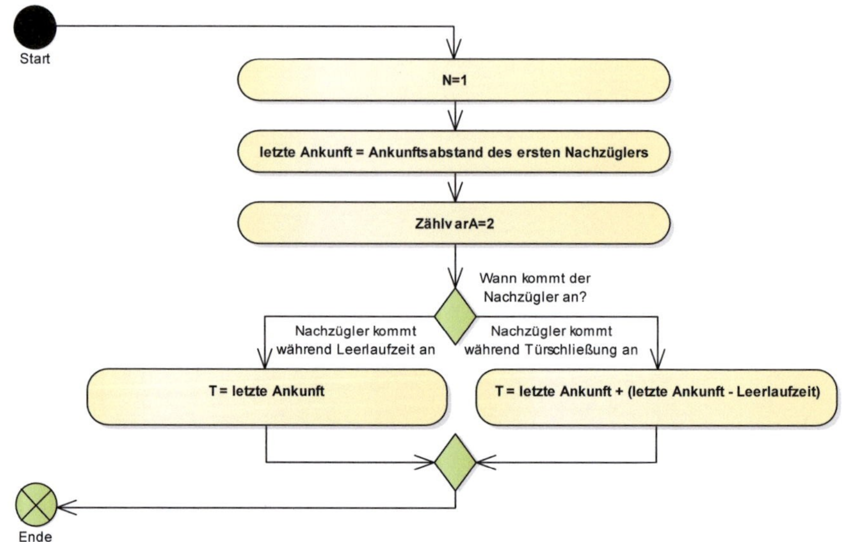

Abbildung 92: **Prozessablauf zur Prüfung, wann die nächste Nachzüglerankunft erfolgt, bei der numerischen Realisierung des Geburts- und Todesprozesses (Quelle: Verfasser)**

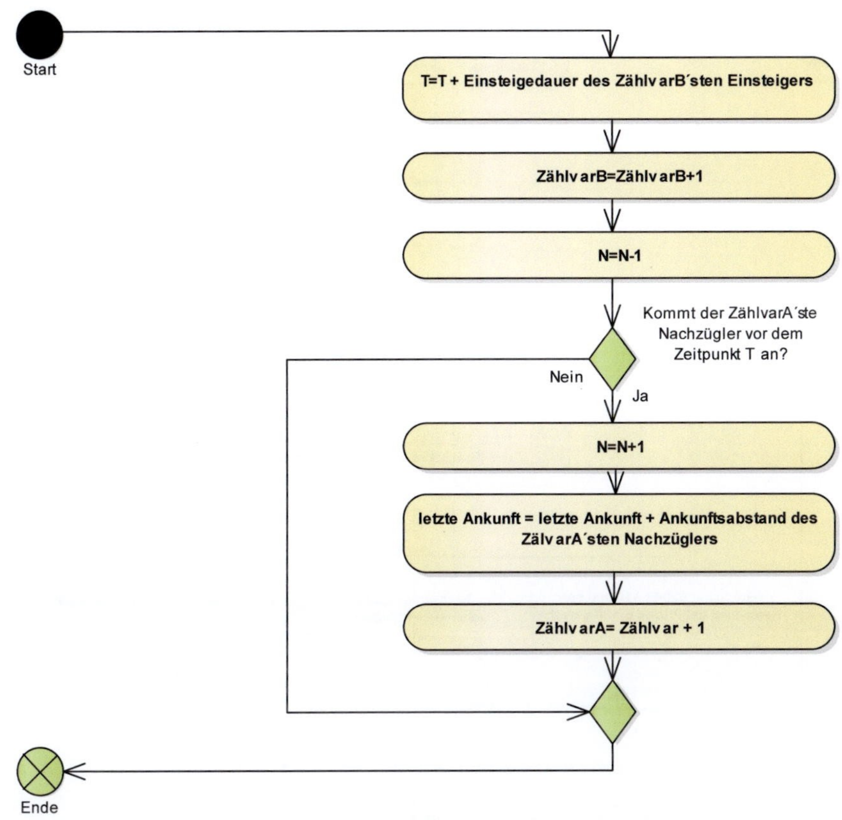

Abbildung 93:   **Prozessablauf zum Abarbeiten eines (nicht letzten) Einsteigers bei der numerischen Realisierung des Geburts- und Todesprozesses (Quelle: Verfasser)**

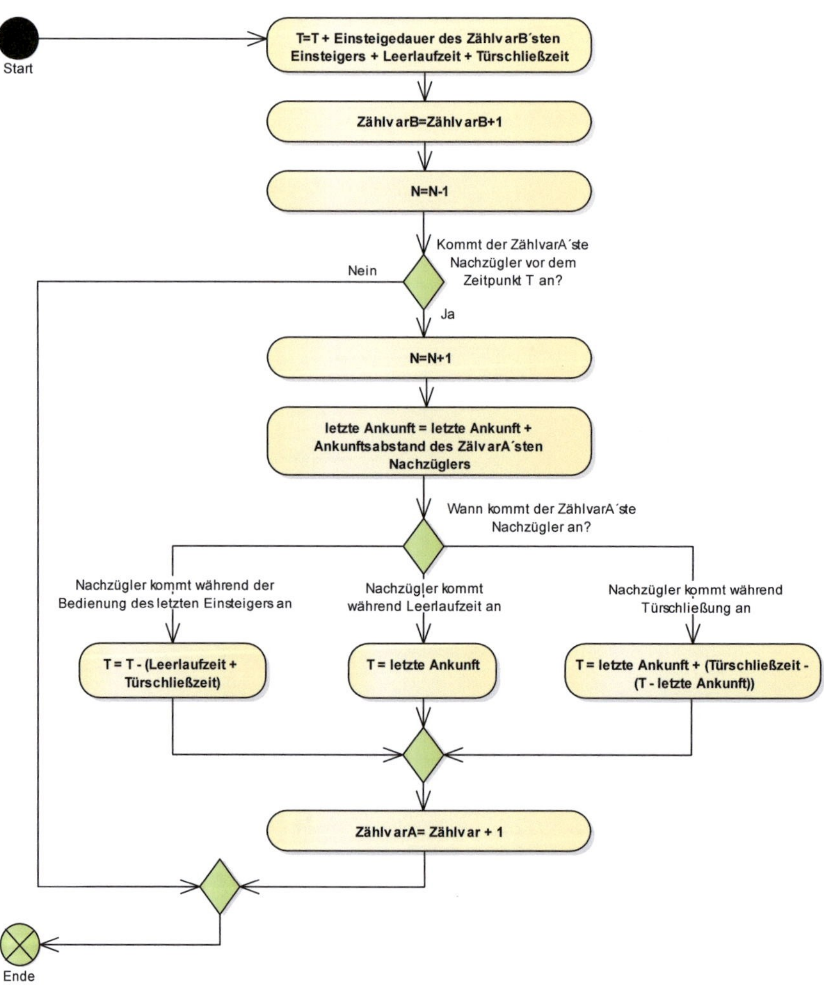

Abbildung 94: **Prozessablauf zum Abarbeiten des letzten noch wartenden Einsteigers bei der numerischen Realisierung des Geburts- und Todesprozesses (Quelle: Verfasser)**

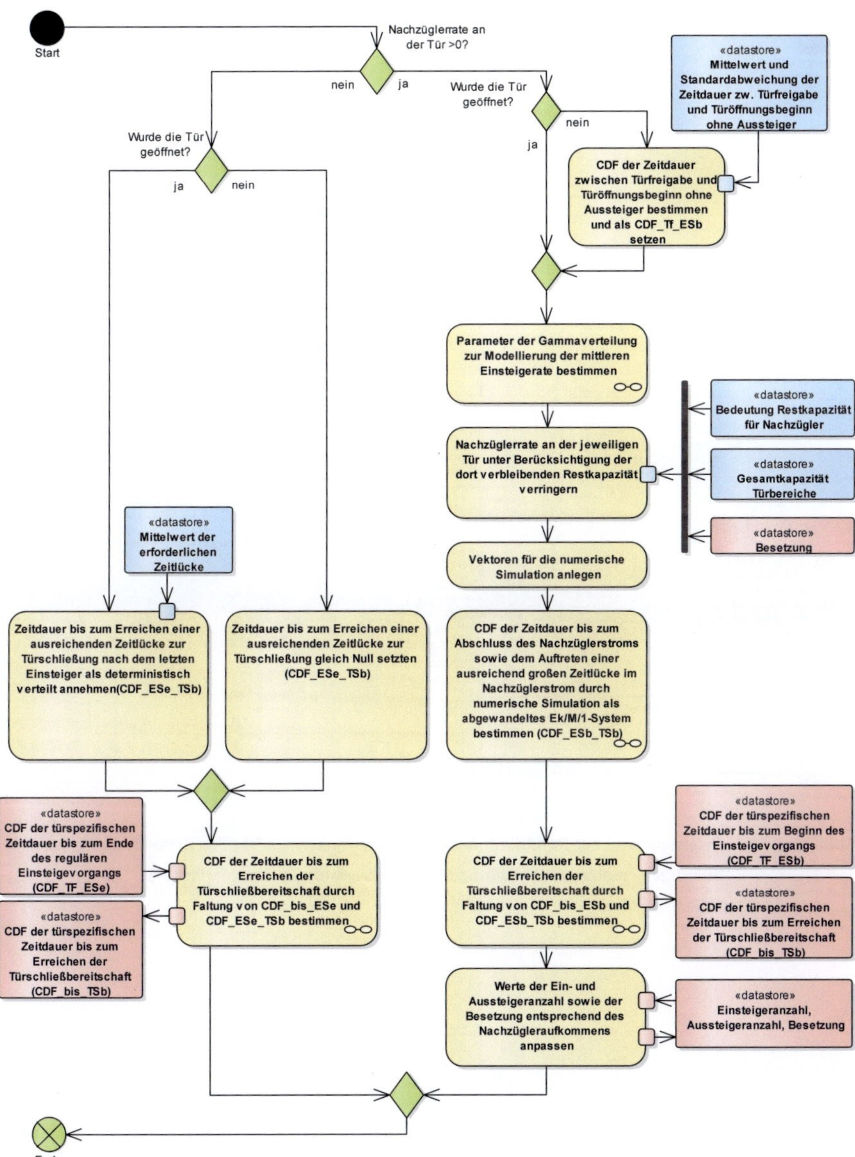

Abbildung 95: Prozessablauf zur Ermittlung der Verteilungsfunktion (CDF) des Zeitbedarfs bis zum Vorliegen einer hinreichend großen Zeitlücke zur Einleitung der zentralen Türschließung an einer Fahrzeugtür (Quelle: Verfasser)

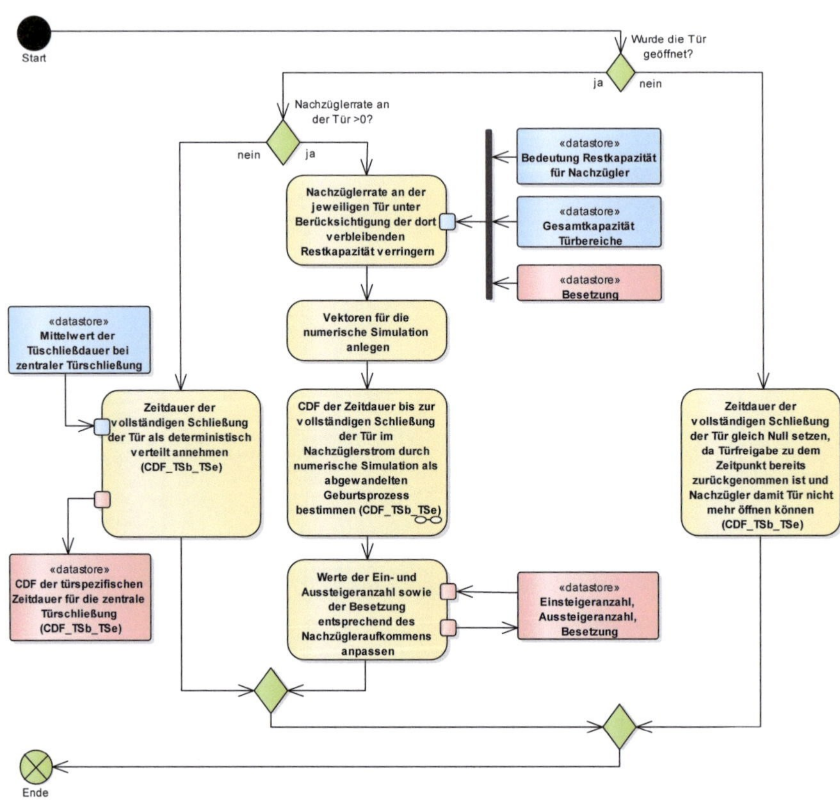

Abbildung 96: Prozessablauf zur Ermittlung der Verteilungsfunktion (CDF) des Zeitbedarfs bis zur vollständigen, zentralen Schließung einer Fahrzeugtür (Quelle: Verfasser)

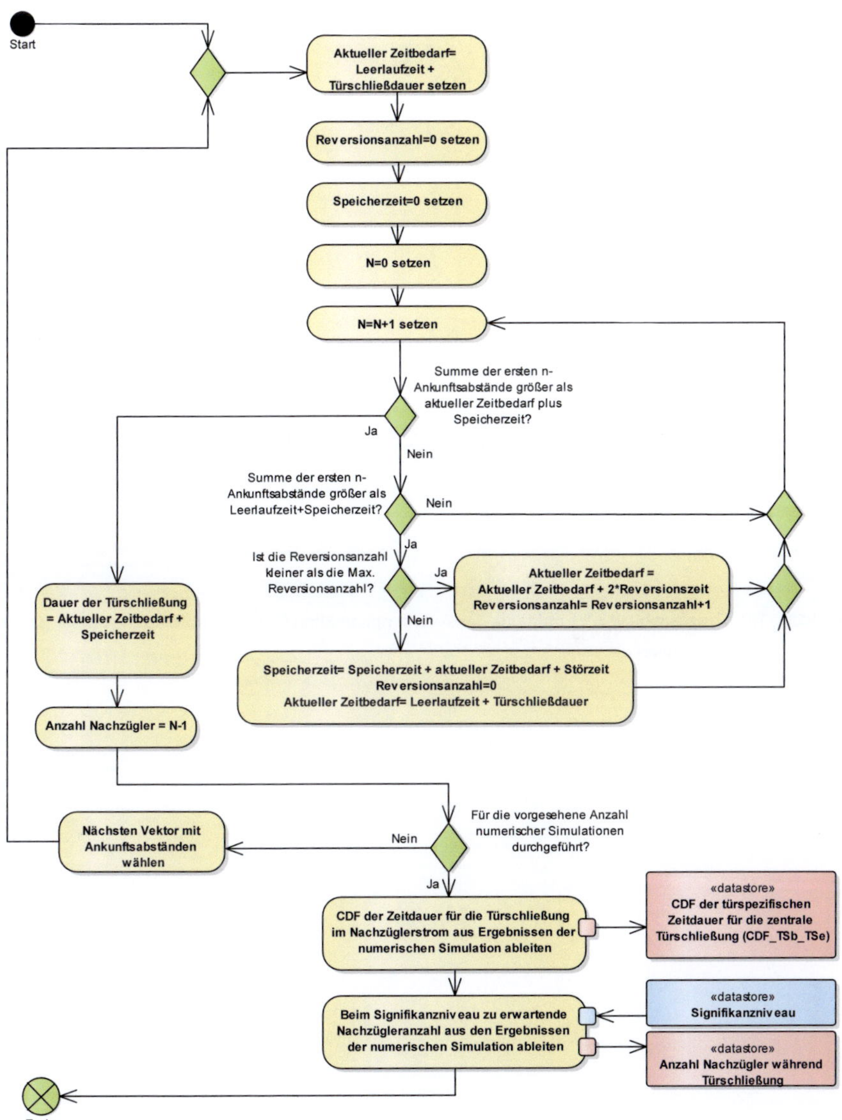

Abbildung 97: Prozessablauf des abgewandelten Geburtsprozesses zur Ermittlung der Verteilungsfunktion (CDF) des Zeitbedarfs bis zur vollständigen, zentralen Schließung einer Fahrzeugtür bei Nachzügleraufkommen (Quelle: Verfasser)

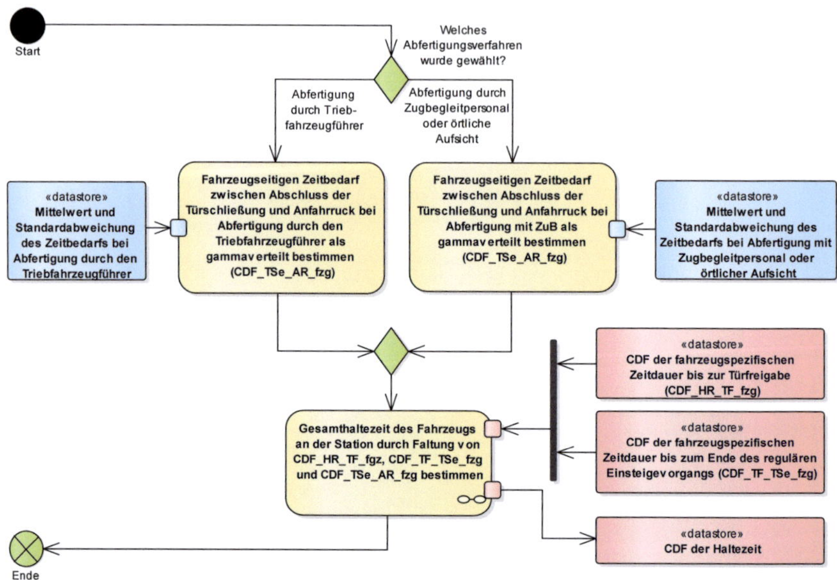

Abbildung 98: **Prozessablauf zur Ermittlung der Verteilungsfunktion (CDF) der Abfertigungsdauer (Quelle: Verfasser)**

Anhang V: Modellkalibrierung und -validierung

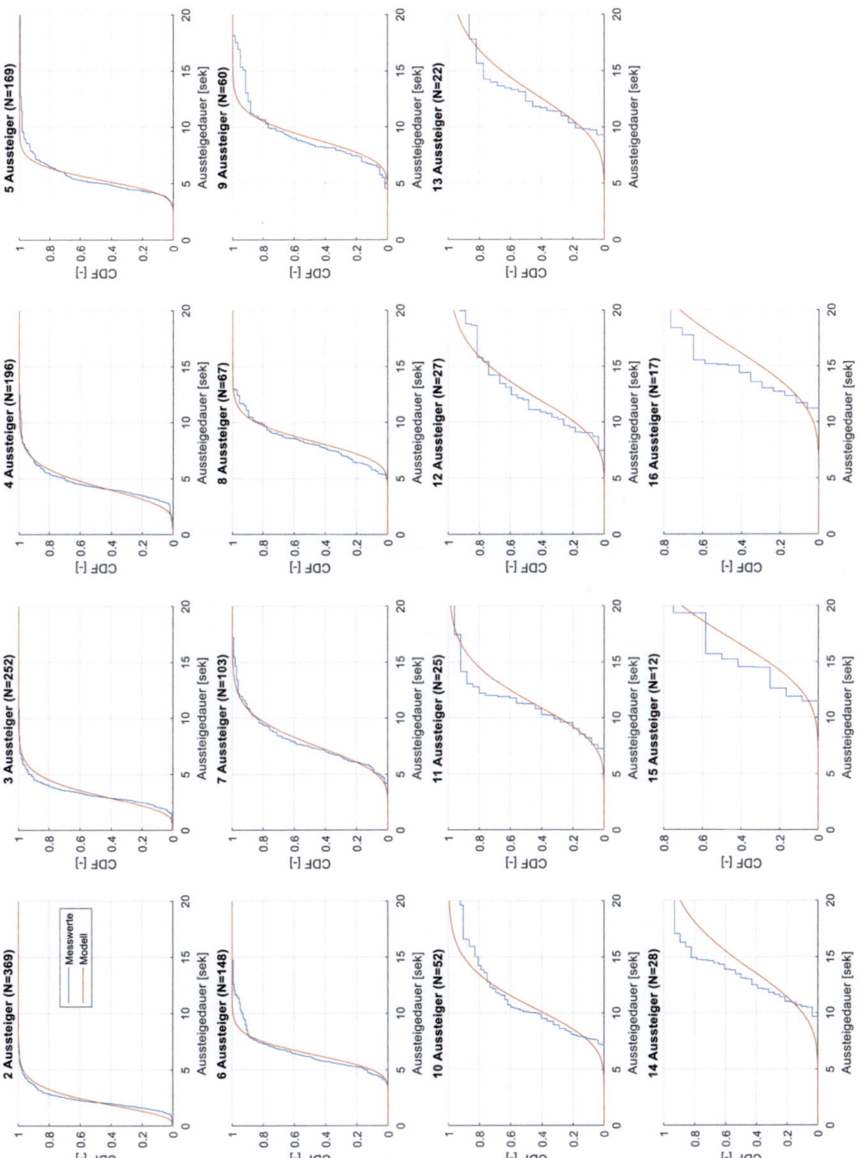

Abbildung 99: Gegenüberstellung der in situ gemessenen mit den vom Modell geschätzten Verteilungsfunktionen der Gesamtdauern für den Aussteigevorgang nach Anzahl beteiligter Aussteiger (Datenquelle: Verfasser, Cancar 2019 und Glaser 2019; Darstellung: Verfasser)

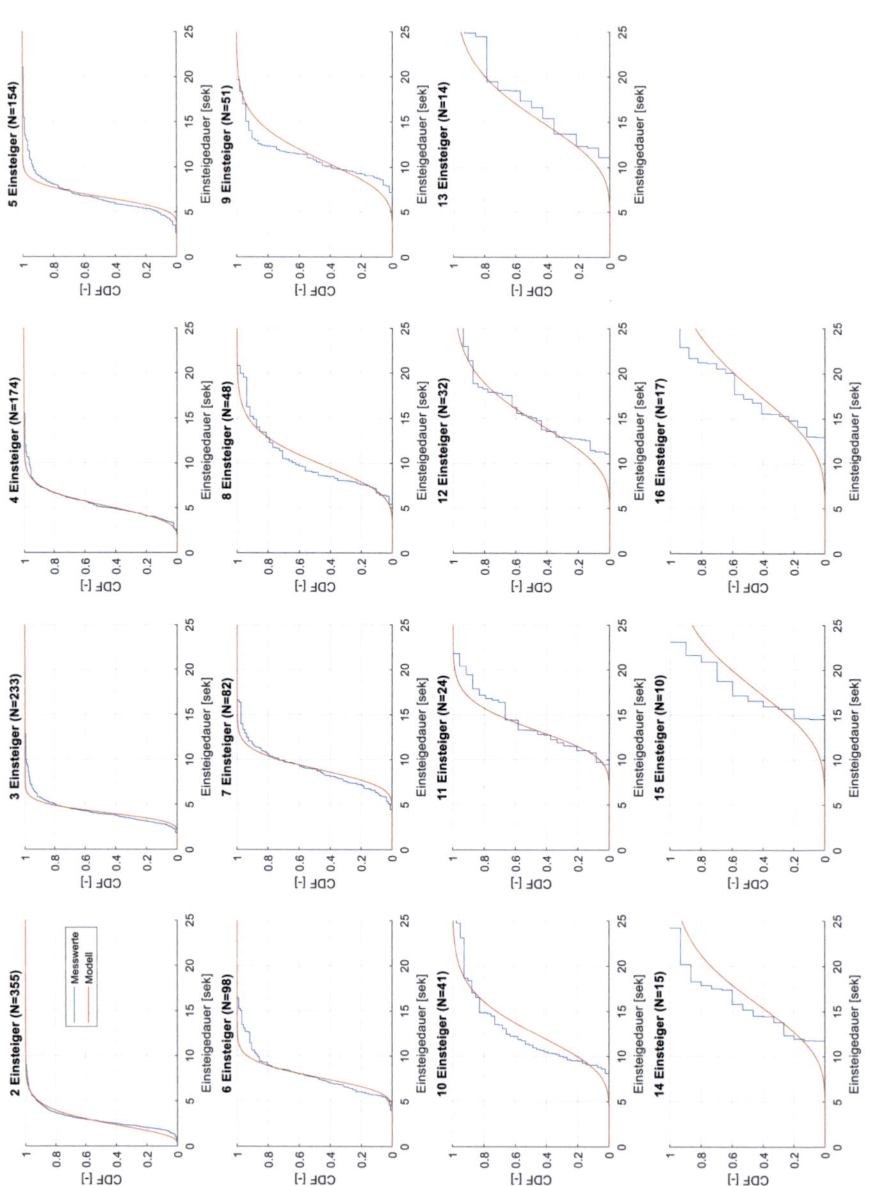

Abbildung 100: Gegenüberstellung der in situ gemessenen mit den vom Modell geschätzten Verteilungsfunktionen der Gesamtdauern für den Einsteigevorgang nach Anzahl beteiligter Einsteiger (Datenquelle: Verfasser, Cancar 2019 und Glaser 2019; Darstellung: Verfasser)

<u>Erfahrungswerte bezüglich der für die Modellierung erforderlichen Zeitdauern:</u>

Die Erstellung einer Fahrzeugdatei erfordert abhängig vom Rechercheaufwand ein Zeitbedarf von 10 bis maximal 60 Minuten. Liegen die benötigten Daten bereits vor oder können von anderen Fahrzeugen übernommen werden, verkürzt sich der Zeitbedarf auf ca. 10–15 Minuten.

Der Zeitaufwand für die Aufnahme der Infrastrukturdaten hängt wesentlich von der Datenverfügbarkeit ab. Liegt ein geeignetes Luftbild oder ein Plandokument der Station vor, ist ein Zeitbedarf von ca. 5–10 Minuten je Bahnsteig zu veranschlagen. Sind weitere Recherchen anzustellen (z.B. bei weitgehender Überdachung) ist mit 15–25 Minuten je Station zu rechnen.

Der Zeitbedarf für die Erstellung eines verkehrlichen Datensatzes hängt stark von der Bedeutung parallellaufender Linien ab und liegt zwischen 10 und maximal 60 Minuten. Wenngleich die verkehrliche Datei eigentlich für jede Zugfahrt separat zu erstellen ist, reicht bei vertakteten Verkehren meist eine – automatisiert mögliche – Anpassung der Ein- und Aussteigeranzahlen, um eine andere Zugfahrt der Linie zu modellieren.